Deepen Your Mind

Deepen Your Mind

序

擁有品牌形象，並不是架設網站的主要目的，而是要運用可靠、值得信賴的品牌官網，建立權威與信賴度，將潛在客戶轉變為付費客戶。

不管您是網路創業、經營自媒體或個人品牌、或是企業品牌官網架設，WordPress 都是最好的選擇，尤其是它對 SEO 非常友好，更容易讓 Google 找到網站。

WordPress 可以做到的，不僅僅是 SEO，它還能夠整合 Facebook、Instagram、廣告投放，將社群行銷的效益發揮到最大。

同樣是架設網站，為什麼不選擇一個投資報酬率最大的網站呢？

透過這本書，您可以學習到的，不只是架設 WordPress，更重要的是，如何藉由 WordPress，帶來後續源源不絕的流量與客戶。

透過這本書，您更可以學習到，如何完美結合 WordPress 與社群媒體、廣告投放、Google、SEO，讓網站自帶行銷力，透過網站獲利並拓展品牌業務。

林 建 睿

目 錄

學會架設與基本設定，推展網路事業第一步

整合 Facebook 社群行銷與廣告投放，打造個人品牌

串連 Google 技術，帶來自然流量

主題四

與 SEO 整合，提升排名與業績

主題一

學會架設與基本設定，推展網路事業第一步

免費伺服器設定，WordPress 輕鬆安裝

1-1 以免費伺服器練習架設，排除問題後再運營網站

以 WordPress 架設網站，第一步就是需要有一個空間，將 WordPress 架站檔案以及網站資料庫放在裡面，再來還要有個可以對外開放的網域，讓大家都可以透過網路連結到你的網站。

通常網站在對外營運時，需要選購一個效能高、安全性也高的主機來安裝 WordPress，不管是虛擬專用服務器 (VPS) 、或是託管 WordPress 的虛擬主機，相信坊間也有許多選購主機的推薦與介紹，因此我們就不再花過多的篇幅來講述。

在這裡我們所要提到的是免費伺服器的申請與設定，在架設 WordPress 時，需要自行管理主機、維護伺服器，並設定網域、進行病毒、駭客攻擊防護 ... 等安全性的設定，但這些對於新手來說，往往會感到困難重重、問題多多。

因此會建議，在 WordPress 網站對外營運前，可以申請免費伺服器來練習、測試，減少問題的產生，或是將 WordPress 外掛程式安裝在正式伺服器前，先於免費伺服器中，架設一個測試用的 WordPress 網站，於測試網站中先進行相關的設定，待所有問題排除後，再至正式伺服器進行安裝與設定，以避免正式伺服器運營的停止或中斷。

當然，在生活中，往往是一分錢一分貨，伺服器也不例外，免費伺服器通常有儲存空間和頻寬的限制，也往往不夠穩定，甚至常常有停機的情況發生，因此必須要多申請、多部署幾個免費伺服器來作為備用。

如果您正要練習 WordPress 的架設，或是需要一個空間來嘗試關於網站的新想法，那麼免費伺服器就是一個好的可行方案。

1-2 000webhost 免費伺服器的架設

1. 至 000webhost 官網首頁（https://www.000webhost.com），點擊『GET STARTED』。

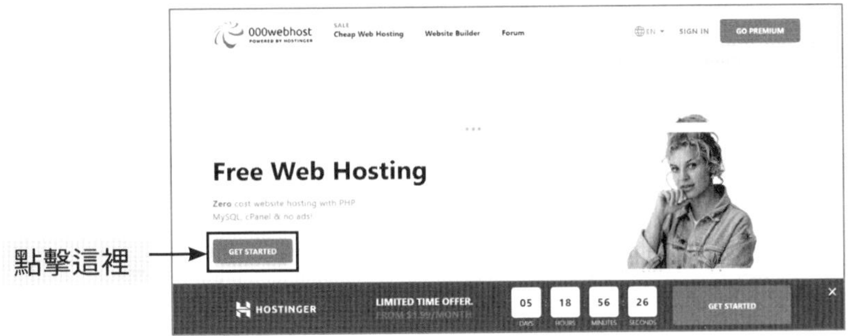

▲ 點擊『GET STARTED』

2. 選擇 0 元方案，點擊『FREE SIGN UP』。
免費方案不限定使用期限，但空間和流量均有受限。

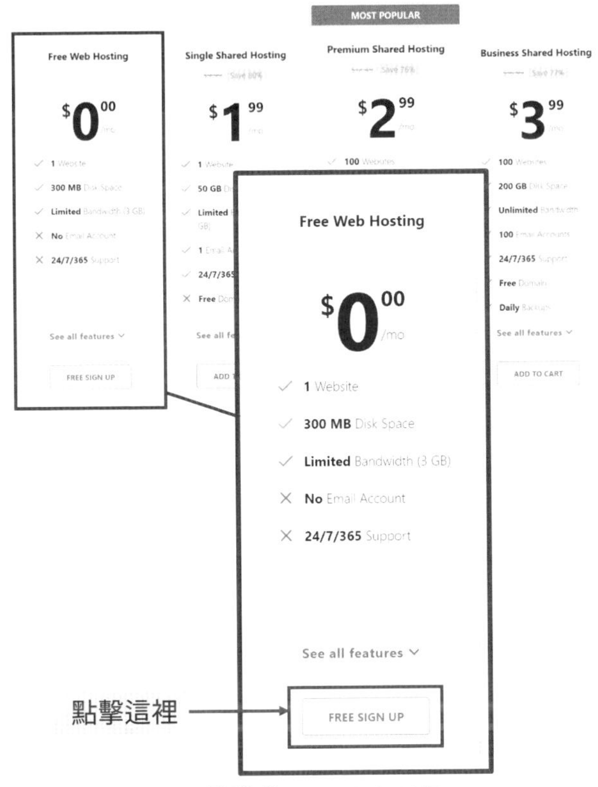

▲ 點擊『FREE SIGN UP』

3 輸入 EMAIL、密碼，點擊『SIGN UP』註冊帳號。一個 EMAIL 只能註冊一個會員帳號，不能重複註冊多個會員帳號。若需要多個免費伺服器來測試或練習的話，需要多準備幾個 EMAIL 來註冊會員。
也可使用第三方社群帳號來授權，註冊會員，例如以 Google 帳號授權，日後登錄時，直接點擊 Gmail 帳號登入即可。

▲ 點擊『SIGN UP』

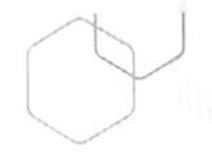

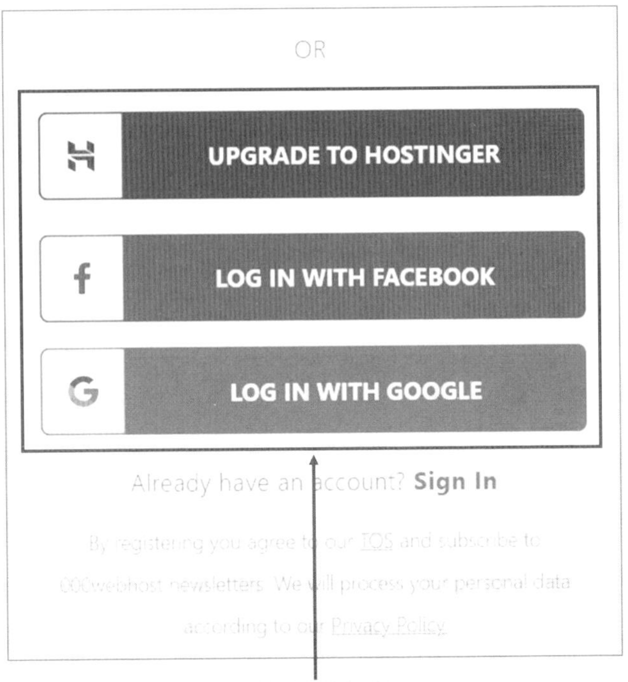

▲ 以第三方社群帳號授權

4 至電子郵件信箱中收取驗證信函，點擊『Click To Verify Your Email』驗證帳號。

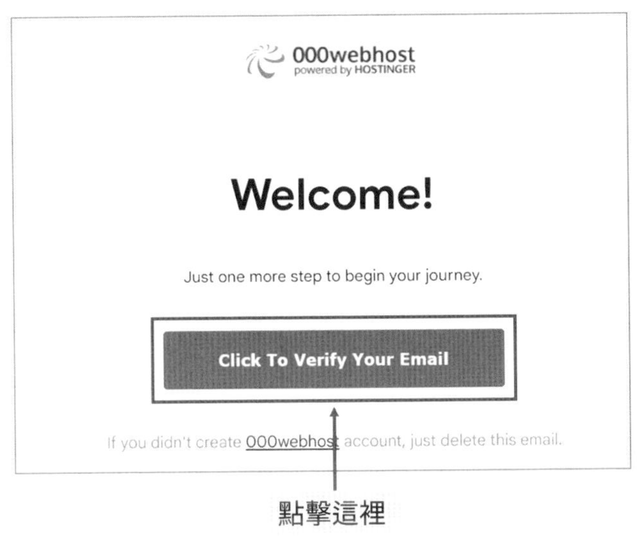

▲ 點擊『Click To Verify Your Email』

5 驗證成功後，點擊『GET STARTED』開始設定免費伺服器。

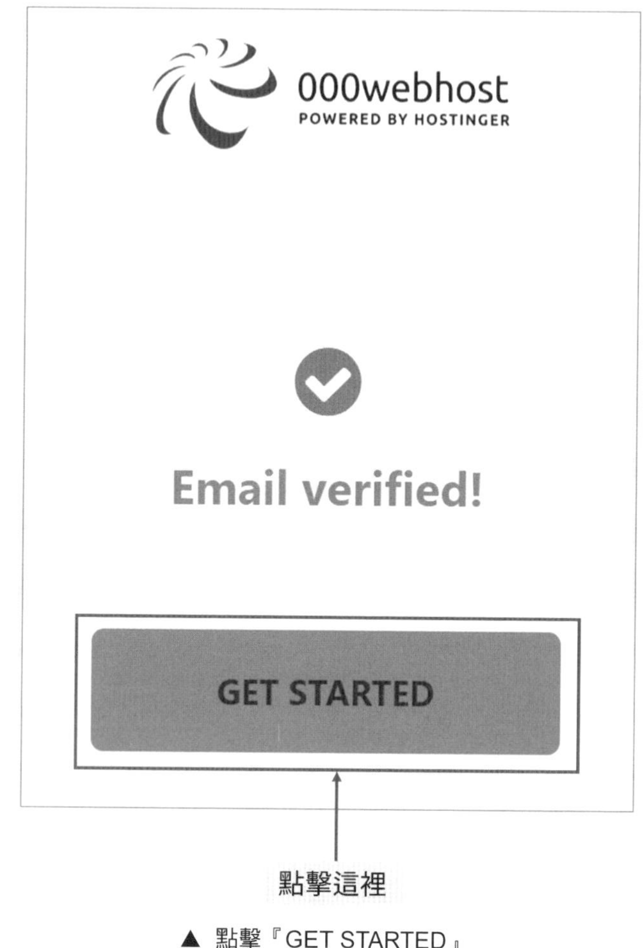

▲ 點擊『GET STARTED』

6 選擇要建置什麼類型的網站，是網路商店、部落格或其他。任意選擇一個即可，不管選擇哪一種，都沒有太大的差異。

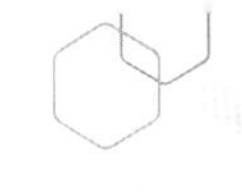

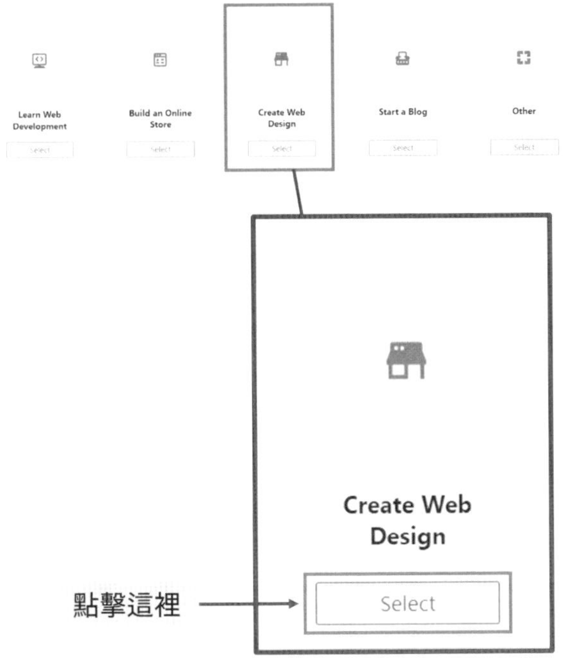

▲ 選擇網站建置類型

7 選擇網站的主題，是教育、商業、娛樂…等，一樣是任意選擇就可以了。

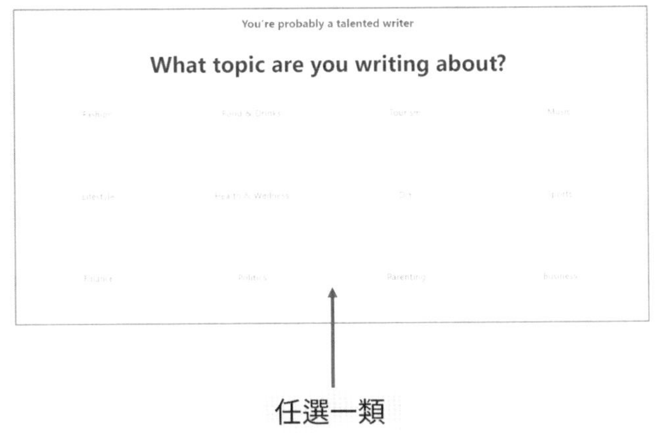

▲ 選擇網站的主題

8 該步驟不需要做任何的設定，點擊『Skip>』，略過。

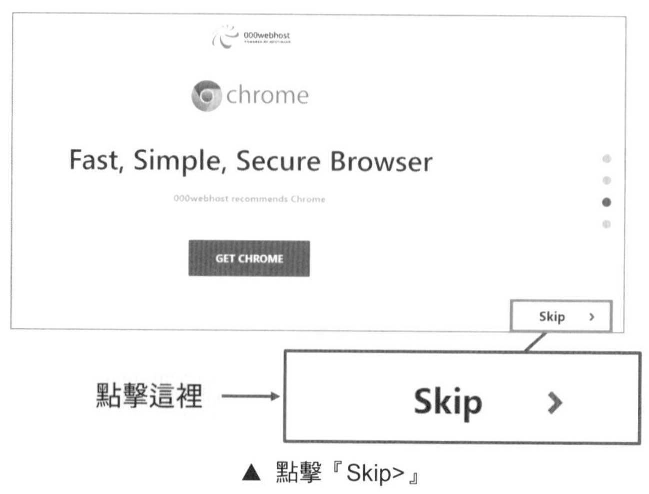

▲ 點擊『Skip>』

9 輸入一個由自己命名的子網域名稱與密碼。
子網域名稱只能以英文與數字命名，不能與別人重複。而密碼可由系統自動產生，或以英文、數字、符號穿插，以確保網站安全性，而後再點擊『SUBMIT』。

▲ 點擊『SUBMIT』

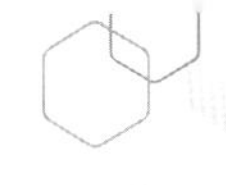

10 選擇『Install WordPress』，點擊『Select』。

▲ 點擊『Select』

11 輸入 WordPress 管理員名稱、密碼，語言選擇『Chinese(Taiwan)』，再點擊『Install』。

基於安全性，管理員名稱不要使用 Admin，而是改以數字、大小寫字母穿插的無意義名稱，名稱也不能使用中文或符號命名。而密碼則可使用大小寫字母、數字、符號來穿插。

可將管理員名稱、密碼，貼至記事本中儲存起來，避免名稱、密碼過於複雜而忘記。

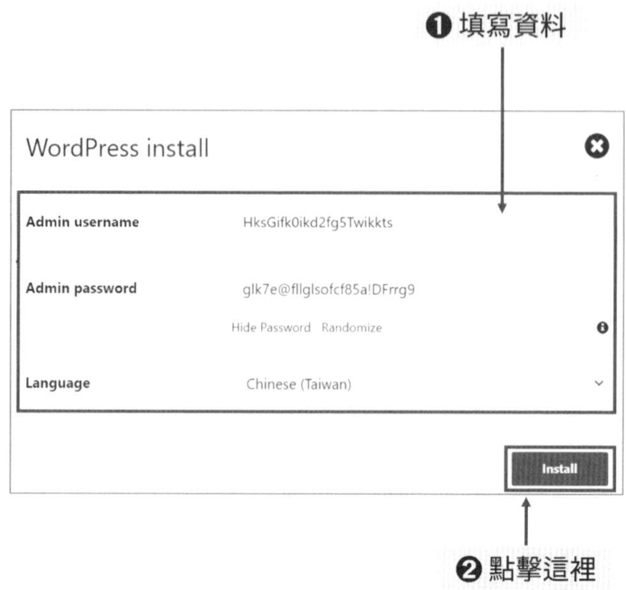

▲ 點擊『Install』

⑫ WordPress 開始安裝中，需要等待一點時間才能安裝完畢。

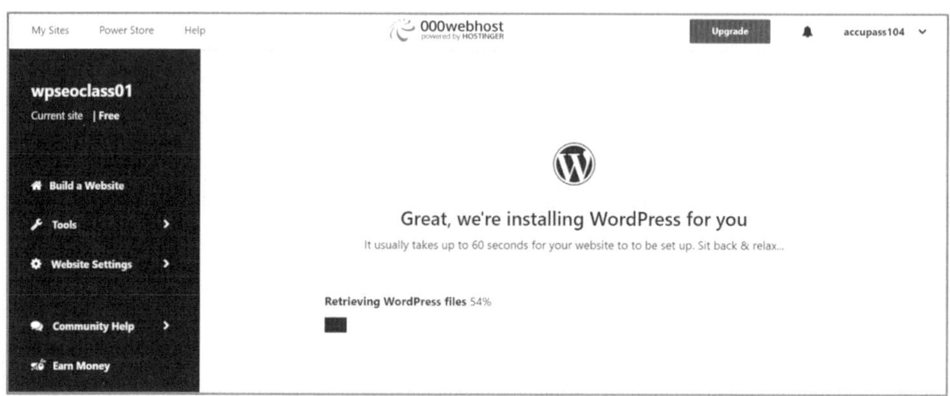

▲ WordPress 安裝中

⑬ 安裝完畢後，再點擊『Go to configuration page』。

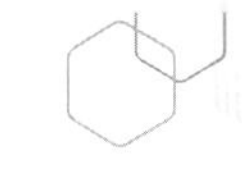

▲ 點擊『Go to configuration page』

14 輸入 WordPress 管理員的帳號、密碼，就可以進入管理後台了。

▲ 登入 WordPress 管理後台

⑮ 在 000webhost 中，以帳號、密碼登入會員後，可以看到已建立網站的主選單項目，點擊『Manage Website』，進入 000webhost 的網站管理後台。

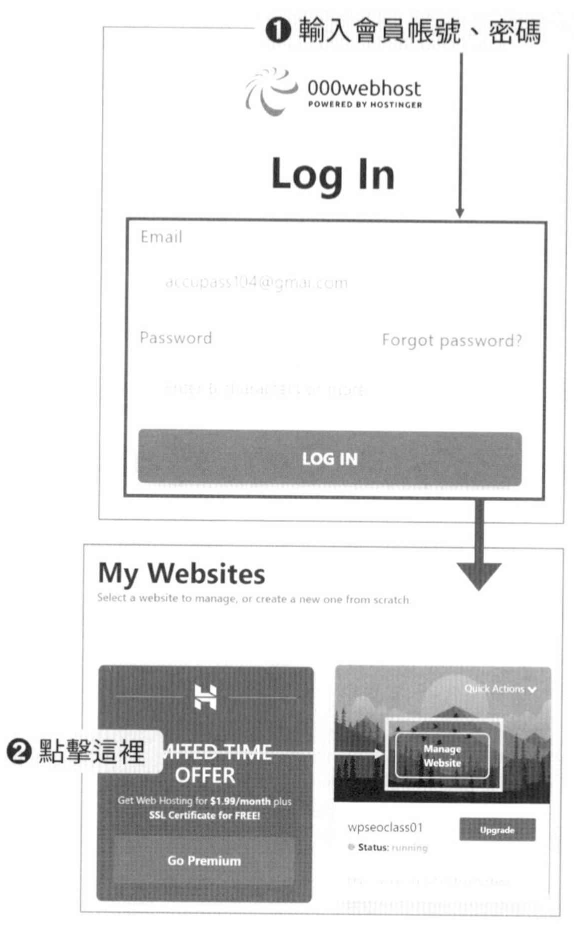

▲ 點擊『Manage Website』

16 點擊 000webhost 管理後台左欄選單的『Website Settings』，再點擊『General』。

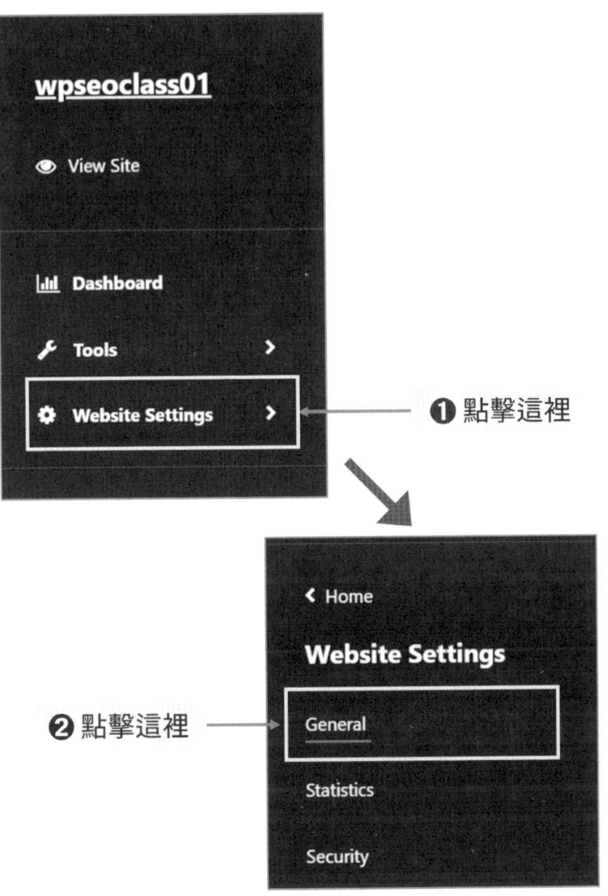

▲ 點擊『Website Settings』

17 若要更改網站密碼，可以在『Password』區塊中，點擊『Change Password』，輸入新的密碼。

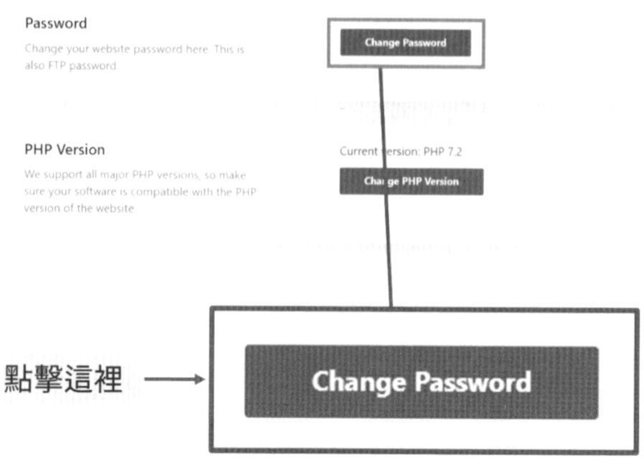

▲ 點擊『Change Password』

18 點擊 000webhost 左欄選單的『Dashboard』。

▲ 點擊『Dashboard』

19 若要重新安裝 WordPress，可以在『Website』當中，點擊『Install WordPress』。

▲ 點擊『Install WordPress』

20 同樣是填寫好管理員名稱、密碼後，再點擊『Install』安裝。

▲ 點擊『Install』

重點指引

有時候在連線到網站時，會出現『Website is no longer available』網站已不可用的訊息，或是出現重新安裝 WordPress 的畫面，這都代表使用量超過免費伺服器的限制，這時候毋須重新安裝 WordPress，只需要讓伺服器休息一下，約等待 30 ～ 60 分鐘後，就可以繼續使用了。

等待期間，可以轉往其他備用的免費伺服器進行外掛的安裝、設定與測試。

但若超過一天以上，網站遲遲無法恢復的話，建議進入伺服器的後台，重新安裝 WordPress，或是重新註冊會員帳號，申請新的免費伺服器。

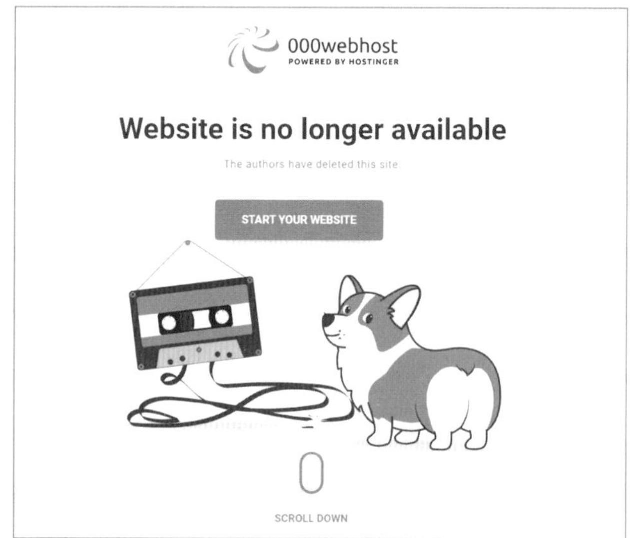

▲ 出現『Website is no longer available』的畫面

你好

歡迎使用著名的 WordPress 五分鐘安裝程式！僅需填寫以下資訊，便能開始使用這個世界上最具擴充性、功能最強大的個人發佈平台。

安裝網站所需資訊

請提供下列資訊，不必擔心，這些設定均可於安裝完成後進行變更。

網站標題

使用者名稱

使用者名稱只能使用數字、英文字母、空白、底線、連字號、句號及 @ 符號。

密碼

A2#6Q1h@U#PiSPa0wt

隱藏

Strong

重要提示: 這是安裝完成後用於登入網站的密碼，請將它儲存在安全的位置。

電子郵件地址

繼續操作前，請再次確認填寫的電子郵件地址。

搜尋引擎可見度

阻擋搜尋引擎索引這個網站

這項設定的效力並非絕對，完全取決於搜尋引擎是否遵守這項設定的要求。

安裝 WordPress

▲ 出現重新安裝 WordPress 的畫面

1-3 ByetHost 免費伺服器的架設

1. 至 BYET 官網中 (https://byet.host/)，點擊『Sign up for a Plan』。

▲ 點擊『Sign up for a Plan』

❷ 輸入子域名名稱、密碼、EMAIL 等資料，進行免費伺服器的申請與註冊，填寫完畢後，點擊『Register』。
比較特別的是，使用同一組 EMAIL，可以反覆申請免費伺服器，不限定一組 EMAIL 只能申請一個免費伺服器。

▲ 點擊『Register』

❸ 註冊成功後，會出現必須到電子郵件開啟驗證信件的訊息。

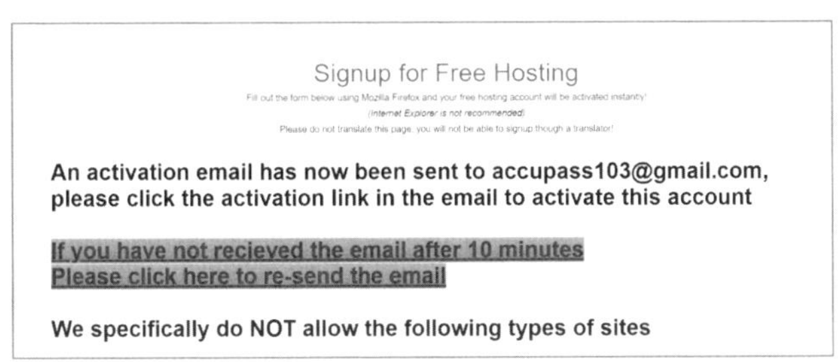

▲ 出現訊息

4 至信箱中，收取信件，並點擊信件中的驗證連結。

▲ 點擊驗證連結

5 免費伺服器正在準備中，約需等待 1 ～ 3 分鐘左右。

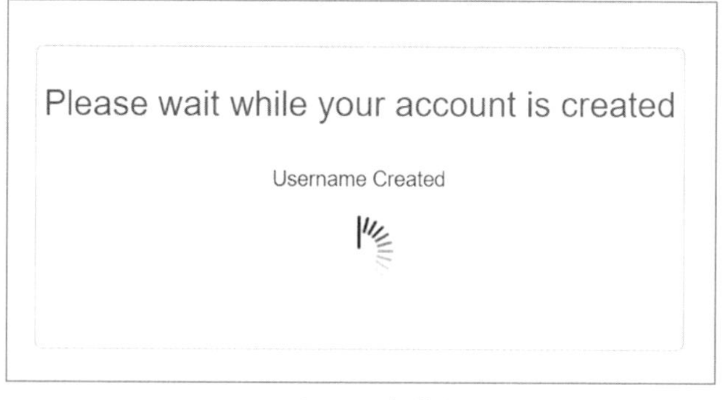

▲ 伺服器準備中

6 設定成功後，會顯示免費伺服器的 Control panel、MySQL、FTP 的帳號密碼，以及 Cpanel 的管理後台位置連結、伺服器網址 ... 等訊息，建議將這些資料複製下來，儲存至記事本中。

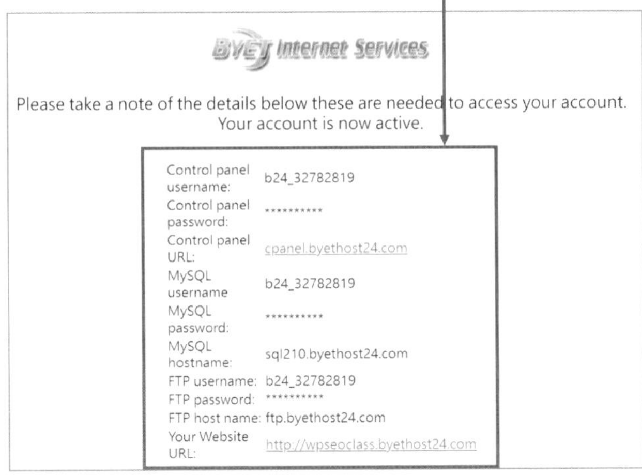

▲ 免費伺服器資料

7 至 Cpanel 管理後台的連結位置中，輸入帳號、密碼，並將語言設定為『Chinese_traditional』，再點擊『Log in』登入。

▲ 點擊『Log in』

8. 第一次登入時，會顯示需要用戶許可，發送電子郵件通知的訊息，點擊『I Approve』同意批准。
若點擊『I Disapprove』的話，會導致使用免費伺服器的資格被取消。

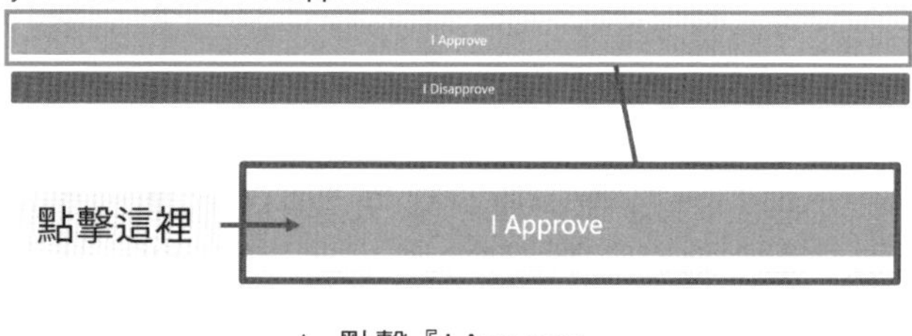

▲ 點擊『I Approve』

9. 進入 Cpanel 管理後台後，找到『軟件』的區塊，點擊『Softaculous 應用程序安裝程序』。

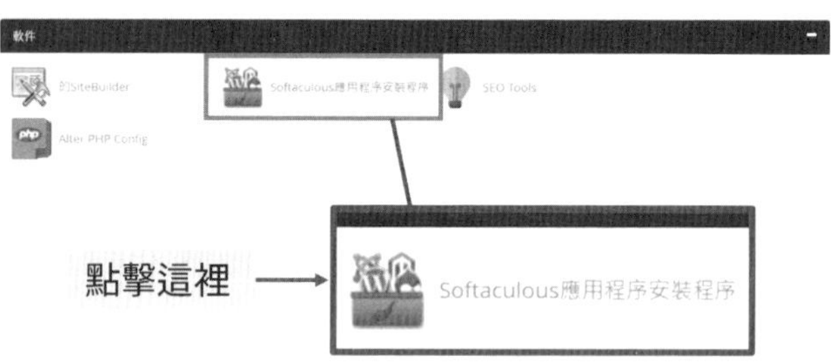

▲ 點擊『Softaculous 應用程序安裝程序』

10 這裡包含了許多免費的架站程式或購物商城可供安裝與使用，如 WordPress、Joomla、AbanteCart、OpenCart... 等等。
在『WordPress』區塊中，點擊『Install』。

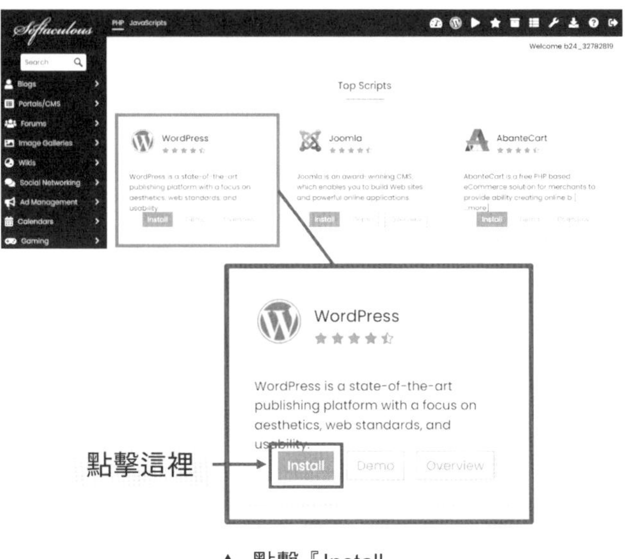

▲ 點擊『Install』

11 在『Software Setup』中，網址開頭的設定雖然有4種：『http://』、『http://www』、『https://』、『https://www』，但由於 ByetHost 免費伺服器沒有開放 SSL 的功能，因此只能選擇『http://』、『http://www』其中之一為開頭，而以 https 為開頭的網址，在安裝完畢之後，都會無法使用。其餘設定都維持預設值，WordPress 版本也會維持至最新狀態。

▲ 選擇『http://』或『http://www』為開頭

⑫ 輸入網站名稱、網站說明，並設定管理員名稱與密碼。
Enable Multisite 為是否啟用多站點模式，毋須勾選。
Disable WordPress Cron 為是否禁用 WordPress Cron，也不用勾選。

▲ 輸入網站名稱與說明

▲ 輸入管理員名稱與密碼

重點指引

WordPress Cron 是 WordPress 的計畫系統，通常檢查自動更新版本、發佈預定的文章都會與之相關。在預設情況下，只要每次加載 WordPress 頁面時，WordPress Cron 都會被觸發，若網站流量小的話，不會影響系統效能，但若網站流量大的話，則系統效能會受到影響。但使用免費伺服器時，通常都是在測試的狀態下，網站流量小，並不需要禁用。

但若是在一般正常的伺服器情況下，高流量的網站就需要考量是否要禁用了。

```
<?php
/**
 * A pseudo-cron daemon for scheduling WordPress tasks.
 *
 * WP-Cron is triggered when the site receives a visit. In the scenario
 * where a site may not receive enough visits to execute scheduled tasks
 * in a timely manner, this file can be called directly or via a server
 * cron daemon for X number of times.
 *
 * Defining DISABLE_WP_CRON as true and calling this file directly are
 * mutually exclusive and the latter does not rely on the former to work.
 *
 * The HTTP request to this file will not slow down the visitor who happens to
 * visit when a scheduled cron event runs.
 *
 * @package WordPress
 */

ignore_user_abort( true );

if ( ! headers_sent() ) {
    header( 'Expires: Wed, 11 Jan 1984 05:00:00 GMT' );
    header( 'Cache-Control: no-cache, must-revalidate, max-age=0' );
}

/* Don't make the request block till we finish, if possible. */
if ( PHP_VERSION_ID >= 70016 && function_exists( 'fastcgi_finish_request' ) ) {
    fastcgi_finish_request();
} elseif ( function_exists( 'litespeed_finish_request' ) ) {
    litespeed_finish_request();
}

if ( ! empty( $_POST ) || defined( 'DOING_AJAX' ) || defined( 'DOING_CRON' ) ) {
    die();
}

/**
 * Tell WordPress we are doing the cron task.
 *
 * @var bool
 */
```

▲ WordPress 使用 wp-cron.php 檔案運行 cron

13 在『Select Language』中，將語言設定為『Chinese - Traditional』繁體中文模式，並將『Limit Login Attempts』、『Classic Editor』兩個外掛勾選起來，在安裝 WordPress 的時候，也一併將這兩個外掛程式安裝好。

『Limit Login Attempts』為限制登入嘗試的外掛，可以避免暴力攻擊，增強網站的安全性。

『Classic Editor』則是經典編輯器外掛，讓 WordPress 可以使用舊版編輯器的模式來編輯文章、頁面。

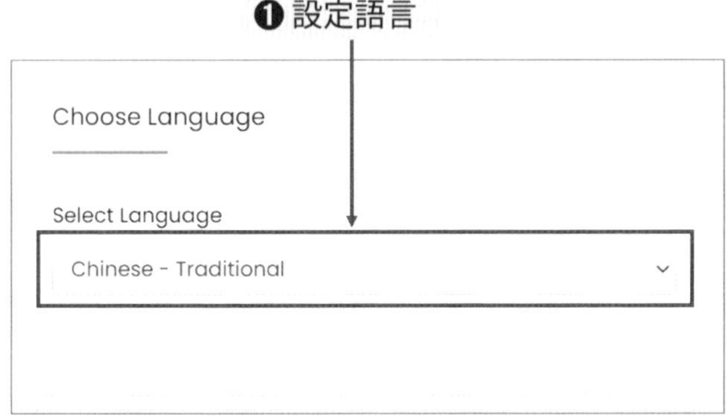

▲ 選擇『Chinese - Traditional』

14 選定所要使用的佈景主題樣式，再點擊『Install』，開始安裝 WordPress。

▲ 點擊『Install』

15 正在安裝中，需等待 3 ～ 4 分鐘以上的時間才能安裝好。
有時候 ByetHost 正處於繁忙狀態，更需要等待 5 分鐘以上的時間，WordPress 才能安裝好。而若是安裝過程出現錯誤的話，會遲遲無法安裝完成，必須回到上述的步驟，重新安裝才行。

▲ 正在安裝中

⑯ 安裝成功後，會顯示網站首頁與 WordPress 管理後台的網址，點擊連結即可登入管理後台進行設定。

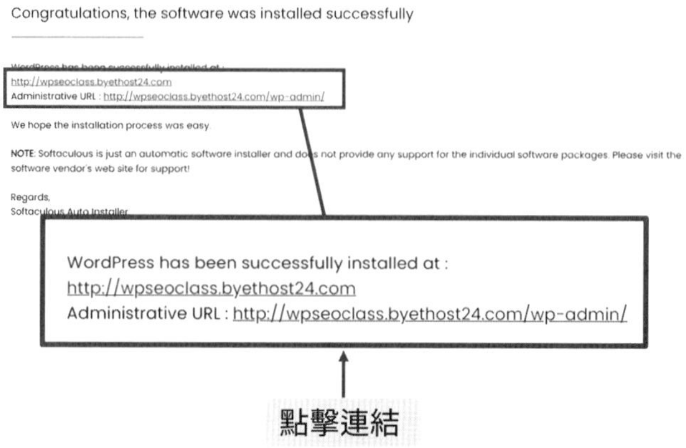

Congratulations, the software was installed successfully

WordPress has been successfully installed at :
http://wpseoclass.byethost24.com
Administrative URL : http://wpseoclass.byethost24.com/wp-admin/

We hope the installation process was easy.

NOTE: Softaculous is just an automatic software installer and does not provide any support for the individual software packages. Please visit the software vendor's web site for support!

Regards,
Softaculous Auto Installer

點擊連結

▲ 管理後台網址

新手入門不用怕，基本操作和初期設定

2-1 WordPress 基礎設定

一、一般設定

❶ 進到 WordPress 管理後台後，點擊左欄選單中的『設定』，再點擊『一般』。

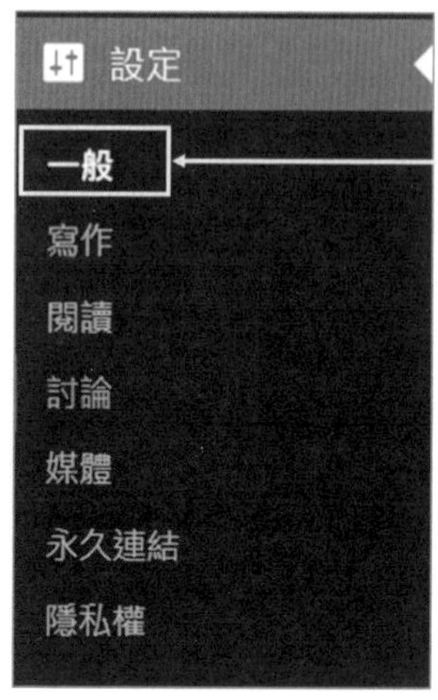

▲ 點擊『一般』

❷ 在『成員資格』項目中，將『任何人均可註冊』勾選起來，開放訪客註冊會員。另外，時間也要調整為台灣時區，在『時區』的項目中，選擇『UTC+8』。

❶ 勾選起來

成員資格　任何人均可註冊

新使用者的預設使用者角色　訂閱者

網站介面語言　繁體中文

時區　UTC+8

請選取與居住地同一時區的城市或國際標準時間 (UTC) 時區。

目前的國際標準時間為 2022 年 10 月 14 日上午 9:13:49。

❷ 選擇時區

▲ 選擇『UTC+8』

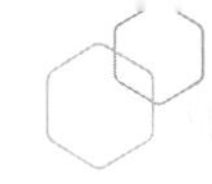

3 不管做了哪些設定上的變更，都要點擊『儲存設定』，儲存設定值。

▲ 點擊『儲存設定』

二、新增使用者

1 為網站新增其他管理員或編輯、寫作、作者等角色，可在左欄選單處點擊『使用者』，再點擊『新增使用者』。

▲ 點擊『使用者』

2 輸入帳號訊息，『使用者名稱』不能使用中文命名，只能以英文字母或數字命名。

另外，『語言』設定成跟網站預設值相同，都是『繁體中文』。

並選擇所要賦予使用者的身分，再點擊『新增使用者』。

▲ 輸入『使用者』相關資料

三、新增分類與文章、頁面

1. 在新增文章時，要先建立分類，點擊左欄選單的『文章』，再點擊『分類』。

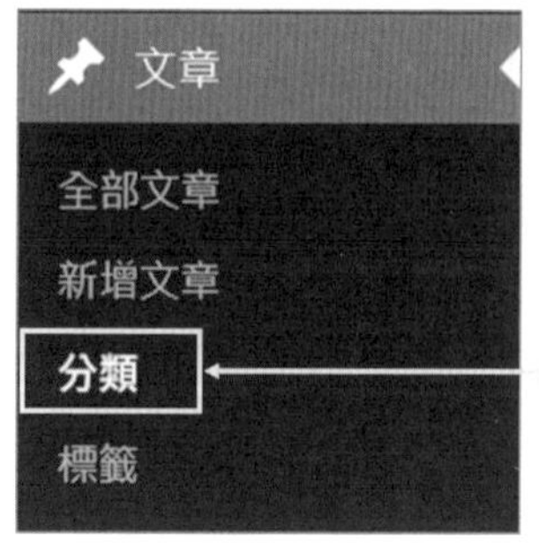

▲ 點擊『分類』

2 填寫『分類』的各項資料。

其中，『代稱』網址中所出現的分類名稱，不能使用中文，必須以小寫英文字母、數字、或連字符號『-』來區隔。

而『內容說明』為選填，輔助說明該分類的用途或介紹。

都填寫完之後，點擊『新增分類』。

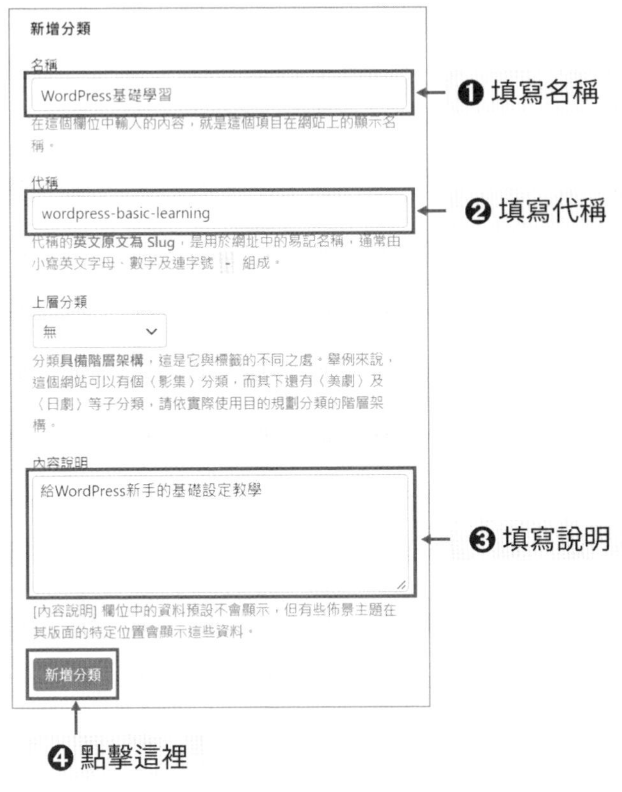

▲ 點擊『新增分類』

3 新增所有的分類後，點擊左欄選單的『設定』，再點擊『寫作』。

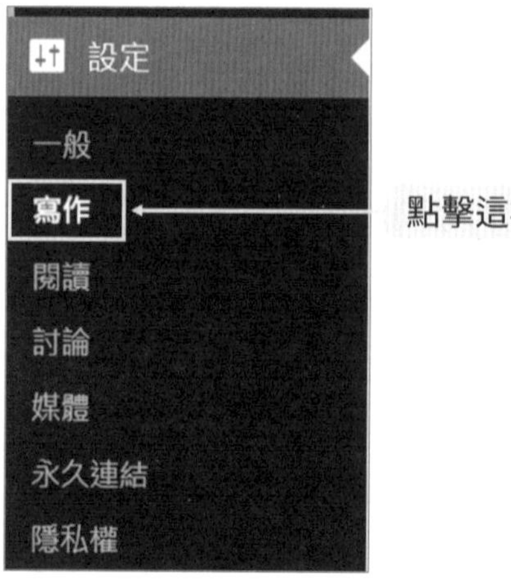

▲ 點擊『寫作』

4 在『預設文章分類』中，可指定所發佈的文章，其預設的分類是哪一類。

另外，在『全站預設編輯器』中，若有安裝『傳統編輯器』，則可以設定在編輯文章時，所使用的編輯器是哪一種。

在『開放使用者自行切換編輯器』，點選『是』，就可以在編輯文章或頁面時，自由切換傳統編輯器與區塊編輯器了。

▲ 選擇預設的編輯器

6 在最後一項『更新服務』中，是透過 ping 的方法，通知各大搜尋引擎，以便讓 Google、Yahoo、Bing 等搜尋引擎能快速收錄剛發佈的文章，提升文章的能見度與觸及率。
在『更新服務』的欄位中，填入以下的網址群名單，就可以加快搜尋引擎收錄的速度了。
設定完畢後，再點擊『儲存設定』。

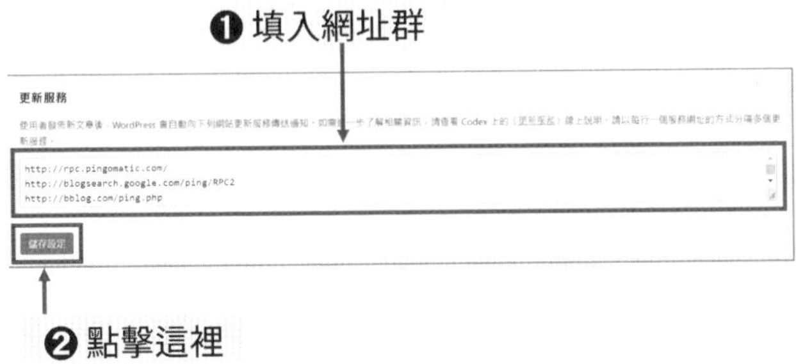

▲ 點擊『儲存設定』

將下列網址放入『更新服務』欄位中：
http://rpc.pingomatic.com/
http://blogsearch.google.com/ping/RPC2
http://bblog.com/ping.php
http://bitacoras.net/ping
http://blog.goo.ne.jp/XMLRPC
http://blogdb.jp/xmlrpc
http://blogmatcher.com/u.php
http://bulkfeeds.net/rpc
http://coreblog.org/ping/
http://mod-pubsub.org/kn_apps/blogchatt
http://www.lasermemory.com/lsrpc/
http://ping.blo.gs/
http://ping.bloggers.jp/rpc/
http://ping.feedburner.com/
http://ping.rootblog.com/rpc.php

http://pingoat.com/goat/RPC2
http://rpc.blogbuzzmachine.com/RPC2
http://blogmatcher.com/u.php
http://bulkfeeds.net/rpc
http://www.blogsnow.com/ping
http://ping.feedburner.com
http://ping.bloggers.jp/rpc/
http://coreblog.org/ping
http://www.blogshares.com/rpc.php
http://topicexchange.com/RPC2
http://www.mod-pubsub.org/kn_apps/blogchatter/ping.php
http://rpc.blogrolling.com/pinger/
http://ping.cocolog-nifty.com/xmlrpc
http://ping.exblog.jp/xmlrpc
http://rpc.icerocket.com:10080/
http://api.moreover.com/RPC2
http://mod-pubsub.org/kn_apps/blogchatt
http://www.newsisfree.com/xmlrpctest.php
http://www.snipsnap.org/RPC2
http://www.a2b.cc/setloc/bp.a2b
http://www.newsisfree.com/RPCCloud
http://ping.myblog.jp
http://www.popdex.com/addsite.php
http://www.blogroots.com/tb_populi.blog?id=1
http://www.blogoon.net/ping/
http://www.bitacoles.net/ping.php
http://ping.amagle.com/
http://xping.pubsub.com/ping/
http://rpc.weblogs.com/RPC2
http://ping.rootblog.com/rpc.php
http://bitacoras.net/ping

```
http://api.feedster.com/ping
http://www.blogoole.com/ping/
http://ping.blo.gs/
http://blog.goo.ne.jp/XMLRPC
http://www.weblogues.com/RPC/
http://api.moreover.com/ping
http://trackback.bakeinu.jp/bakeping.php
http://www.blogstreet.com/xrbin/xmlrpc.cgi
http://www.lasermemory.com/lsrpc/
http://ping.bitacoras.com
http://rpc.icerocket.com:10080/
http://xmlrpc.blogg.de
http://rpc.newsgator.com/
http://bblog.com/ping.php
http://ping.syndic8.com/xmlrpc.php
http://www.blogdigger.com/RPC2
http://1470.net/api/ping
http://api.my.yahoo.com/RPC2
http://pingoat.com/goat/RPC2
http://rpc.technorati.com/rpc/ping
http://rpc.blogbuzzmachine.com/RPC2
http://blogsearch.google.com/ping/RPC2
http://ping.blogmura.jp/rpc/
http://api.my.yahoo.com/rss/ping
http://rpc.copygator.com/ping/
http://ping.weblogalot.com/rpc.php
http://www.blogpeople.net/servlet/weblogUpdates
```

7 點擊左欄選單中的『文章』，再點擊『新增文章』。

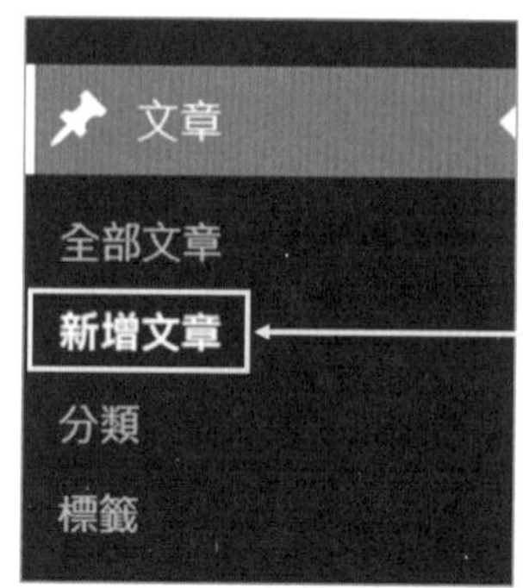

▲ 點擊『新增文章』

8 就可以開始編輯文章、內容，並勾選所屬的分類。
若分類沒有勾選的話，該文章在發佈時，會被自動指定為預設分類。

▲ 在傳統編輯器的模式下編輯文章

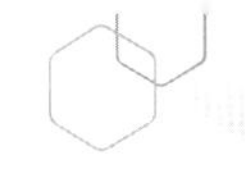

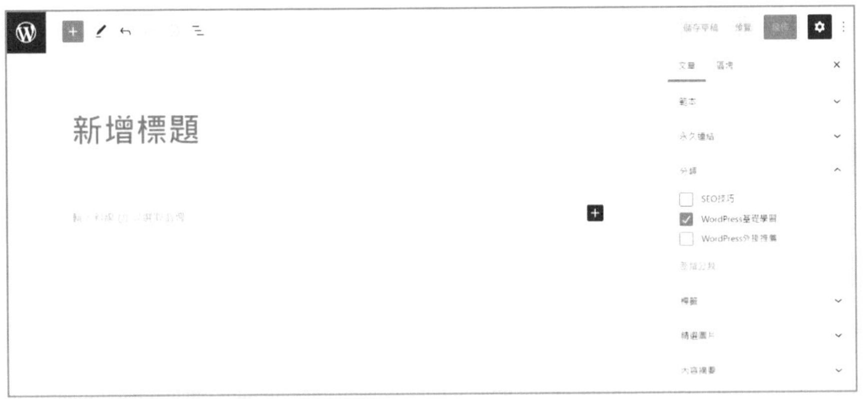

▲ 在區塊編輯器的模式下編輯文章

9 WordPress 也可以建立獨立的頁面，點擊左欄選單的『頁面』，再點擊『新增頁面』。

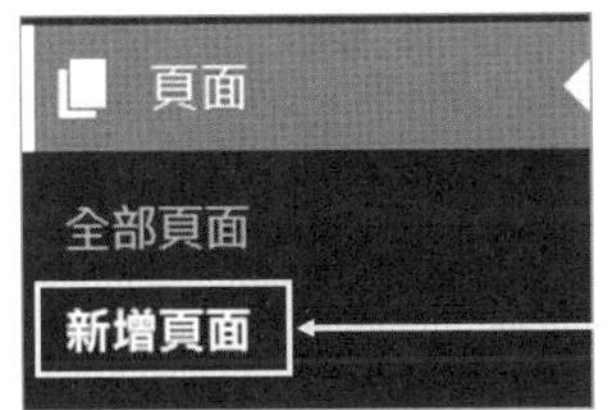

▲ 點擊『新增頁面』

10 若預設的編輯器指定為『傳統編輯器』，那麼頁面的編輯介面，也是以『傳統編輯器』的模式顯現。

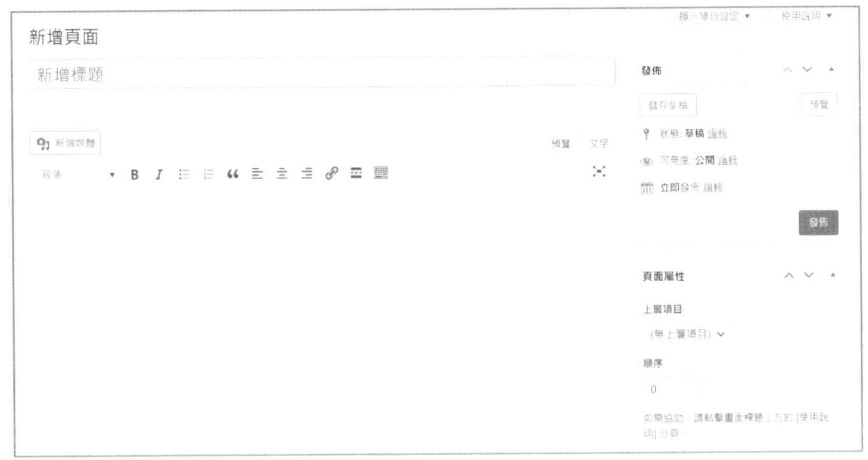

▲ 在傳統編輯器的模式下編輯頁面

11 點擊編輯頁面右欄的『切換至區塊編輯器』，就可以更換編輯器模式了。

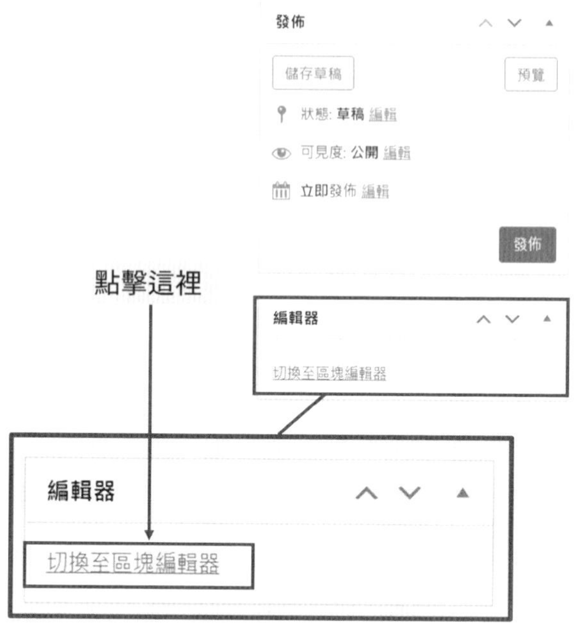

▲ 點擊『切換至區塊編輯器』

▲ 在區塊編輯器的模式下編輯頁面

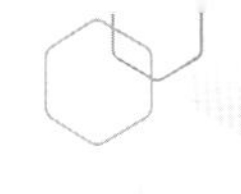

2-2 WordPress 外掛設定

一、安裝外掛

❶ 要安裝外掛程式，可以點擊左欄選單中『外掛』，再點擊『安裝外掛』。

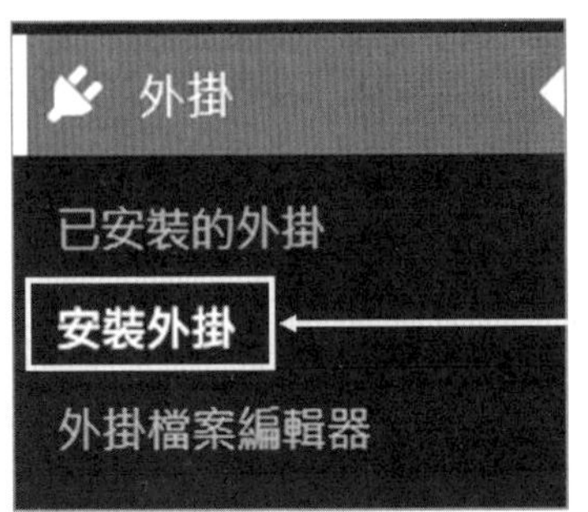

▲ 點擊『安裝外掛』

❷ 在『關鍵字』欄位中輸入所要查詢的外掛關鍵字，找到所要安裝的外掛後，點擊『立即安裝』。

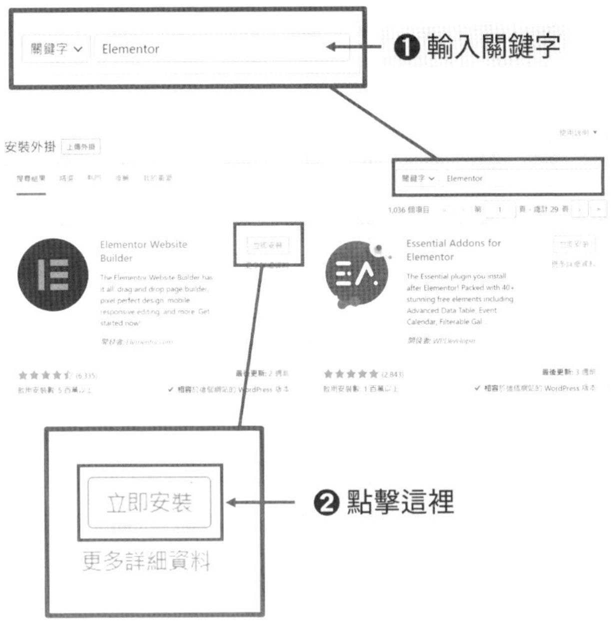

▲ 點擊『立即安裝』

3 待外掛程式安裝完畢後，再點擊『啟用』。

▲ 點擊『啟用』

二、刪除外掛

1 另外，若要刪除已經安裝過的外掛，可以點擊左欄選單中的『外掛』，再點擊『已安裝外掛』。

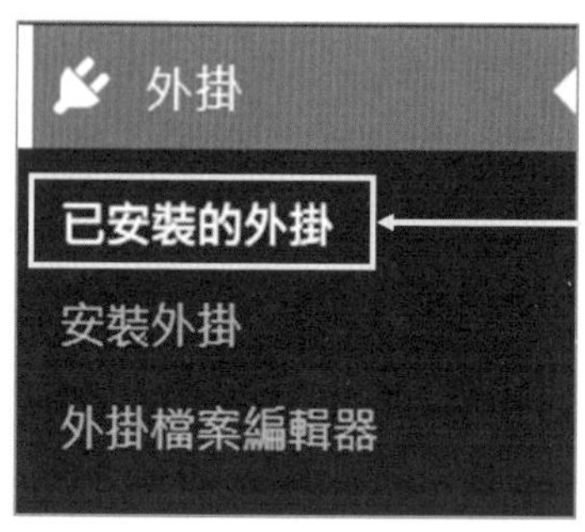

▲ 點擊『已安裝外掛』

2. 若外掛安裝得太多，不容易尋找時，可以根據篩選條件來縮小範圍，點擊『已啟用』，排除掉暫時處於停用狀態的外掛。
或是在搜尋欄中輸入關鍵字來找尋所要刪除的外掛。

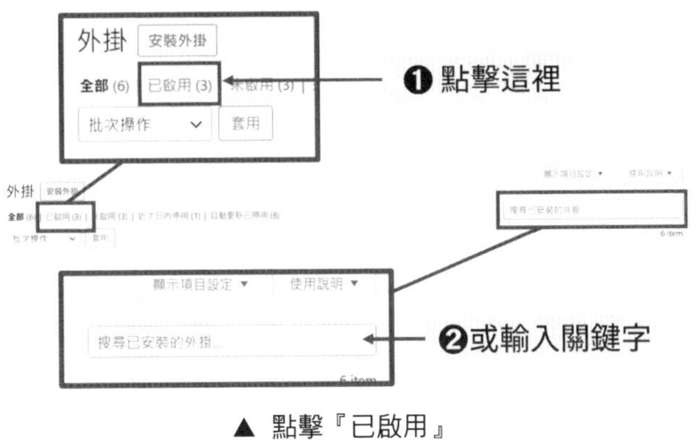

▲ 點擊『已啟用』

3. 找到要刪除的外掛之後，先點擊『停用』，讓外掛處於停止啟用的狀態後，再點擊『刪除』，就可以將該外掛移除了。

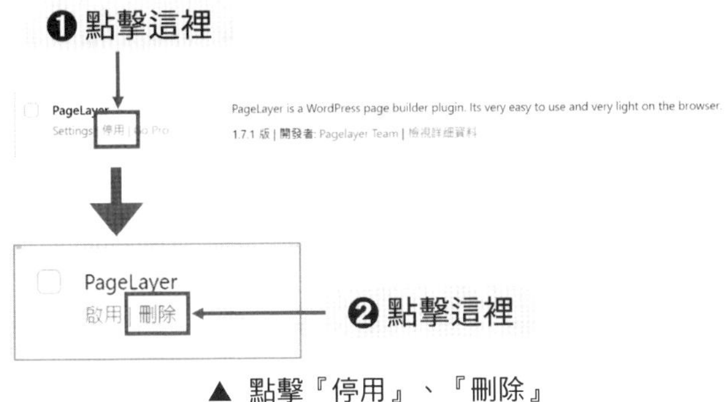

▲ 點擊『停用』、『刪除』

重點指引

但有時候安裝外掛或佈景主題後，會與伺服器衝突，造成錯誤的狀態，連 WordPress 管理後台都無法進入，這時候就必須將該外掛或佈景主題的資料夾、檔案一併刪除，才能解除錯誤的狀態，讓網站恢復正常。

一、從 000webhost 免費伺服器刪除

1. 在 000webhost 免費伺服器中，先以會員的帳號與密碼進行登入。

   進入免費伺服器的管理後台，可以看到已建立網站的主選單項目，點擊『Manage Website』。

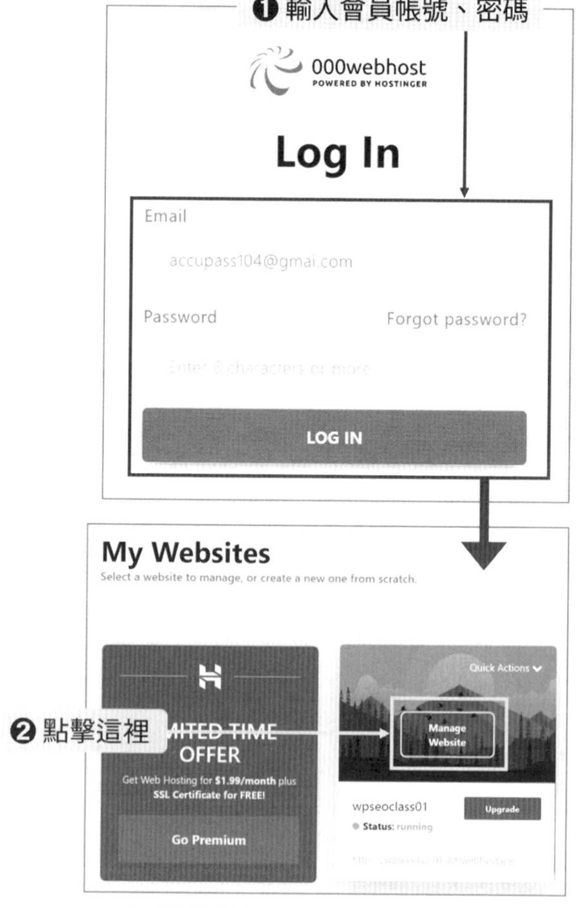

▲ 點擊『Manage Website』

2. 在左欄選單中，點擊『Dashboard』，找到『Files』區塊，再點擊『File Manager』。

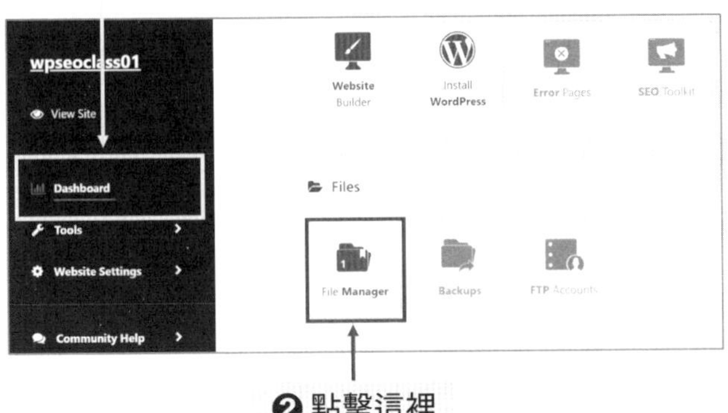

▲ 點擊『File Manager』

3. 000webhost 的免費版伺服器，並沒有提供 FTP 或遠端桌面的功能，因此若要刪除檔案，都必須透過伺服器的管理後台。

   點擊『Upload Files』。

▲ 點擊『Upload Files』

4. 點擊左欄的資料夾名稱來切換路徑，先點擊『public_html』，再點擊『wp-content』，而後再接著點擊『plugins』，所有的外掛程式檔案，都在『plugins』裡面。

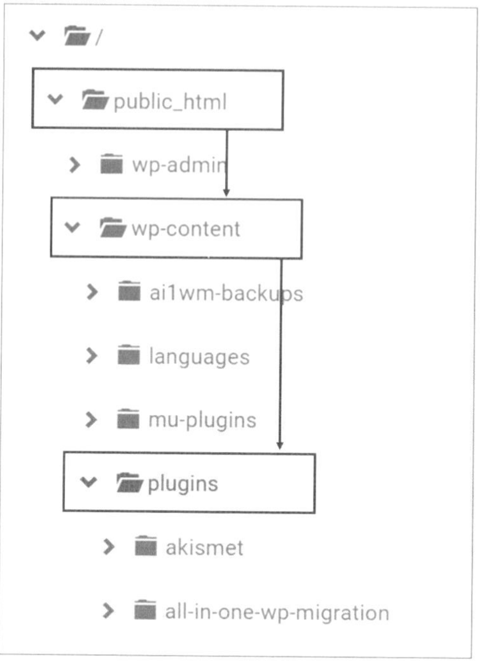

▲ 路徑『public_html』→『wp-content』→『plugins』

5. 找到與伺服器相衝突的外掛後，勾選該外掛的資料夾，再點擊『Delete』的符號。

▲ 點擊『Delete』符號

6. 進行刪除前的確認，點擊『Delete』，就可以直接將該外掛的整個資料夾與其內部的檔案都刪除掉了。

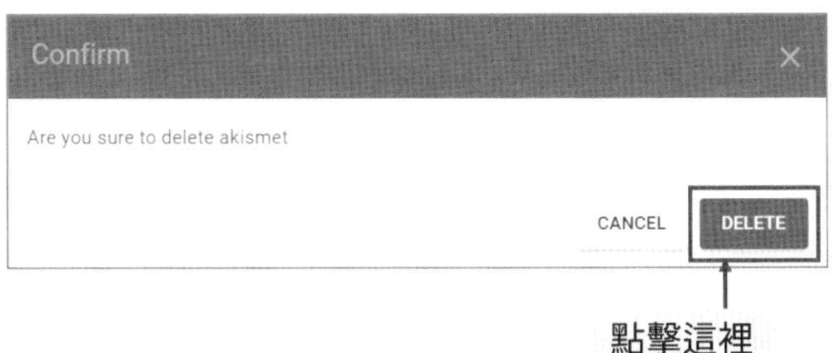

▲ 點擊『Delete』

二、從 ByetHost 免費伺服器刪除

1. 在 ByetHost 免費伺服器中，輸入 Cpanel 管理員的帳號與密碼，點擊『Log in』進行登入。

▲ 登入 Cpanel

2. 在『檔』的區塊中，點擊『檔案管理員』。

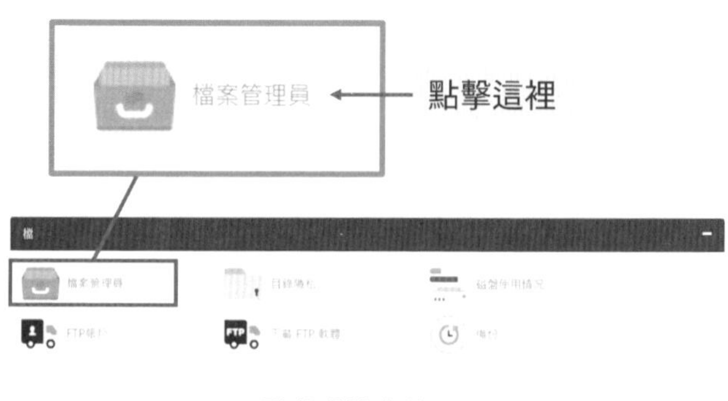

▲ 點擊『檔案管理員』

3. 點擊『htdocs』，進入資料夾裡。

   htdocs 是根目錄所在，所有 WordPress 的檔案，都在 htdocs 裡面。

▲ 點擊『htdocs』資料夾

4. 點擊『wp-content』，進入資料夾裡。

   WordPress 外掛檔案、佈景主題檔案都在『wp-content』資料夾裡面。

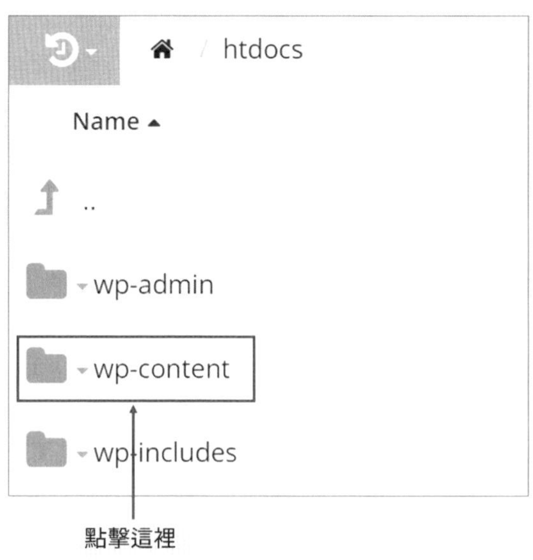

▲ 點擊『wp-content』資料夾

5. 點擊『plugins』資料夾，WordPress 的外掛檔案，都放在『plugins』資料夾裡面。

   順帶一題，WordPress 的佈景檔案，則是放在『themes』資料夾裡面。

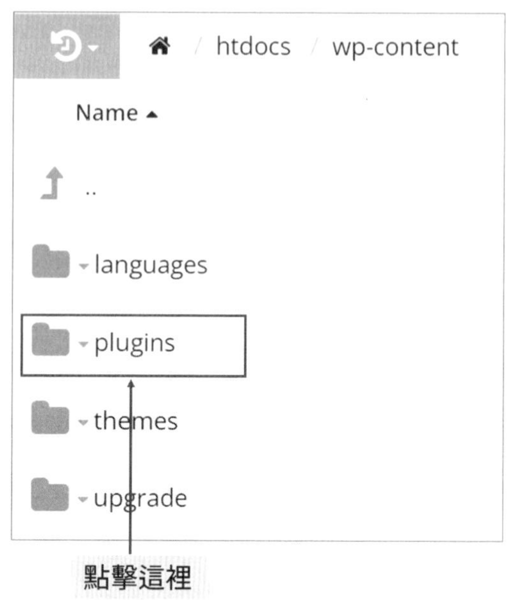

▲ 點擊『plugins』資料夾

6. 選定所要刪除的外掛資料夾，在外掛名稱旁的空白處點擊一下，出現淡黃色的列表色塊後，即代表該資料夾被選取起來了。

   接著再點擊『Delete』符號，將整個外掛資料夾刪除。

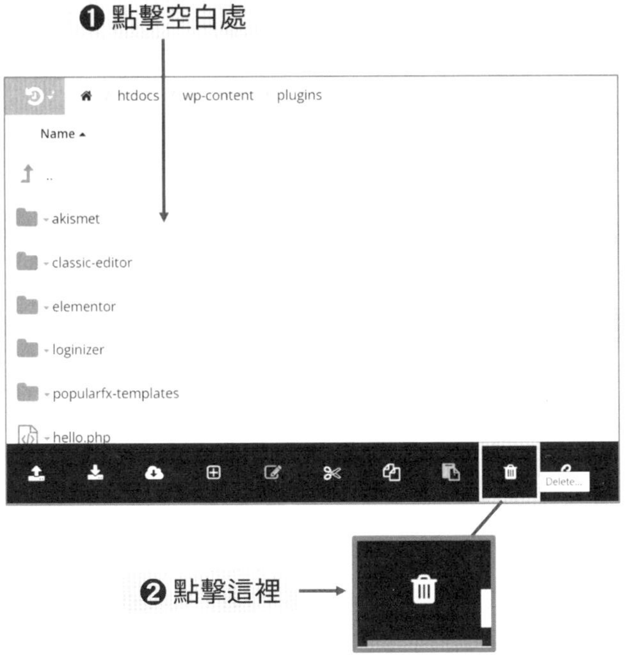

▲『Delete』符號

7. 進行刪除前的最後確認，點擊『Confirm』，該外掛資料夾就可以完全刪除了。

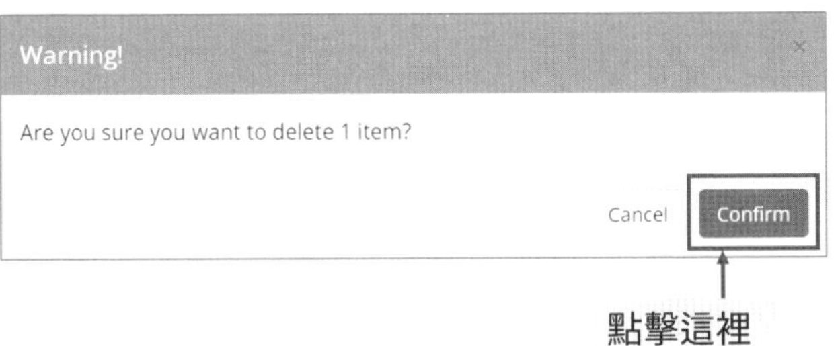

▲ 點擊『Confirm』

ByetHost 免費伺服器也提供了 FTP 帳號，可供上傳或刪除檔案使用，但由於 FTP 無法一次刪除整個資料夾，必須以單個檔案為單位，當檔案一個一個刪除完畢後，才能將該資料夾移除，故刪除外掛檔案的過程較為繁瑣，因此不建議以 FTP 來刪除外掛檔案。

三、更新外掛

❶ 當外掛或佈景主題有更新時，管理後台會立即顯示有幾個外掛需要更新，並以紅色醒目數字提示。
點擊左欄選單中的『更新』。

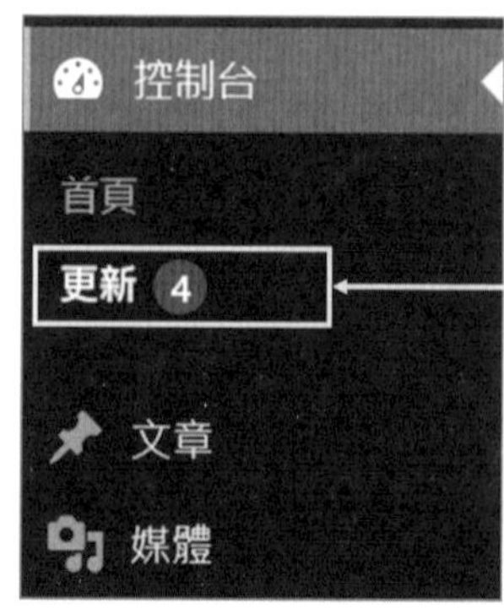

▲ 點擊『更新』

❷ 勾選所要更新的外掛，再點擊『更新外掛』。
若伺服器的效能優良，可以一次勾選全部的外掛進行更新，但在免費伺服器中，為了避免超過負荷量，建議一次更新一個外掛。

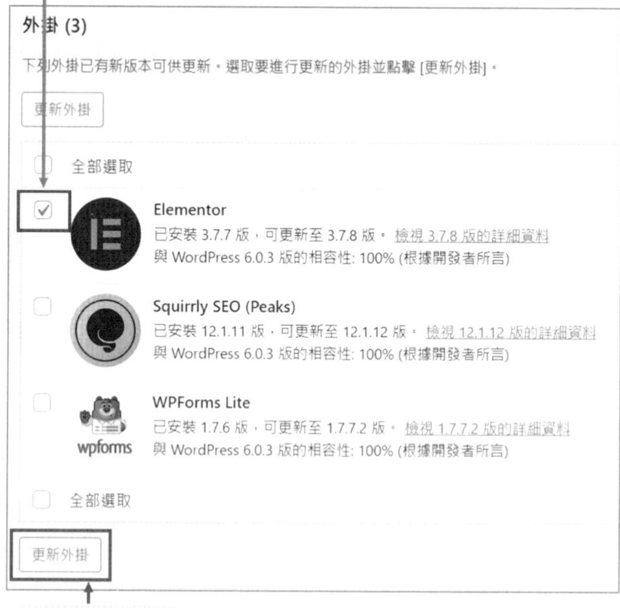

▲ 點擊『更新外掛』

3 升級外掛或佈景主題都需要一點時間，必須耐心等它更新完。

更新外掛

正在執行更新程序。這項程序在某些主機上需要一點時間，請耐心等候。

正在啟用 [網站例行性維護] 模式...

正在更新外掛 Elementor (第 1 個，總計 1 個)

Elementor 已成功更新。 顯示詳細資料

正在停用 [網站例行性維護] 模式...

這個網站已完成全部更新。

前往 [外掛] 頁面 | 前往 [WordPress 更新] 頁面

▲ 更新完成

重點指引

在免費伺服器中，有時在執行更新時，會出現錯誤狀態，無法進行更新，這是由於伺服器正處於忙碌狀態，只要再多等待幾個小時，避開伺服器忙碌時段，之後再進行更新，就可以更新成功了。

快速設定高水準網站與優質版型

3-1 佈景主題的安裝與移除

1. 在 WordPress 管理後台中，點擊左欄選單的『外觀』，再點擊『佈景主題』。

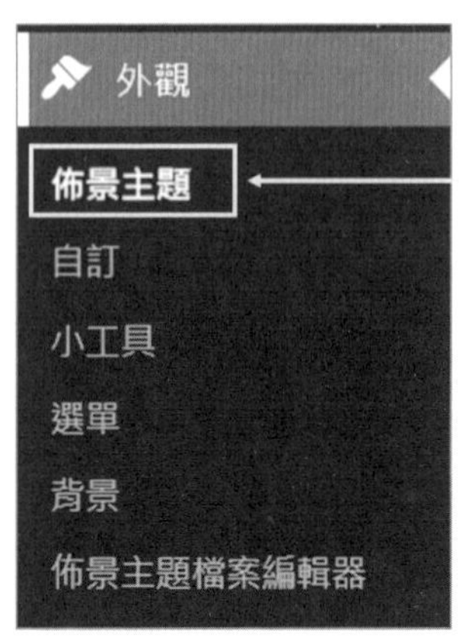

▲ 點擊『佈景主題』

2. 所有已安裝過的佈景主題都會出現在頁面中，若要安裝新的佈景主題，則點擊『安裝佈景主題』，或點擊『＋』。

▲ 點擊『安裝佈景主題』

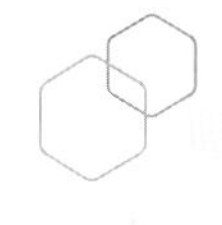

3 點擊『特色篩選條件』來設定條件，縮小篩選範圍，可依照用途、功能、版面配置來進行篩選，將符合的條件勾選起來，可以複選或勾選 2 個以上的條件。

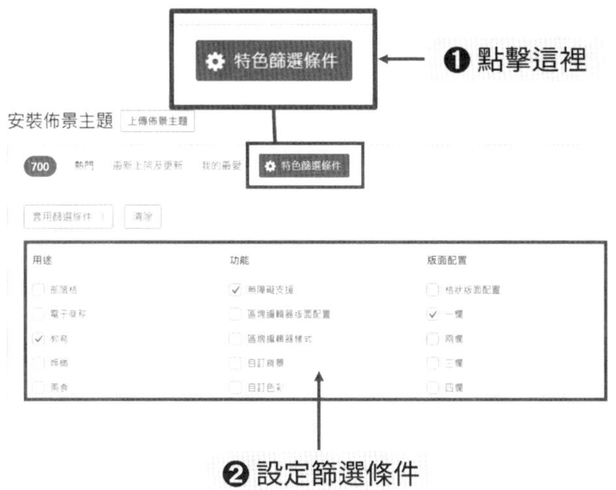

▲ 點擊『特色篩選條件』

4 設定好篩選條件後，點擊『套用篩選條件』。

▲ 點擊『套用篩選條件』

5 將滑鼠移到佈景主題中，可以先點擊『預覽』，大致瀏覽一下佈景主題在安裝之後，所呈現的樣式是不是符合所需。

但實際上，很多佈景主題在預覽模式下，無法完整地呈現整體的樣式和風格，必須等到安裝完成、並經過初步的設定後，才能得知該佈景主題的真實樣貌。

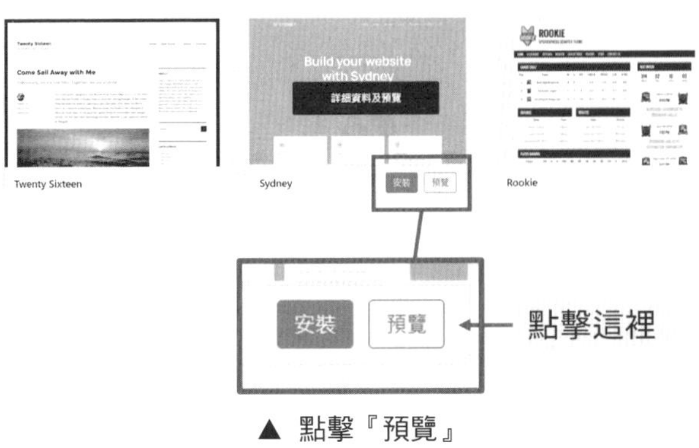

▲ 點擊『預覽』

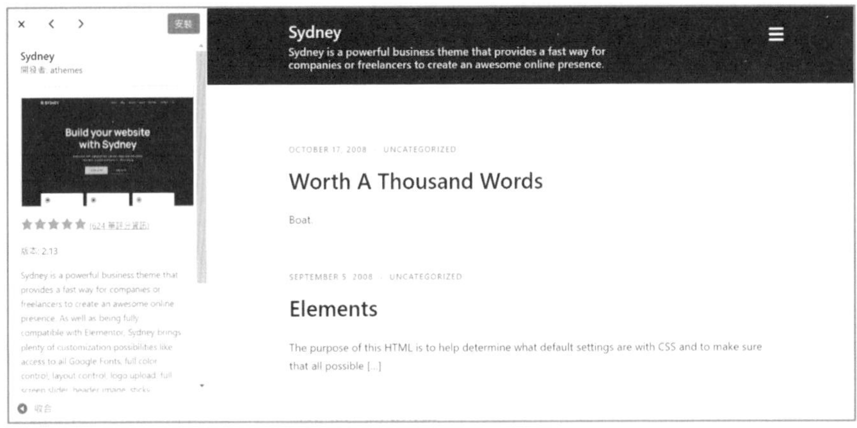

▲ 預覽狀態下的佈景主題

6 選定佈景主題後，點擊『安裝』。待安裝完畢後，再點擊『啟用』。

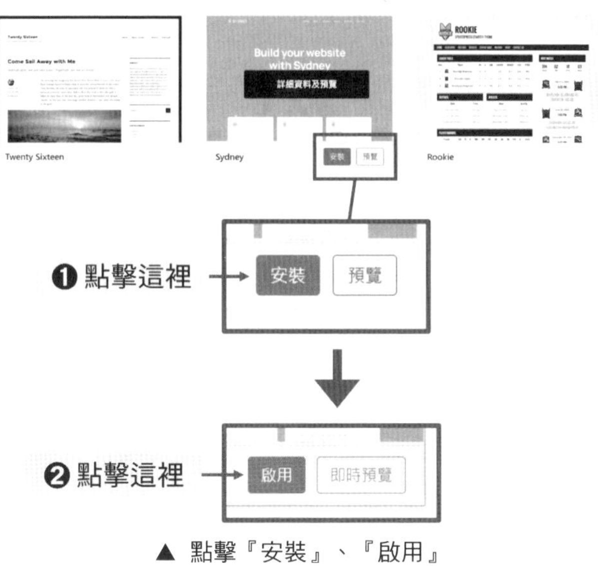

▲ 點擊『安裝』、『啟用』

7 對於其他已經安裝過的佈景主題，若要移除的話，則直接點擊『佈景主題詳細資料』。

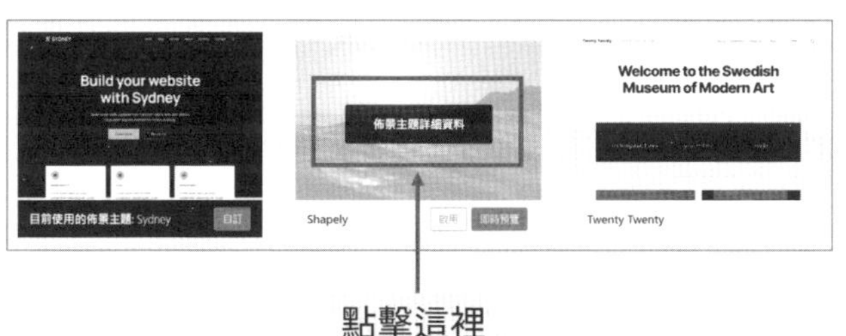

▲ 點擊『佈景主題詳細資料』

8 點擊右下方的『刪除』，並在彈跳出來的小視窗中，點擊『確定』，就可以將不需要用到的佈景主題移除掉了。

建議將不會使用到的佈景主題刪除掉，只保留 1 ～ 2 個佈景主題就好，一方面可以減少伺服器空間的容量，一方面也不會耗損過多的網路資源。

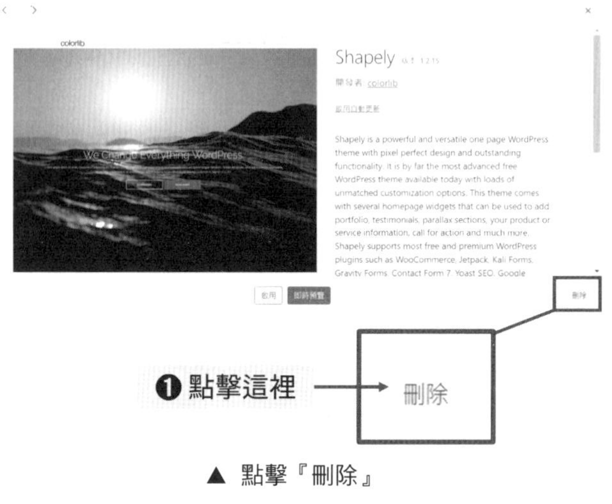

▲ 點擊『刪除』

▲ 點擊『確定』

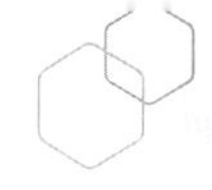

3-2 優質佈景主題哪裡找？

除了 WordPress 本身的佈景主題以外，還有很多佈景主題商店所提供的免費、付費樣版，都可以讓網站華麗變身。

比起從頭開始自行設計，對於 WordPress 新手或非設計師來說，的確是一個苦差事。而 WordPress 佈景主題商店提供了數千、數萬種令人驚嘆的樣版設計，並兼具擴展功能與自訂選項，絕對可以為網站挑選出最合適的佈景主題。

為了可以讓 WordPress 新手們也可以找到優質的佈景主題，快速設定高水準網站，以下提供了幾個國外最佳的 WordPress 佈景主題商店：

1. aThemes

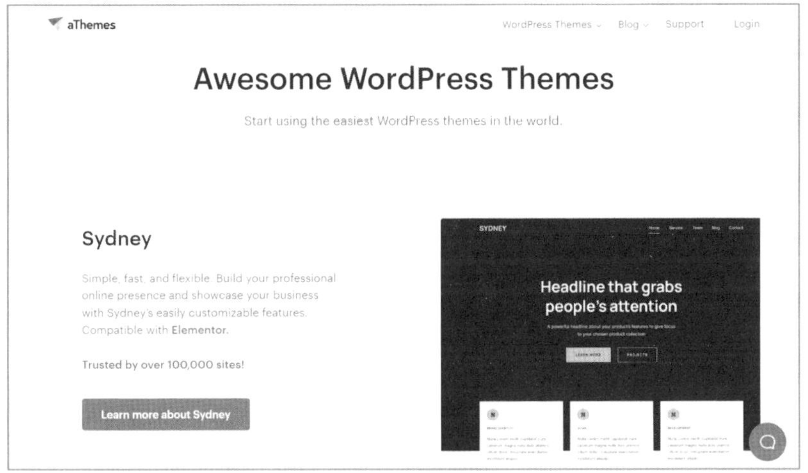

▲ aThemes 佈景主題商店 https://athemes.com/wordpress-themes/

▲ aThemes 網址 QrCode

2. Themeisle

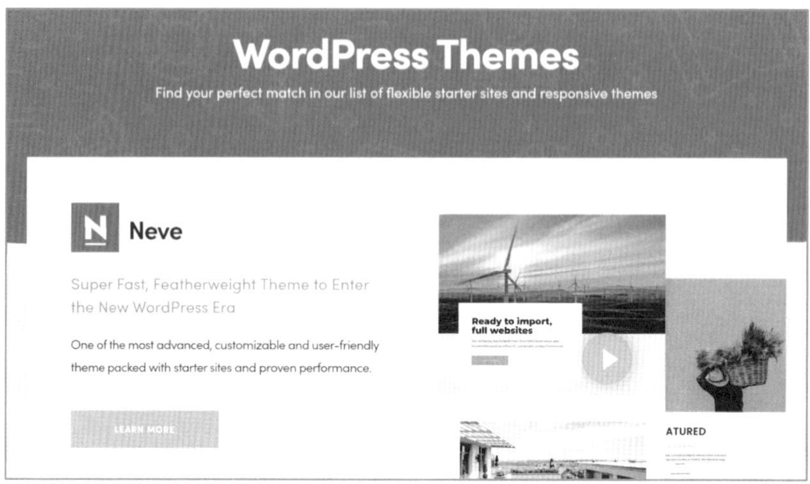

▲ Themeisle 佈景主題商店 https://themeisle.com/wordpress-themes/

▲ Themeisle 網址 QrCode

3. SKTTHEMES

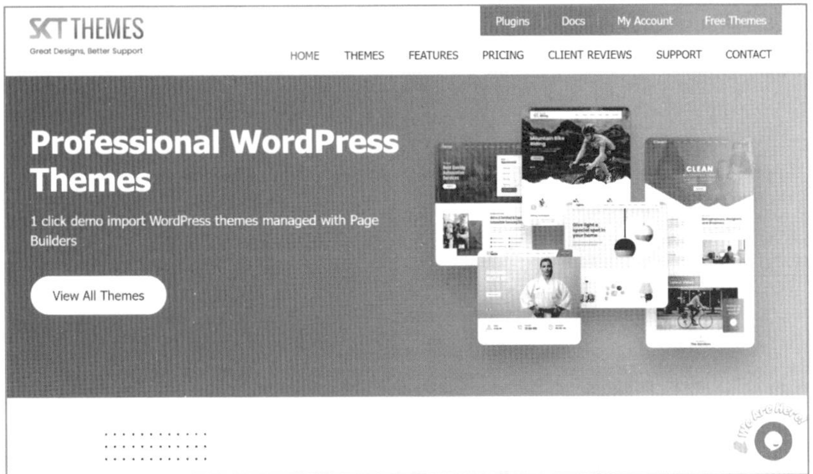

▲ SKTTHEMES 佈景主題商店　https://www.sktthemes.net/

▲ SKTTHEMES 網址 QrCode

4. envato market

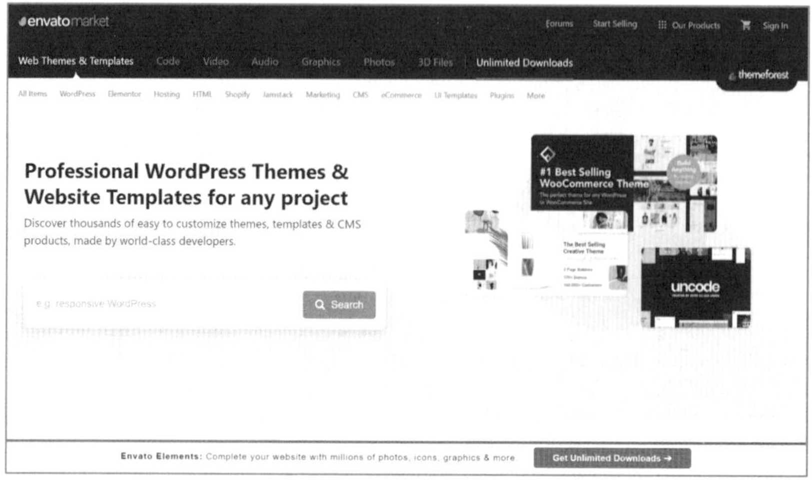

▲ envato market 佈景主題商店 https://themeforest.net/

▲ envato market 網址 QrCode

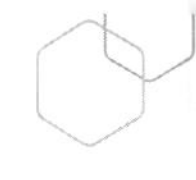

5. elegant themes

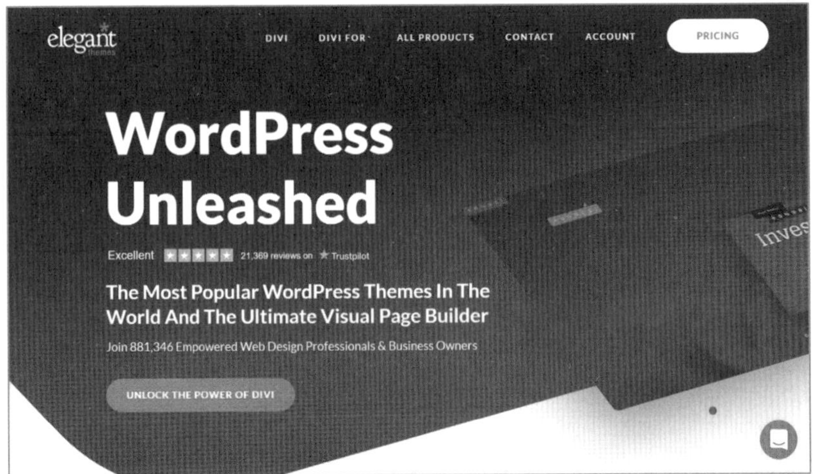

▲ elegant themes 佈景主題商店 https://www.elegantthemes.com/

▲ elegant themes 網址 QrCode

佈景主題商店的樣版該如何安裝？

在 WordPress 佈景主題商店中，挑選到中意的樣版之後，要將檔案下載下來，通常檔案會是一個 .zip 格式的壓縮檔案。下載下來之後，還必須安裝到 WordPress 網站中。

1. 在 WordPress 管理後台中，點擊左欄選單的『外觀』，再點擊『佈景主題』。

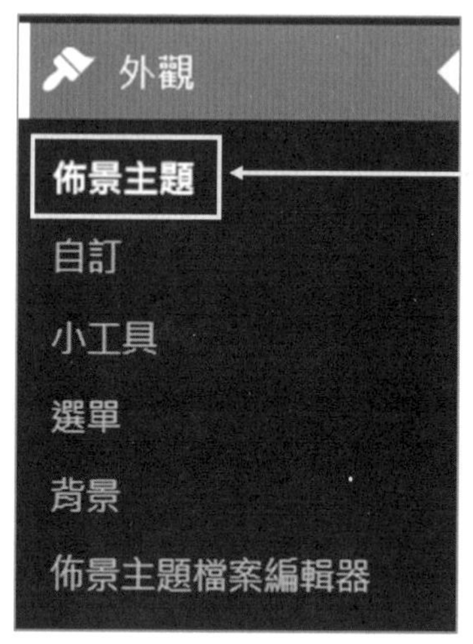

▲ 點擊『佈景主題』

2. 在設定頁面最上方處，點擊『安裝佈景主題』。

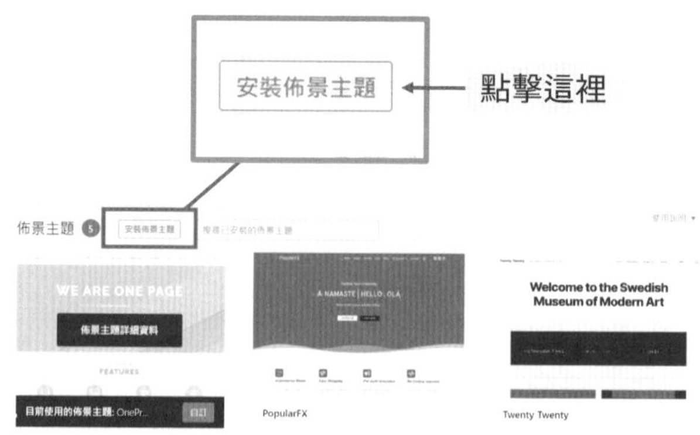

▲ 點擊『安裝佈景主題』

3 點擊『上傳佈景主題』，接著再繼續點擊『選擇檔案』，將所下載的佈景主題檔案上傳。

▲ 點擊『上傳佈景主題』

4 佈景主題包的檔案格式是 .zip 壓縮檔，不需要解壓縮，選擇好檔案後，點擊『立即安裝』，WordPress 就會將檔案解壓縮並安裝好。
要注意的是，在免費伺服器中安裝佈景主題檔案時，往往因為流量和空間的限制，必須等待一些時間，才能將佈景主題安裝好。

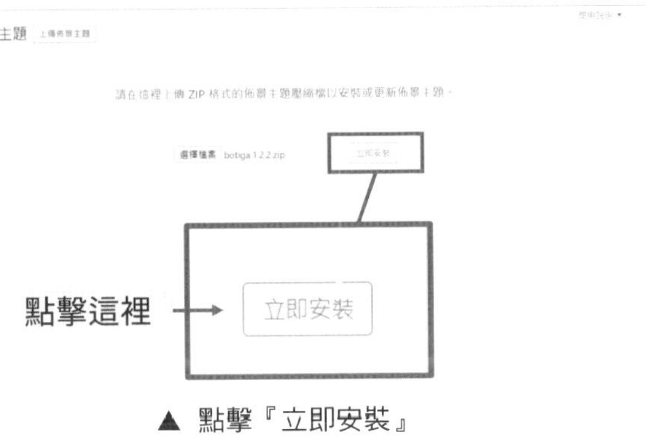

▲ 點擊『立即安裝』

5 佈景主題完成安裝後，點擊『啟用』。

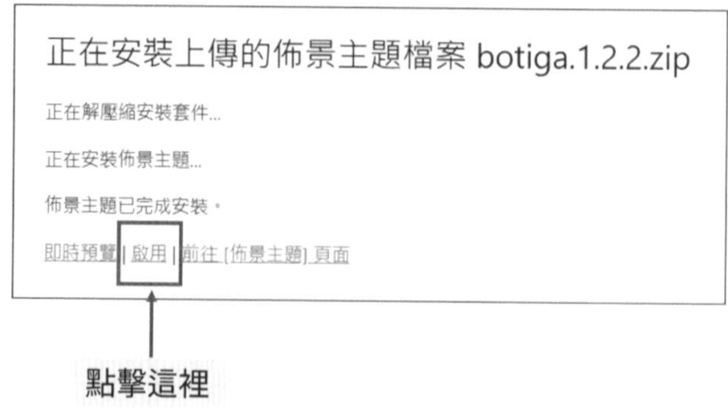

▲ 點擊『啟用』

6 有些佈景主題會再額外提供擴充功能，可以匯入範本頁面與文章，因此就必須再依照指示，進行擴展安裝。

以 Botiga 佈景主題為例，就需繼續點擊『Starter Sites』。

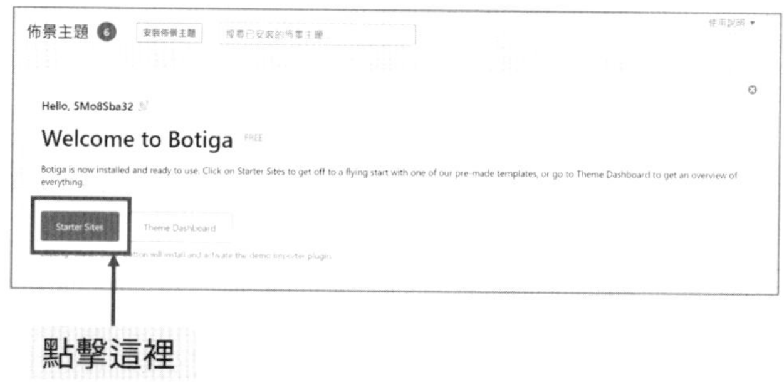

▲ 點擊『Starter Sites』

7 點擊『Import』，將範本頁面匯入至 WordPress。

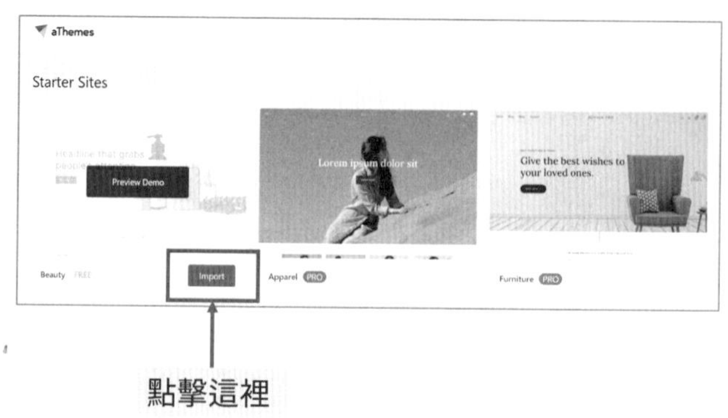

▲ 點擊『Import』

8. WordPress 會自動判別所符合的功能，並予以啟用，只要繼續點擊『Import』即可，匯入時也是一樣需等待一些時間。

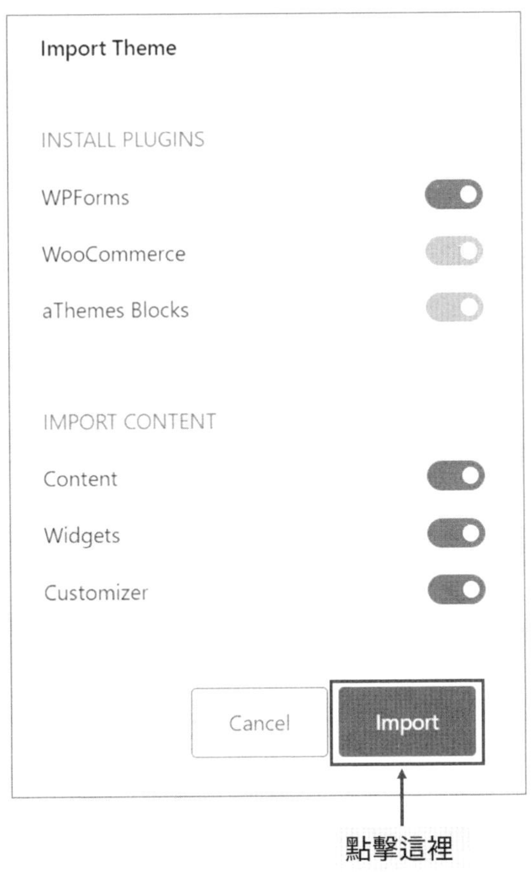

▲ 繼續點擊『Import』

9 匯入成功後，就可以點擊『Customize』，進入自訂區域，繼續調整所需的樣式了。

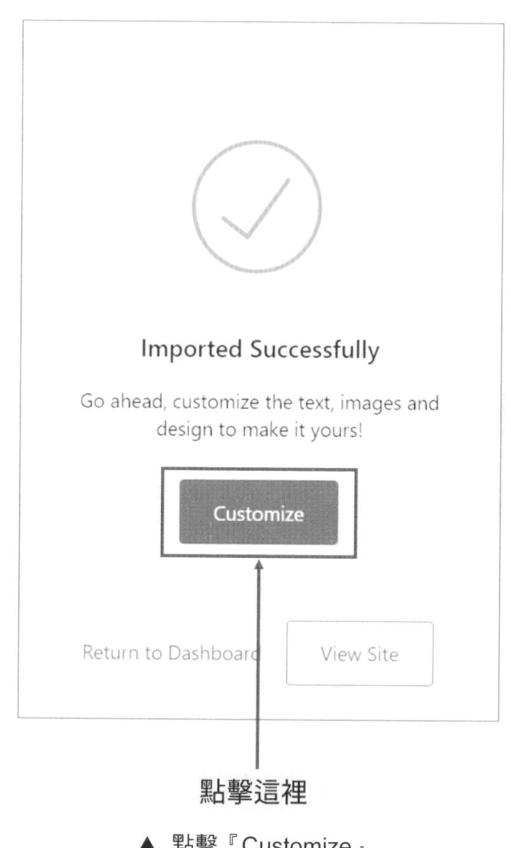

▲ 點擊『Customize』

3-3 自訂佈景主題

1 要進入佈景主題的自訂區域，除了在安裝樣版後跟隨其指引開啟之外，一般也可以從 WordPress 的管理後台中，點擊左欄選單的『外觀』，再點擊『自訂』。

▲ 點擊『自訂』

2 進入自訂介面後，要先瞭解每個區域的基本功能，這樣在進行設定與操作時，會更加清楚：

▲ 自訂區域功能一覽

3 可以看到左欄的選項，主要是可以修改首頁、LOGO、字型、字級、側邊欄位 ... 等樣式，但要注意的是，這裡的選項會隨著所安裝的佈景主題而有所不同，並非固定式的。

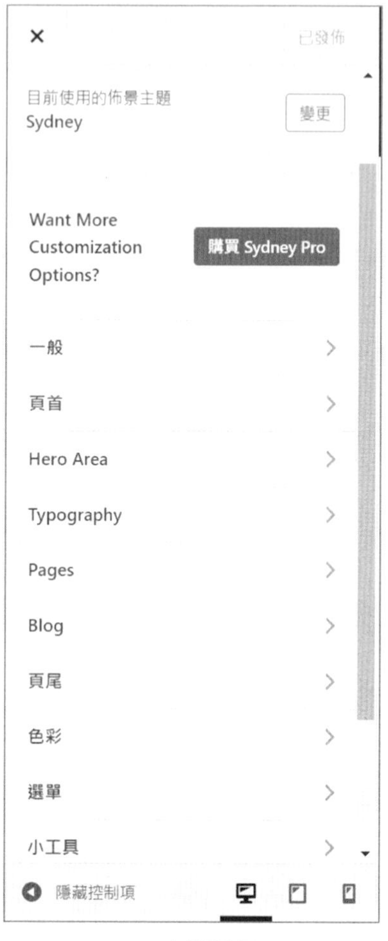

▲ 左欄選項

4 雖然選單項目會隨著佈景主題的不同而有所變動，但有幾個可修改的項目是大多數的佈景主題都會有的，雖然名稱顯示可能會有所不同，但功能性質是一樣的。

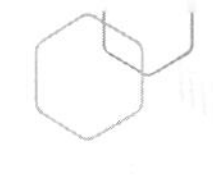

● 頁首

1 點擊『頁首』，進入頁首的子選項清單，再點擊『網站識別』。

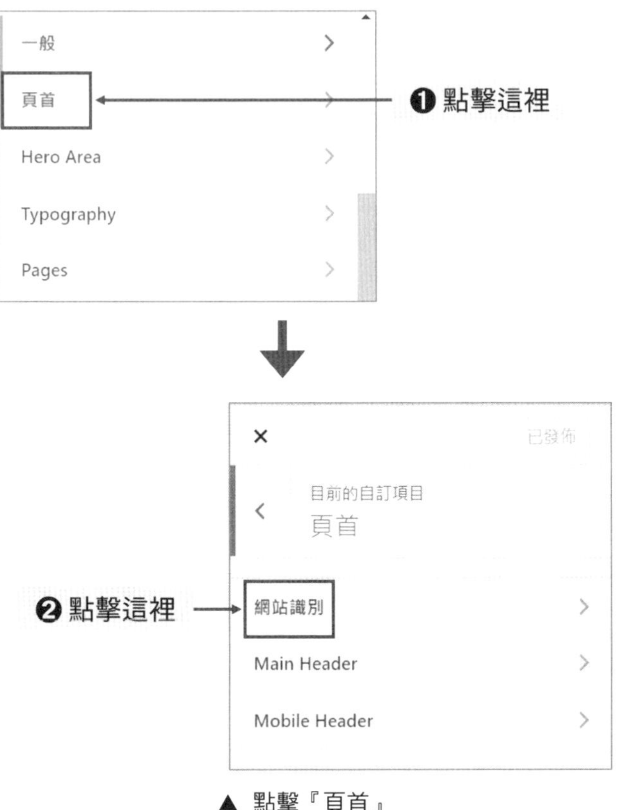

▲ 點擊『頁首』

2 在網站識別中，可以上傳網站的 LOGO，在『上傳標誌』中，點擊『選取圖片』。

▲ 點擊『選取圖片』

3 點擊『選取檔案』，將網站的 LOGO 圖檔上傳，或是直接把檔案拖放到視窗中。

選取圖片

請將檔案拖放至這裡上傳

或

選取檔案

點擊這裡

▲ 點擊『選取檔案』

4 填寫 LOGO 圖片的『替代文字』、『標題』內容，以利於 SEO 優化，而後再點擊『選取圖片』。

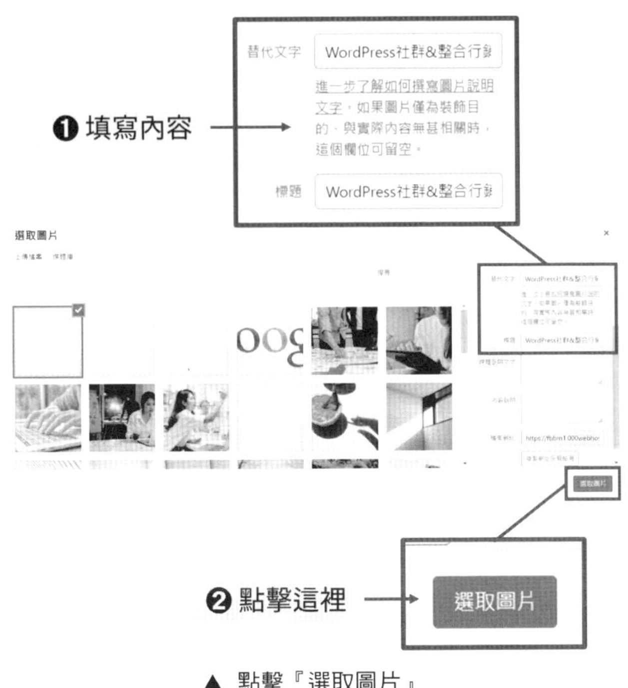

▲ 點擊『選取圖片』

5 接著，回到網站識別的設定介面中，再繼續設定『網站圖示』，點擊『選取網站圖示』。

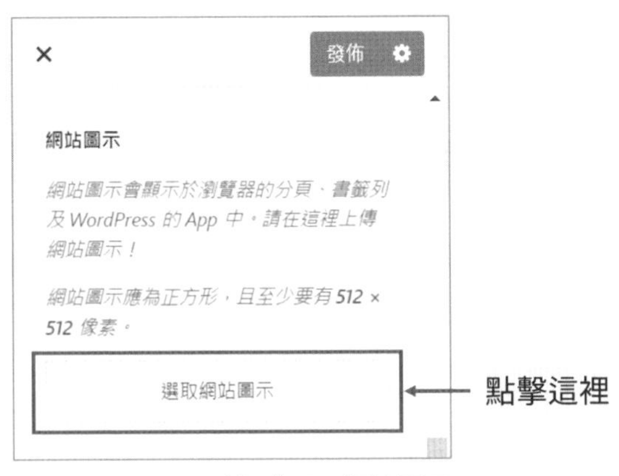

▲ 點擊『選取網站圖示』

重點指引

網站圖示的顯示位置，一般是在網址列的小圖示 ICON，或是書籤列的圖示 ICON，檔案規格為 512X512 像素，具有透明背景的 PNG 檔案為佳。

6 點擊『選取檔案』，一樣將網站的圖示檔案上傳，或是直接把檔案拖放到視窗中。

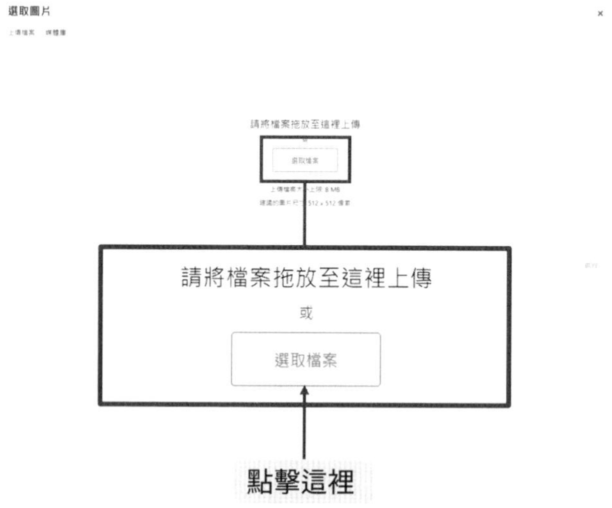

請將檔案拖放至這裡上傳

或

選取檔案

點擊這裡

▲ 點擊『選取檔案』

7 將『替代文字』、『標題』兩個欄位的內容都填寫完畢後，再點擊『選取』。

▲ 點擊『選取』

8 網站識別設定完畢後，點擊『發佈』，將設定值儲存起來。

▲ 點擊『發佈』

9 接著，再連續點擊『<』返回鍵，回到自訂區域的主選單中。

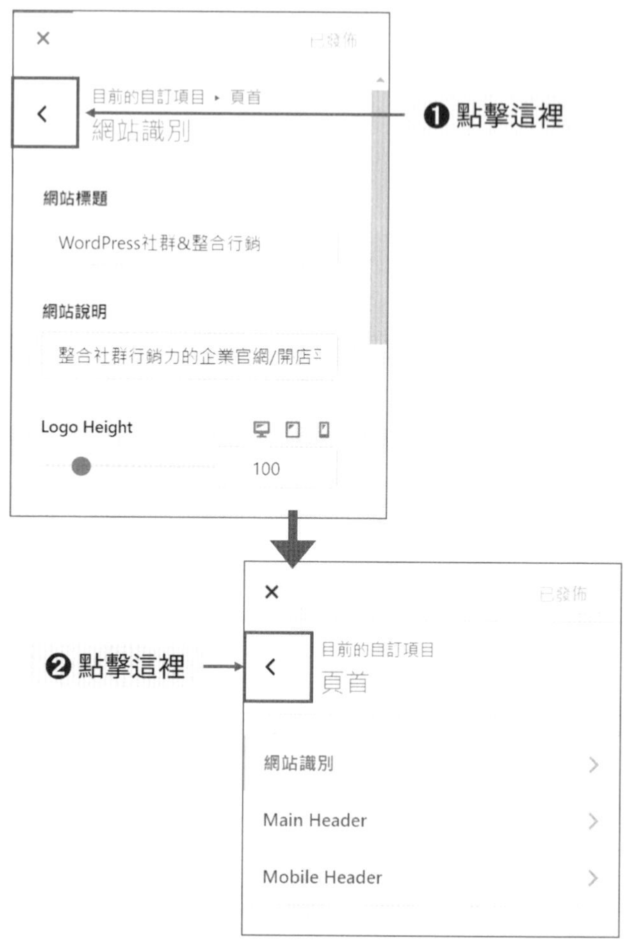

▲ 點擊『<』返回鍵

● 色彩

❶ 在『自訂區域』中，點擊左欄選單的『色彩』。

▲ 點擊『色彩』

重點指引

依照佈景主題的不同，『色彩』的名稱，有的也會顯示為『網站色彩』，或是歸屬於子選單中，並不見得都會出現在主選單裡，例如在『佈景主題選項』裡，得要仔細尋找一下。

2 可以依照需求，更改網站的背景色彩、主要色彩、文字色彩、超連結色彩、標題色彩 ... 等。

▲ 更改網站色彩

3 調整之後，可以在預覽窗格中看到即時的變化。確定所要變更的色彩之後，點擊『發佈』，才能將設定值儲存起來。

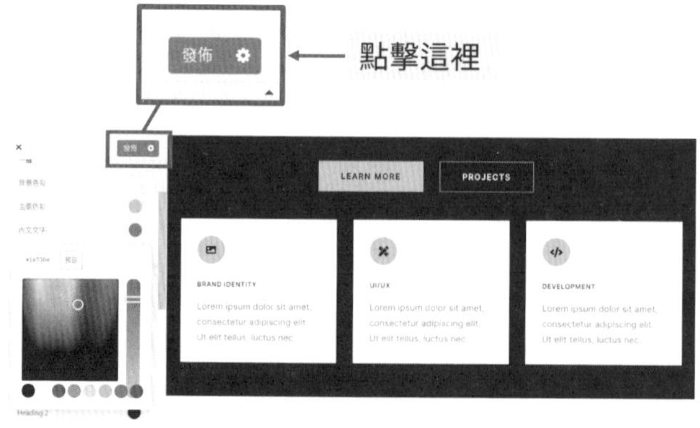

▲ 點擊『發佈』

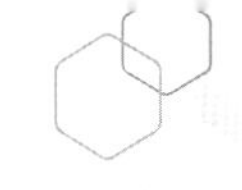

● 選單

1 點擊自訂區域的『選單』，進入子選單後，可以看到在該佈景主題中，有一個『Main』主選單，以及頁尾『Footer1』、『Footer2』、『Footer4』的選單可設定，每一個項目再點擊進去後，可以根據現有的項目進行選單連結的設定，像是在『網址』欄位中，輸入超連結的網址或相對位置，在『導覽選單項目標籤』中，輸入該超連結項目的名稱。

將選單名稱與超連結一一設定好之後，記得要再點擊『發佈』。

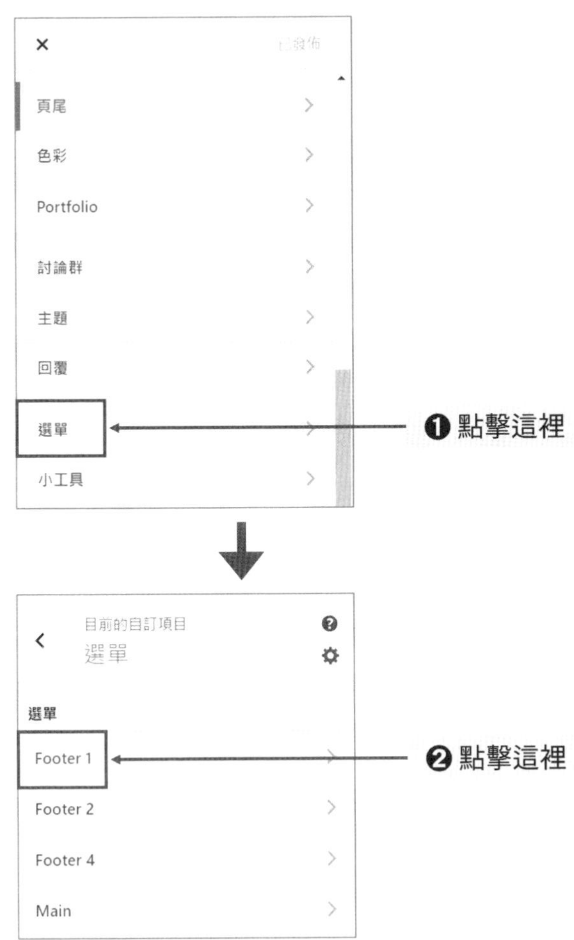

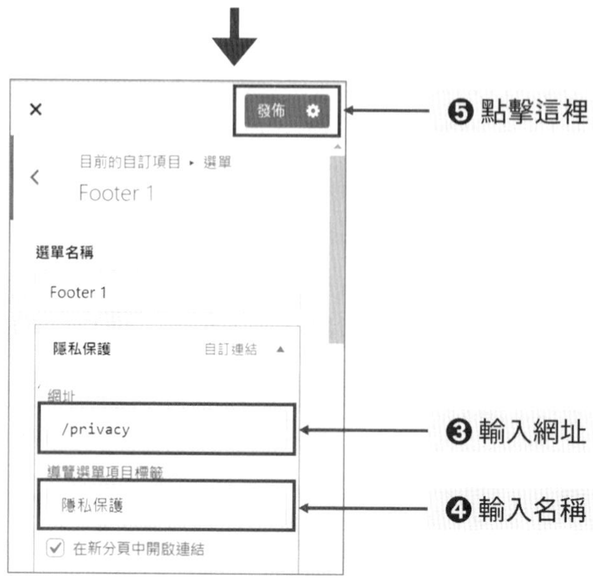

▲ 點擊『選單』，進行設定

2 另一個設定選單的方式，是在『選單』的設定介面中，點擊『建立選單』。

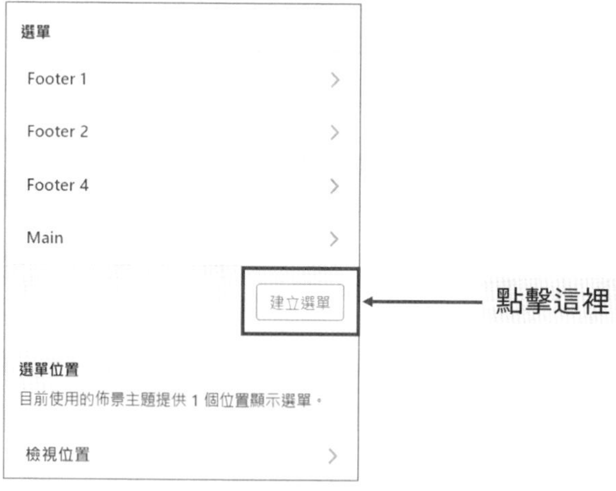

▲ 點擊『建立選單』

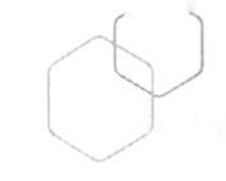

3 輸入選單的名稱，並將『主要選單』勾選起來，點擊『下一步』。

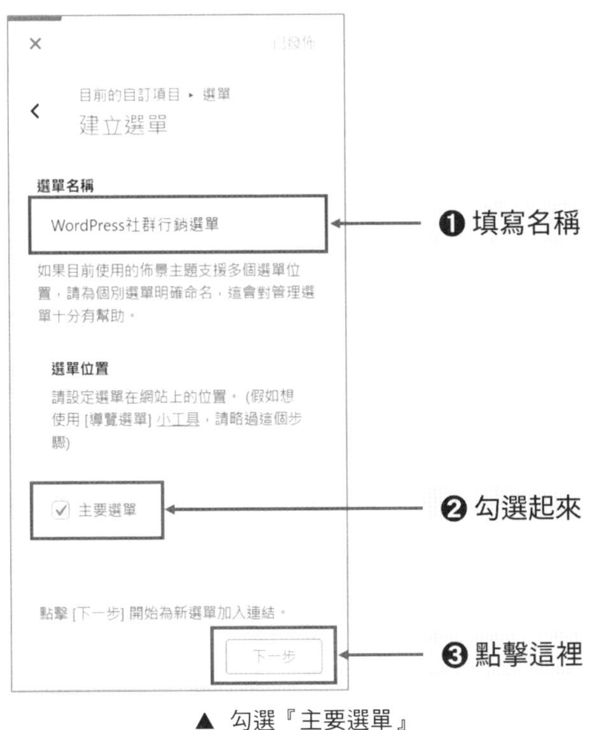

▲ 勾選『主要選單』

4 點擊『新增選單項目』，就可以將分類、頁面、文章、登陸頁 ... 等，加入到選單之中。

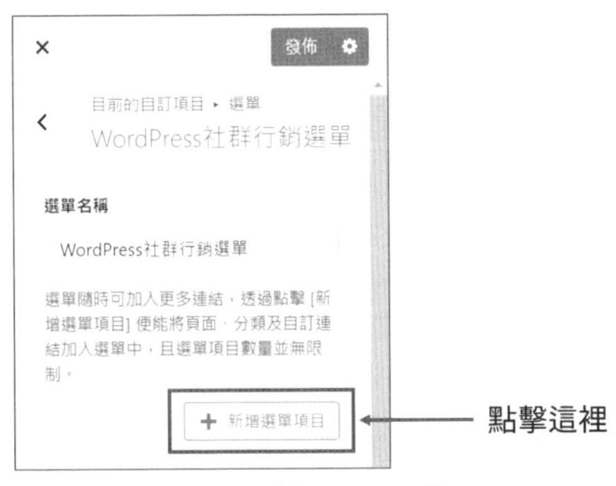

▲ 點擊『新增選單項目』

5 選單項目分為自訂連結、頁面、文章、討論群、Landing Pages、分類、標籤 ... 等幾個主類別，點擊主類別後，就會出現細項內容，點擊所要加入的細項內容，就會自動加到選單之中。

▲ 點擊細項內容

6 點擊『自訂連結』，將網址、選項名稱輸入欄位中，再點擊『新增至選單』，就可以自定義連結選項內容，例如將 Facebook 的粉絲頁新增到『自訂連結』中，就可以填入粉絲頁網址、名稱，再點擊『新增至選單』。

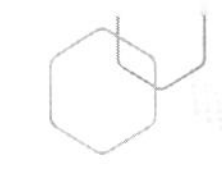

▲ 點擊『新增至選單』

7 所有的選單項目都新增完畢後，記得要點擊『發佈』，才能將選單設定儲存起來。

▲ 點擊『發佈』

● 小工具

❶ 點擊自訂區域的『小工具』，進入子選單後，小工具的選項會因為不同佈景主題的佈局設計，所呈現的區塊也會不同，有的是在頁尾可以新增小工具，有的則是在側邊欄可以新增小工具。

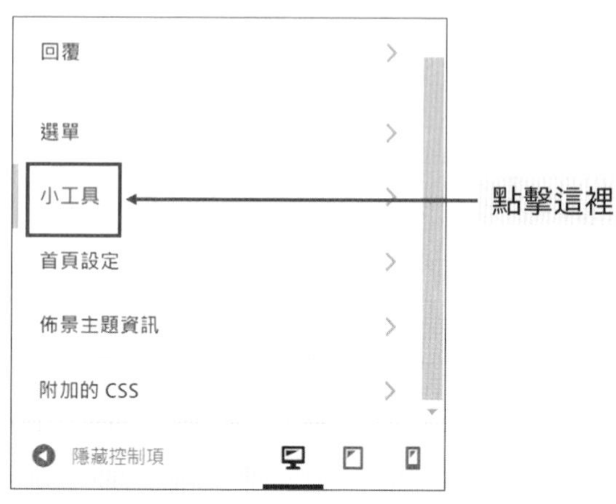

▲ 點擊『小工具』

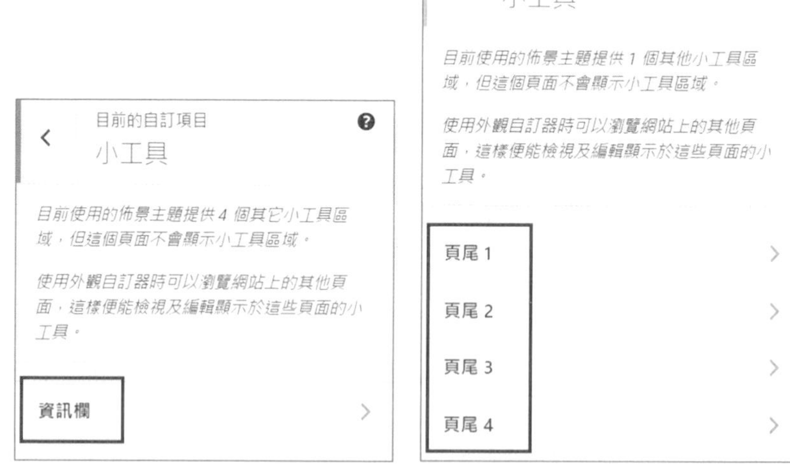

▲ 小工具隨佈景主題而有不同的設定

2 點擊現有的小工具名稱，可以進行修改與編輯，替換成自定義的超連結，或是點擊『移除』，將小工具刪除，並點擊『新增小工具』，重新建立。

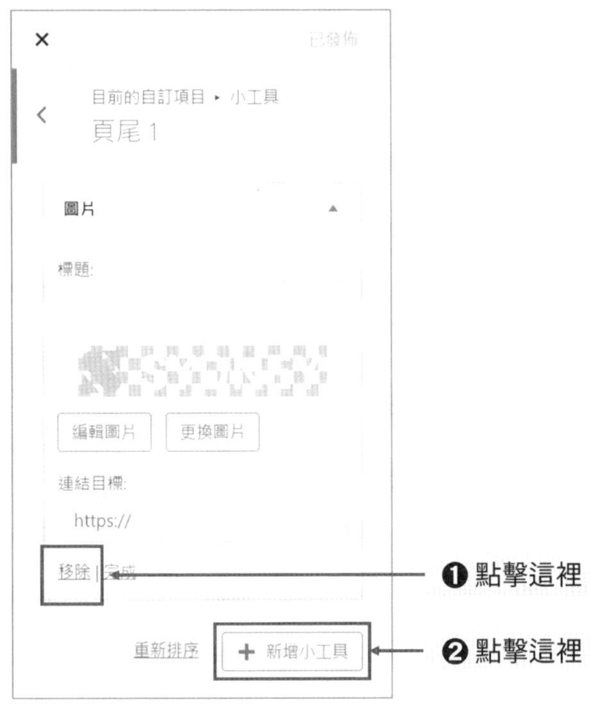

▲ 點擊『新增小工具』

3 預設值中有許多可使用的小工具，像是標籤雲、近期文章、分類 ... 等，點擊小工具名稱，就可以將其加入了。

▲ 點擊所要加入的小工具

4 不同的小工具，也會顯示出不同的項目、欄位可供設定。記得設定完之後，也要點擊『發佈』。

▲ 點擊『發佈』

● 首頁設定

1 在自訂區域中，點擊左欄選單的『首頁設定』。

首頁設定可以讓自訂的頁面成為網站首頁，而非使用 WordPress 預設的首頁樣式，通常預設的首頁是以文章發佈的先後順序來排列，難免死板而無變化，但以自訂頁面成為首頁，就可以編輯出各式各樣有創意、又美觀的首頁了。

▲ 點擊『首頁設定』

❷ 在『網站首頁顯示內容』中，選擇『靜態頁面』。並在『靜態首頁』的項目中，選擇已設計好的頁面名稱，另外，『文章頁面』也可以自行設計好，再予以指定。但『靜態首頁』與『文章頁面』所指定的頁面，不可以使用同一個。

指定好之後，點擊『發佈』。

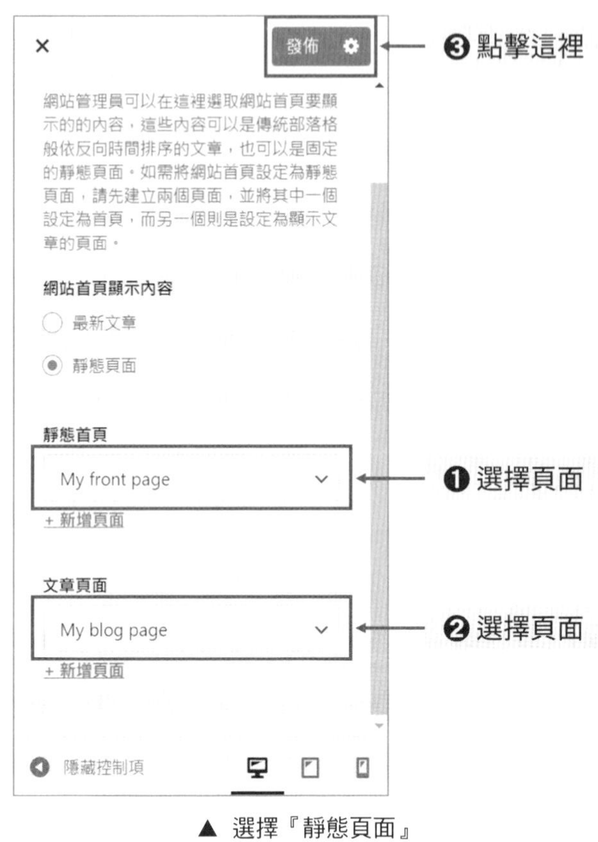

▲ 選擇『靜態頁面』

主題二

整合 Facebook 社群行銷與廣告投放，打造個人品牌

整合 Facebook，粉絲成會員

❶ 在 WordPress 管理後台中，點擊「外掛」，再點擊「安裝外掛」，在關鍵字處搜尋「Social Login」，找到「Social Login & Register for WordPress – 40+ Social Networks」後，點擊「立即安裝」。

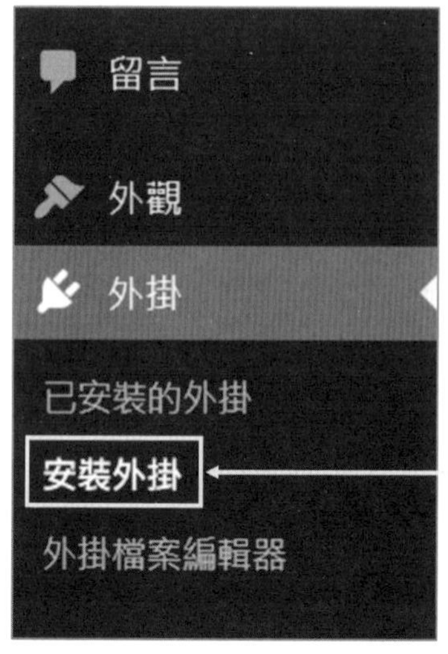

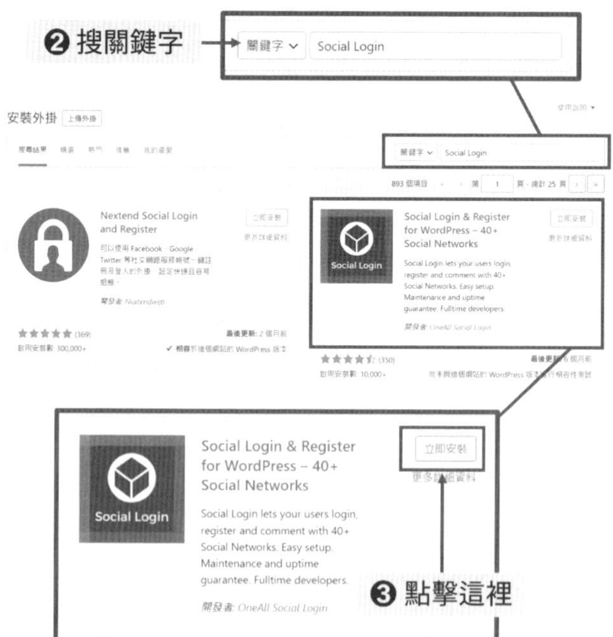

▲ 安裝「Social Login & Register for WordPress」

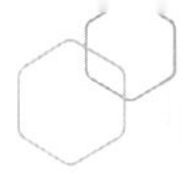

❷ 當外掛安裝完畢之後，點擊「啟用」。

▲ 點擊「啟用」

❸ 點擊左欄選單中的「Social Login」，再點擊「Click here to setup your free account」，註冊外掛的免費帳號。

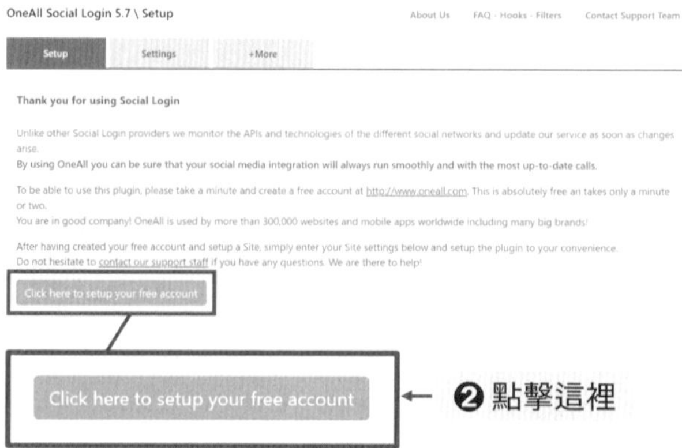

▲ 點擊「Click here to setup your free account」

❹ 填寫 Email、姓名、密碼等註冊資料，再點擊「Signup for free」。

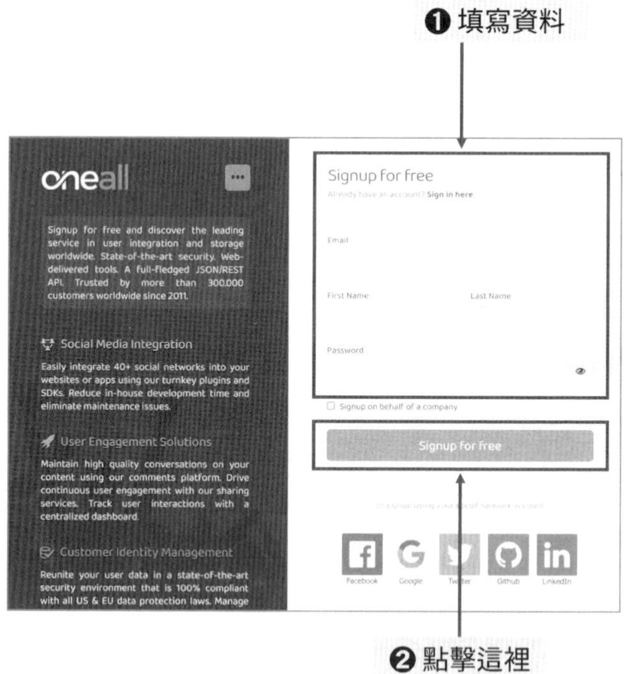

▲ 點擊「Signup for free」

❺ 首先，需要創建一個新的站點，點擊「Let's go」。

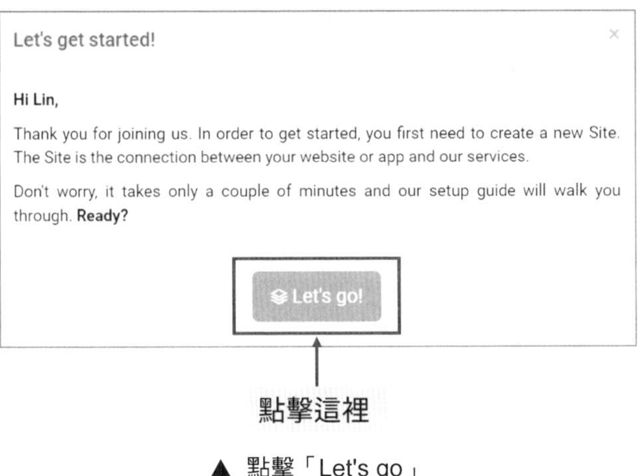

▲ 點擊「Let's go」

❻ 選擇「On a website」，輸入網站網址，再點擊「Continue」。

7 欄位中的資料不用做任何的更改，直接點擊「Continue」。

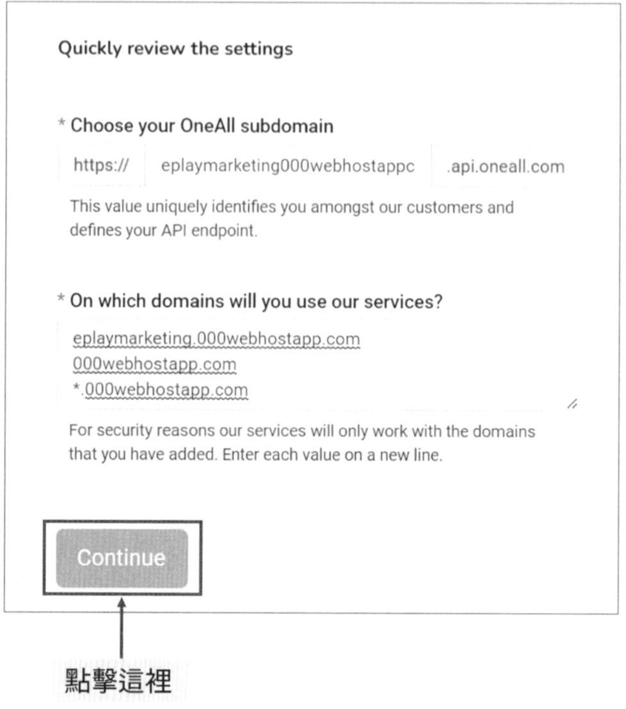

▲ 點擊「Continue」

8 點擊「No,I do not need these」，可以先使用免費版。日後若有需要進階的功能，再升級付費方案。

▲ 點擊「No,I do not need these」

9 此處維持預設的選項即可，不用做任何的更改。

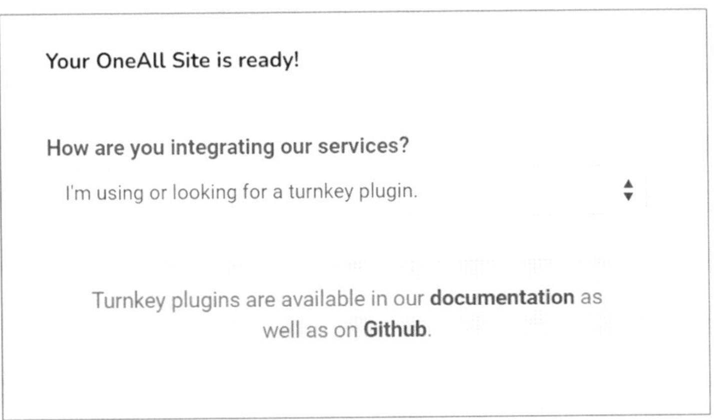

▲ 維持預設選項

10 分別記下 Subdomain、Public Key、Private Key 三個欄位裡的資料，這些資料在 WordPress 的管理後台設定中會使用到，可先將資料儲存在記事本中，而後再點擊「Setup Social Networks」。

▲ 點擊「Setup Social Networks」

⑪ 在 Social Networks 中，總共有 45 個社群平台可供串接，包括 Facebook、Google、LINE、Youtube…等，每一個社群都需要按照其方式個別設定，才能讓用戶使用第三方社群平台來登入或註冊。
選擇「Facebook」。

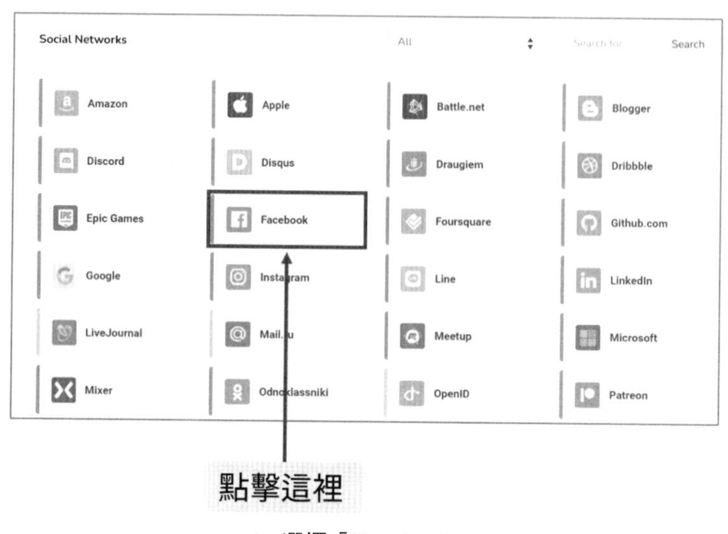

▲ 選擇「Facebook」

⑫ 點擊「https://developers.facebook.com/apps」超連結，進入「Meta for Developers」開發者平台中。

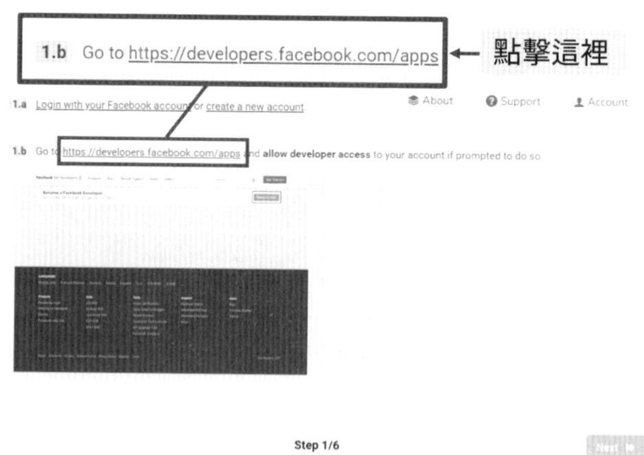

▲ 點擊「https://developers.facebook.com/apps」超連結

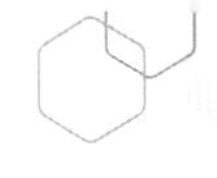

重點指引

申請 Meta for Developers 開發者身分

1. 若不具備「Meta for Developers」開發者身分，則需要另外再進行申請。點擊右上角的「立即開始」。

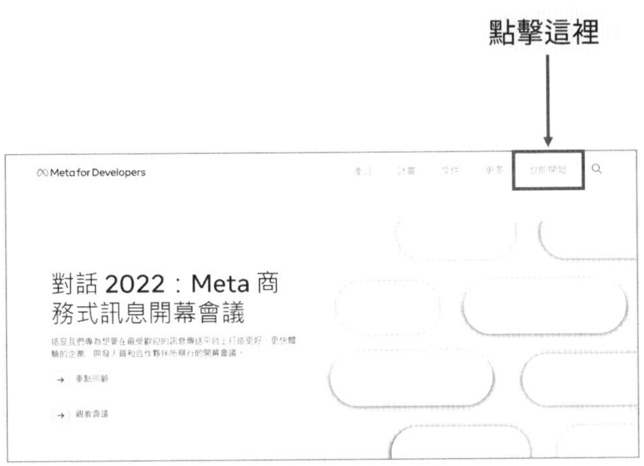

▲ 點擊「立即開始」

2. 開始建立 Facebook for Developers 帳號，點擊「繼續」。

▲ 點擊「繼續」

3. 輸入手機號碼，再點擊「發送驗證簡訊」。

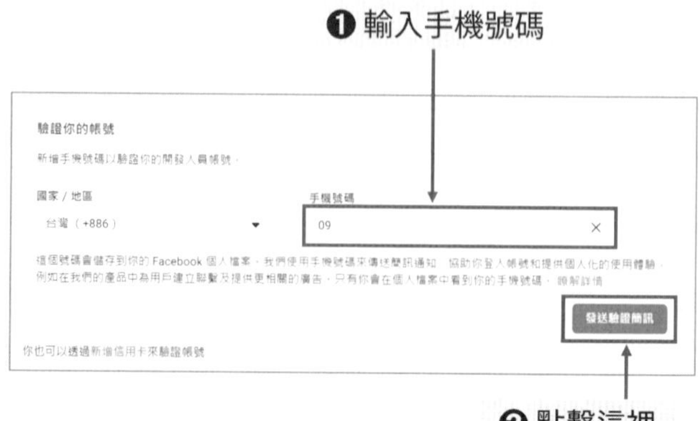

▲ 點擊「發送驗證簡訊」

4. 輸入所收到的簡訊驗證碼，點擊「繼續」。

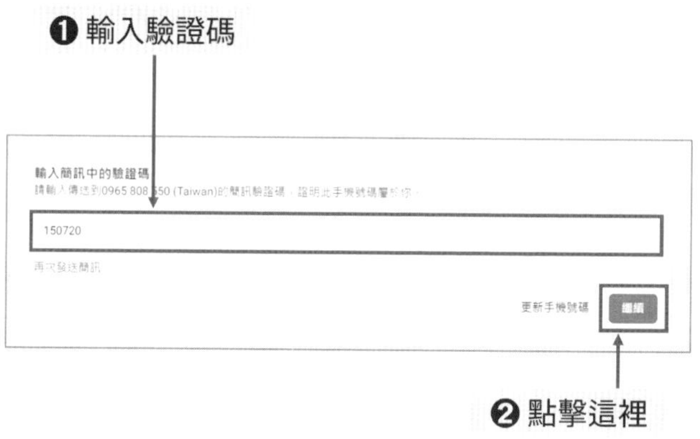

▲ 點擊「繼續」

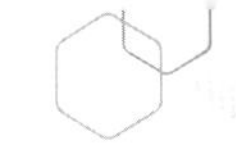

5. 勾選「同意接收 Facebook 傳送的行銷相關電子通訊內容」，但若不想接收，也可以不用勾選。

   點擊「確認電子郵件地址」。

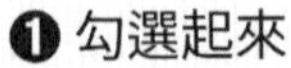

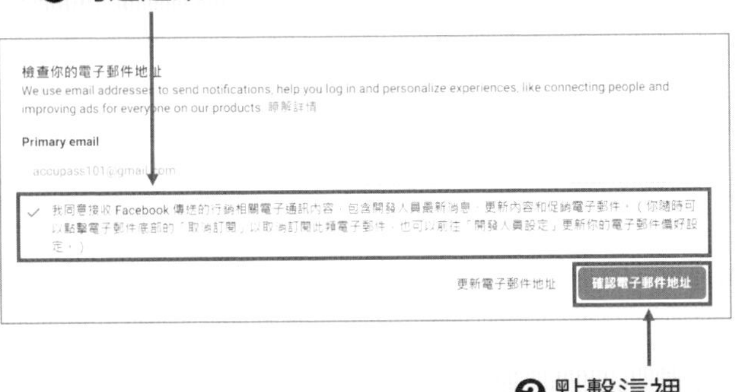

▲ 點擊「確認電子郵件地址」

6. 選擇最符合您身分的角色，如：行銷人員，再點擊完成註冊。

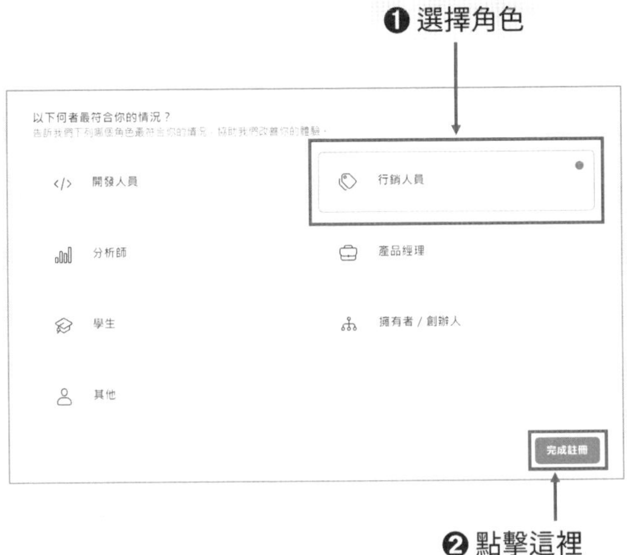

▲ 點擊「完成註冊」

13 在 Facebook 是登入帳號的狀態下，點擊「我的應用程式」。

▲ 點擊「我的應用程式」

14 點擊「建立應用程式」，建立一個新的應用程式。

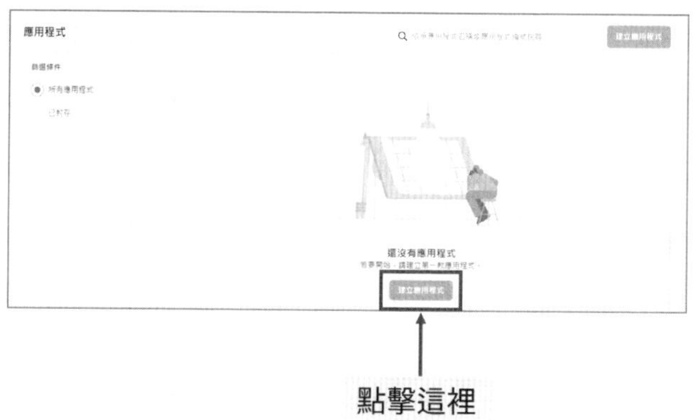

▲ 點擊「建立應用程式」

15 選擇應用程式的類型，選擇好之後，日後就無法再變更應用程式的類型，由於是要串接 Facebook 登入，因此必須要選擇「消費者」類型，再點擊『繼續』。

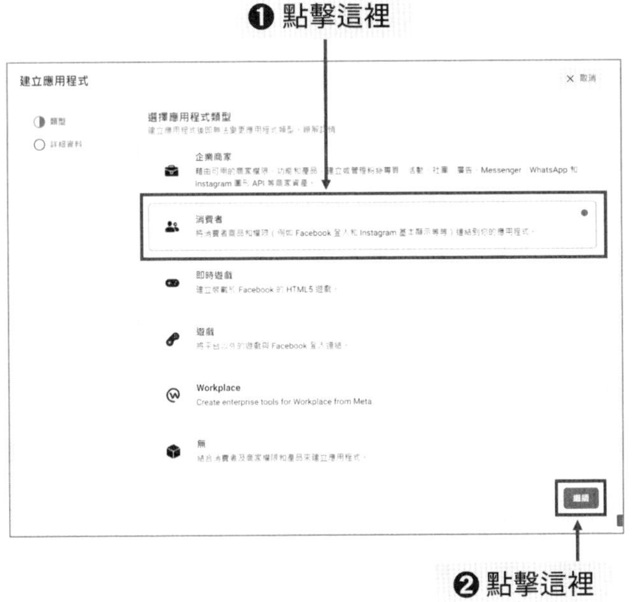

▲ 選擇「消費者」類型

16 輸入應用程式的名稱，建議名稱以方便辨識為原則。接著，再輸入聯繫用電子郵件，並選擇所要連結的企業管理平台帳號，但若沒有建立企業管理平台的話，也可以不用選擇。
最後，再點擊「建立應用程式」。

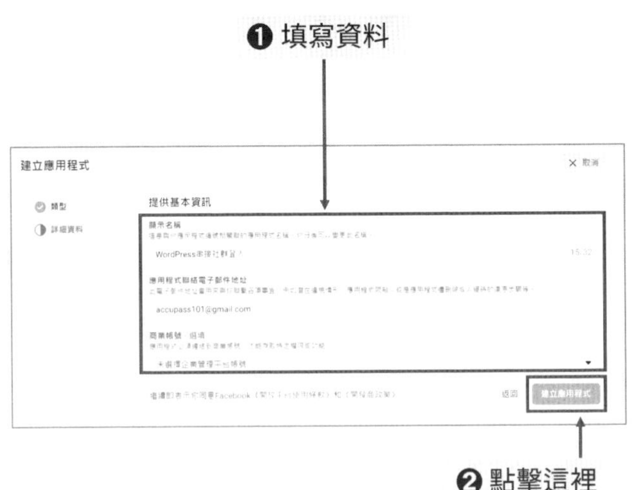

▲ 點擊「建立應用程式」

17 輸入 Facebook 的密碼，進行再一次的安全驗證，點擊「提交」。

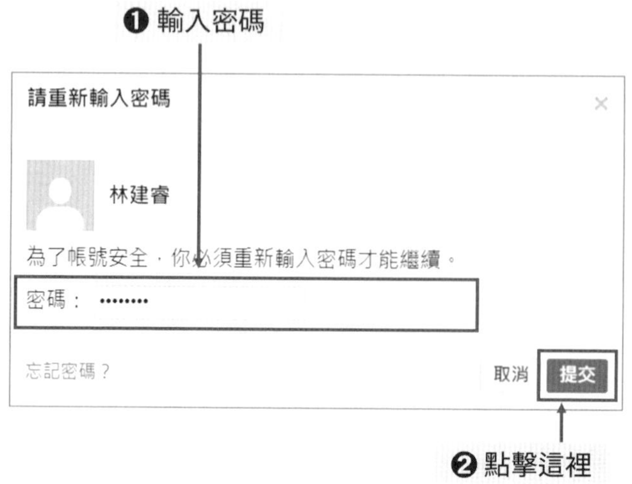

▲ 點擊「提交」

18 為應用程式新增產品，找到「Facebook 登入」，點擊「設定」。

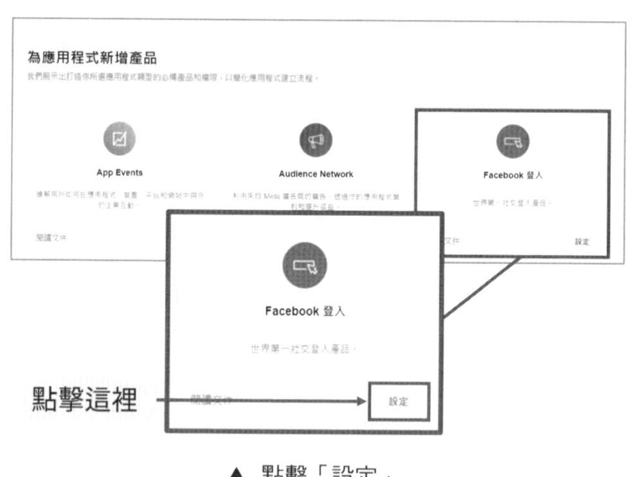

▲ 點擊「設定」

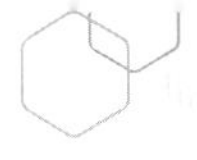

⑲ 選擇使用該應用程式的平台，點擊「網站」。

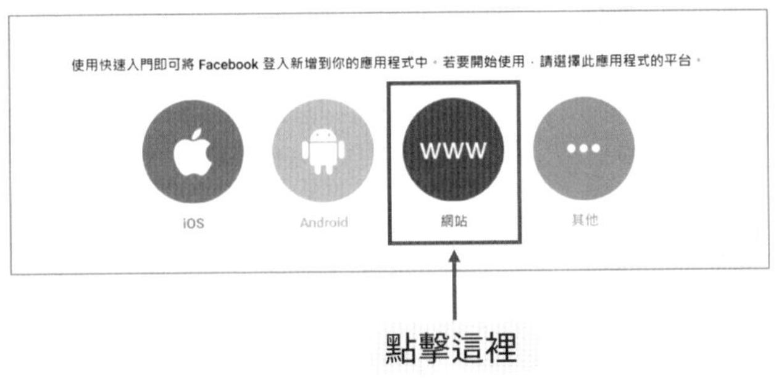

▲ 點擊「網站」

⑳ 輸入網站的網址，點擊「Save」。

▲ 點擊「Save」

21 回到 oneall 的設定介面中，再點擊『Next』。

▲ 點擊「Next」

22 在接下來的 Step 2/6、Step 3/6 設定頁面中，先前都已經在 Meta for Developers 設定好了，因此在 oneall 中，都點擊「Next」即可。

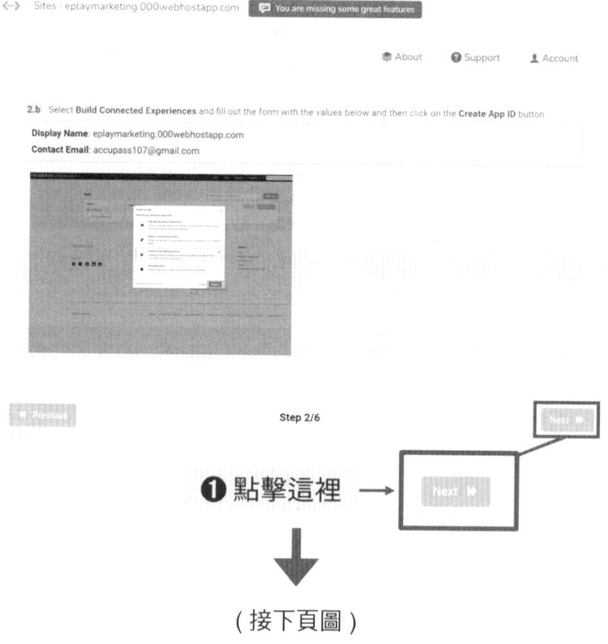

（接下頁圖）

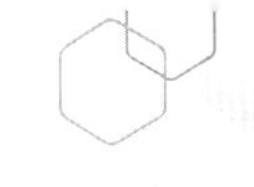

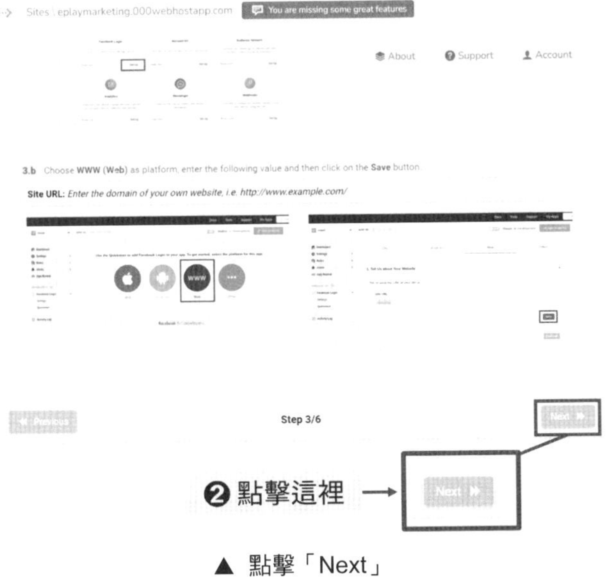

▲ 點擊「Next」

23 進入到 Step 4/6 的設定頁面時，將『Valid OAuth redirect URIs』欄位的網址複製起來。

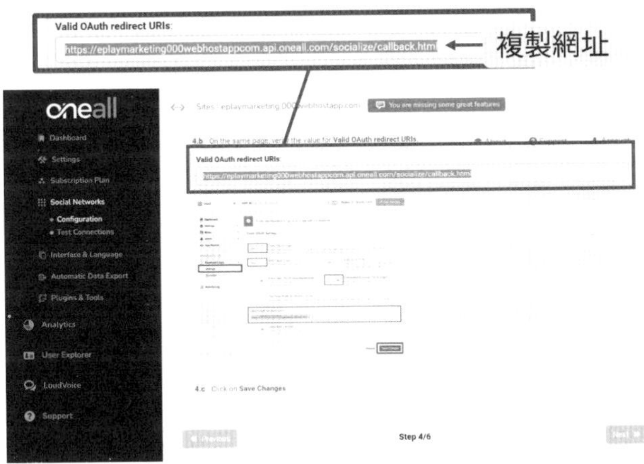

▲ 複製網址

24 回到 Facebook 應用程式設定介面中，點擊左欄選單中的『Facebook 登入』，再點擊『設定』，將『Valid OAuth redirect URIs』欄位的網址，黏貼到『有效的 OAuth 重新導向 URI 』欄位中，再點擊『儲存變更』。

▲ 貼上網址

25 切換到 oneall 的設定介面中，再繼續點擊『Next』。

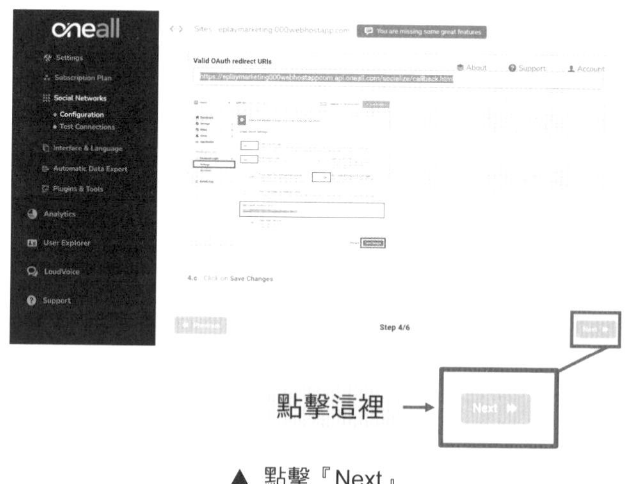

▲ 點擊『Next』

26 將『Privacy Policy URL』、『Data Deletion Callback URL』這兩列網址分別複製起來。

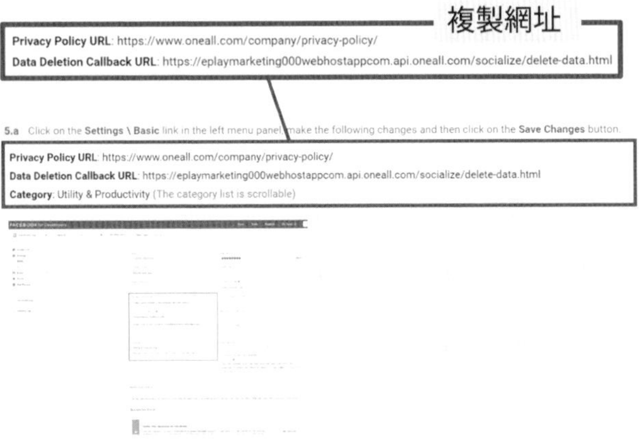

▲ 複製網址

27 切換到 Meta for Developers 中，點擊左欄選單的『設定』，再點擊『基本資料』，將『Privacy Policy URL』的網址，貼到『隱私政策網址』欄位中，而『Data Deletion Callback URL』的網址，則貼到『用戶資料刪除』欄位中，並在選單中，選擇『資料刪除回呼網址』。

接著，在『類別』的選單中，選擇『工具與生產力』，再點擊『儲存變更』。

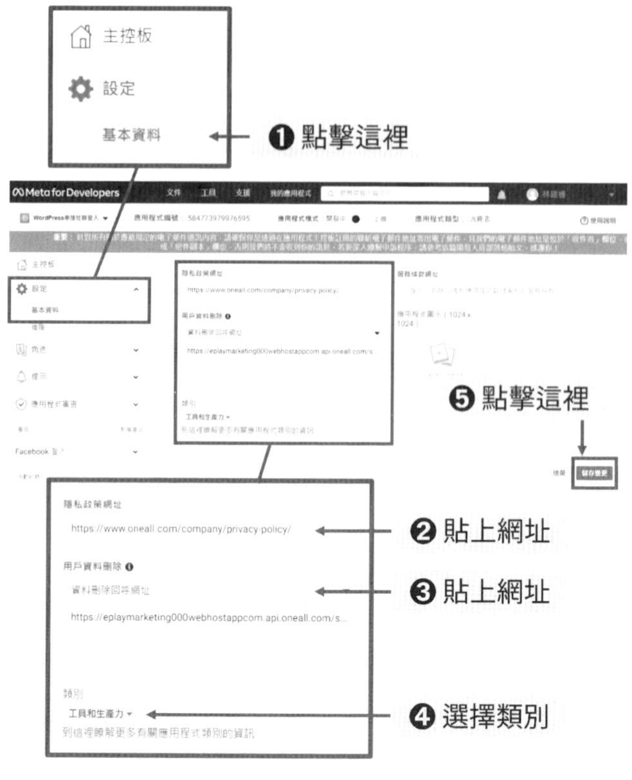

▲ 設定『基本資料』

㉘ 接著，在『給資料保護長的聯絡資料』區塊中，繼續填寫資料。填寫完畢後，點擊『儲存變更』。

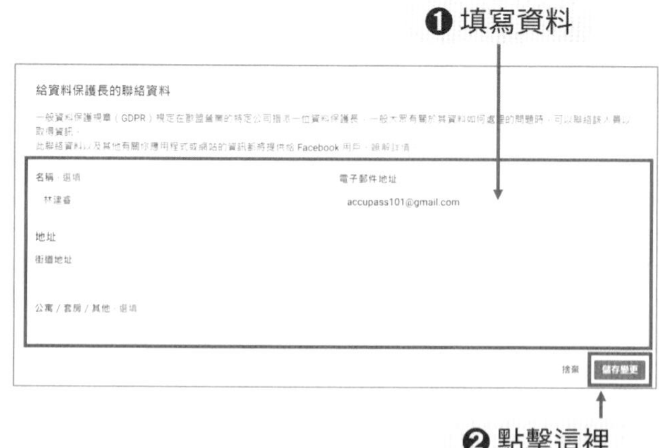

▲ 填寫『給資料保護長的聯絡資料』

29 將應用程式模式，從『開發中』切換為『上線』。

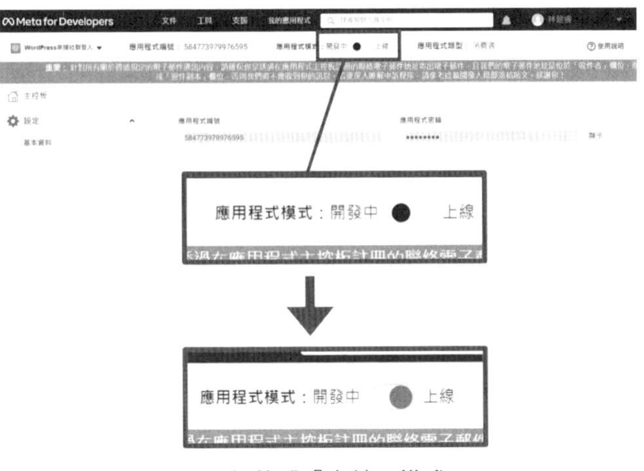

▲ 切換成『上線』模式

30 回到 oneall 的設定介面中，再繼續點擊『Next』。

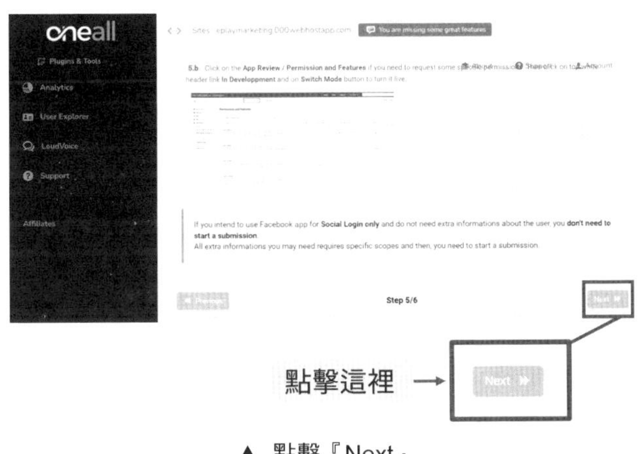

▲ 點擊『Next』

31 切換到 Meta for Developers 中，將『應用程式編號』、『應用程式密鑰』這兩個欄位的資料複製起來。

▲ 複製『應用程式編號』、『應用程式密鑰』資料

32 回到 oneall 設定介面中，將『應用程式編號』的資料貼入『App ID』中，『應用程式密鑰』的資料貼入『App Secret』中，再點擊『Update Application Keys』。

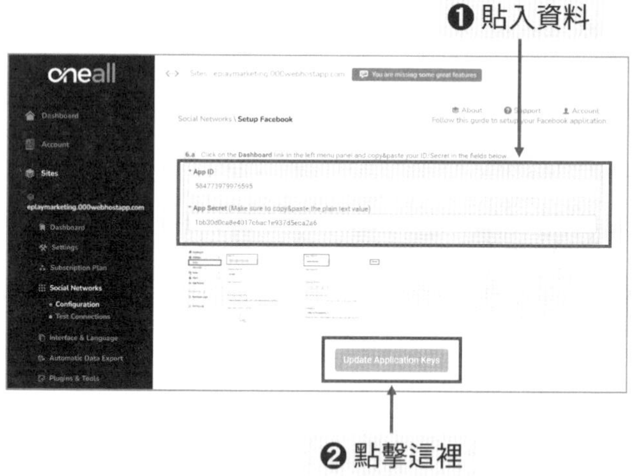

▲ 點擊『Update Application Keys』

33 出現 App ID 與 App Secret 兩個欄位的資料，代表已經設定成功。

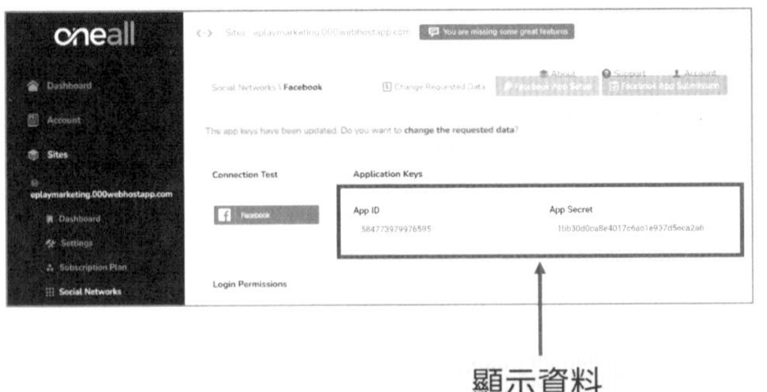

▲ 設定成功所顯示的頁面

34 點擊左欄選單中的『Sites』，再點擊站點名稱，進入設定介面。

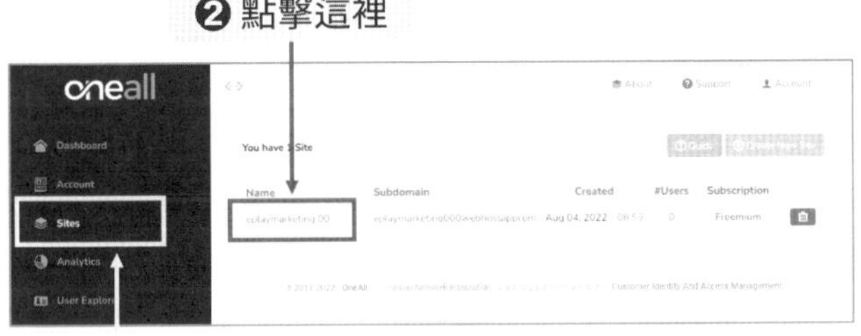

▲ 點擊『Sites』

35 點擊左欄選單中的『Settings』，在『Link to your own privacy policy』欄位中，填入網站的隱私保護條款網址，而在『Link to your own terms & conditions』欄位中，填入服務條款的網址。

點擊『Update Settings』，儲存設定。

▲ 填入隱私保護條款、服務條款網址

36 點擊左欄選單中的『Interface & Language』，再點擊『User Interface』，在『Which language has to be used by default?』項目中，將預設語言修改為『ZH- 正體字 / 繁體字』。
在『Choose one of our themes or use your own CSS stylesheet.』區塊中，可以修改按鈕樣式。

▲ 點擊『User Interface』

37 在設定頁面底部，點擊『Update Settings』，儲存所修改的設定。

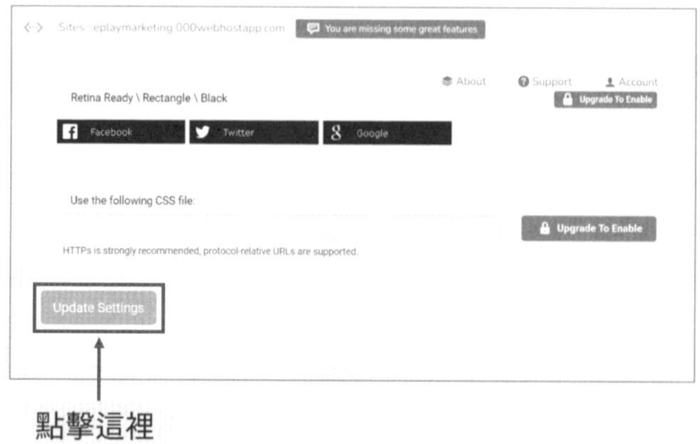

▲ 點擊『Update Settings』

38 在左欄選單中，點擊站點名稱底下的『Dashboard』，將『Subdomain』、『Public Key』、『Private Key』三個欄位的資料複製起來。

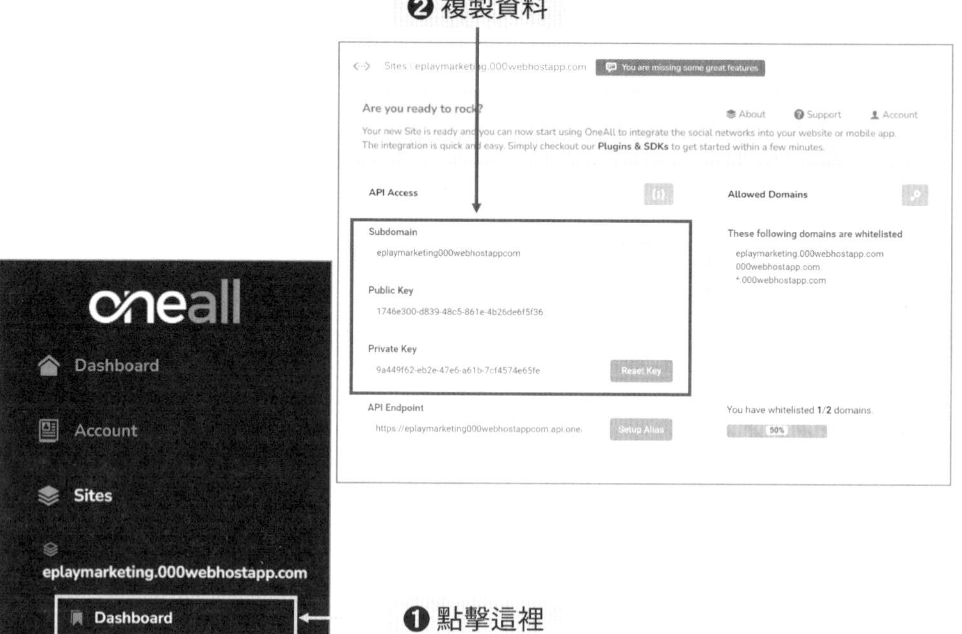

▲ 複製『Subdomain』、『Public Key』、『Private Key』的資料

39 回到 WordPress 管理後台中，點擊左欄選單的『Social Login』，再點擊『Setup』，將『Subdomain』的資料貼入『API Subdomain』欄位中、『Public Key』的資料貼入『API Public Key』欄位、『Private Key』的資料貼入『API Private Key』欄位中。

點擊『Verify API Settings』，進行串接。

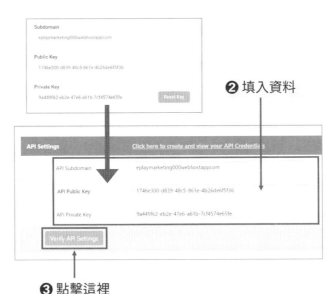

▲ 點擊『Verify API Settings』

40 串接成功後，會顯示『The settings are correct - do not forget to save your changes!』的字串。

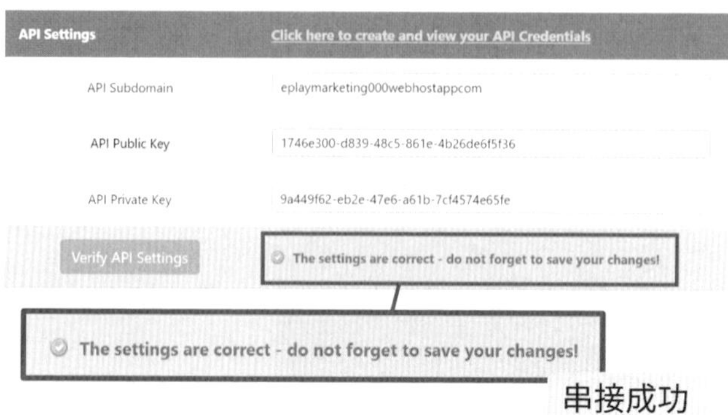

▲ 串接成功字串

41 接著，在『Social Networks』區塊中，將『Facebook』的項目勾選起來。若有串聯其他的社群平台，也可以將它一併勾選起來。

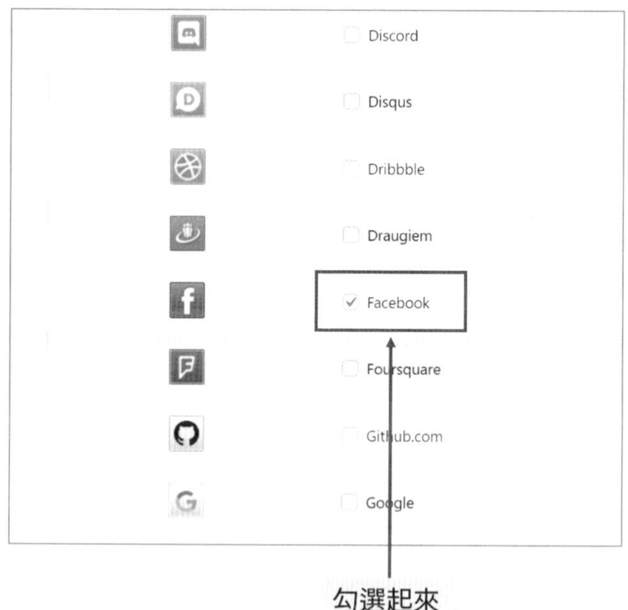

▲ 勾選『Facebook』

42 在設定頁面最底端，點擊『Save Changes』，將設定儲存起來。

▲ 點擊『Save Changes』

43 點擊『Settings』標籤，在『General Settings』區塊中，輸入要在社群登入按鈕上方所要顯示的說明文字，如：『使用其它方式登入』、『免註冊會員快速登入』…等。

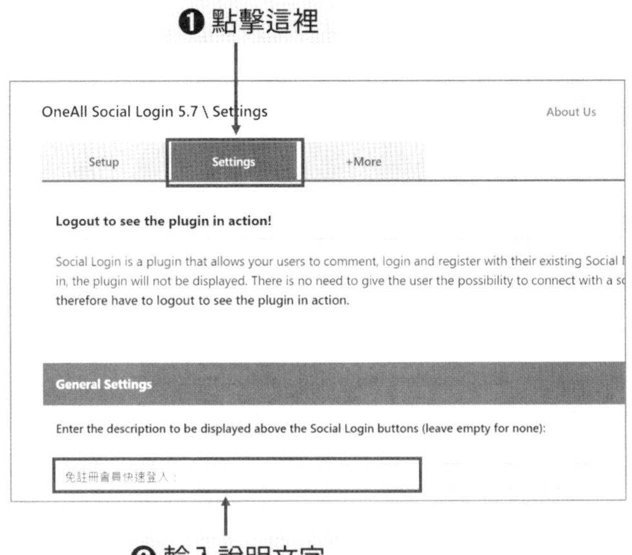

▲ 輸入快速登入說明文字

▲ 說明文字在前台時所顯示的位置

44 另外，值得注意的是，在『Select the icon theme to use per default:』項目中，雖然可以選擇社群平台的按鈕樣式，但這裡的按鈕樣式的設定是無法生效的，按鈕樣式的修改，仍是以步驟 36 所說明的設定為主。

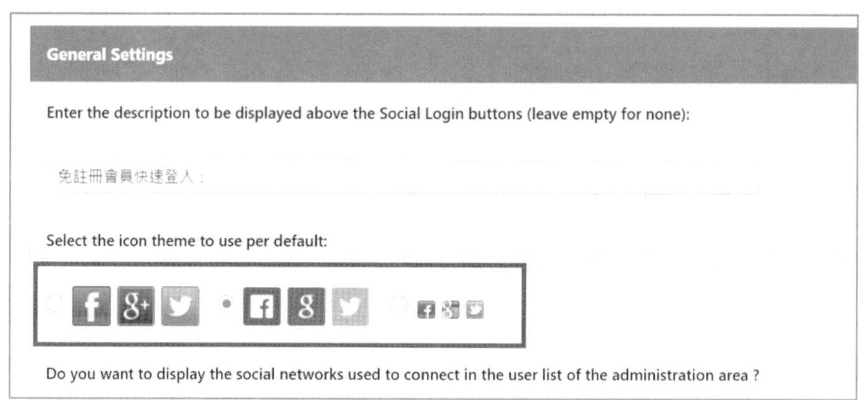

▲ 按鈕樣式

45 接著，再一一設定細部選項：

❶ 在控制台的使用者中，要顯示連接的社群嗎？

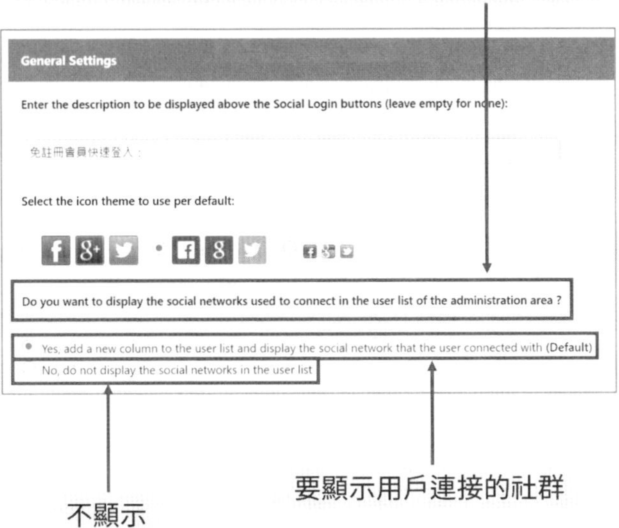

❷ 新用戶用社群登錄註冊時，是否要收到郵件

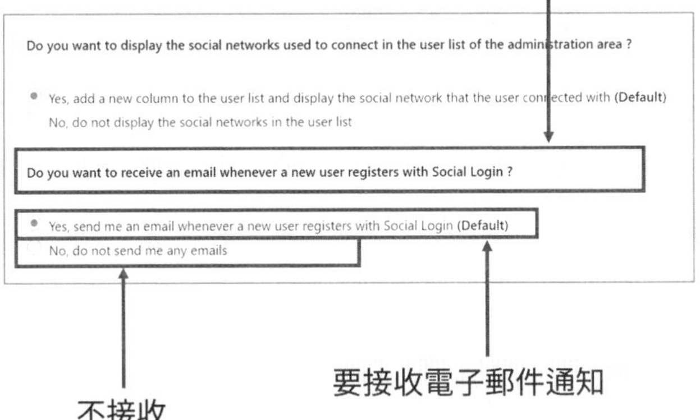

❸ 用戶的社群資料若無郵件，是否要求他輸入

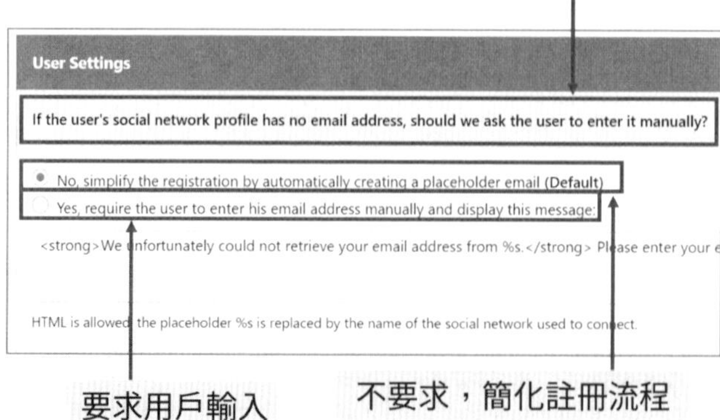

❹ 用戶的社群資料若有郵件驗證，是否串連帳戶

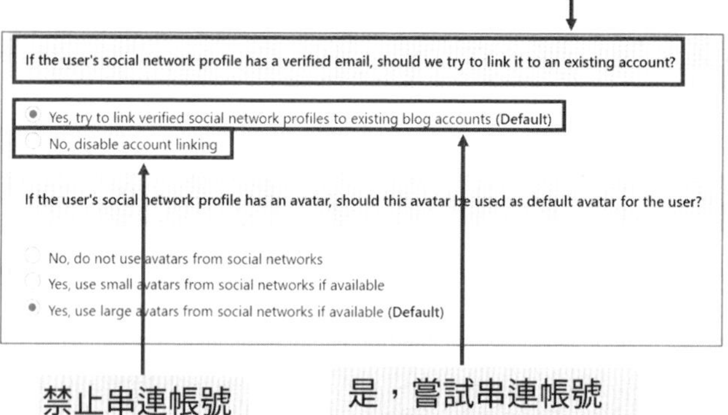

❺ 是否使用用戶的社群頭像作為默認頭像？

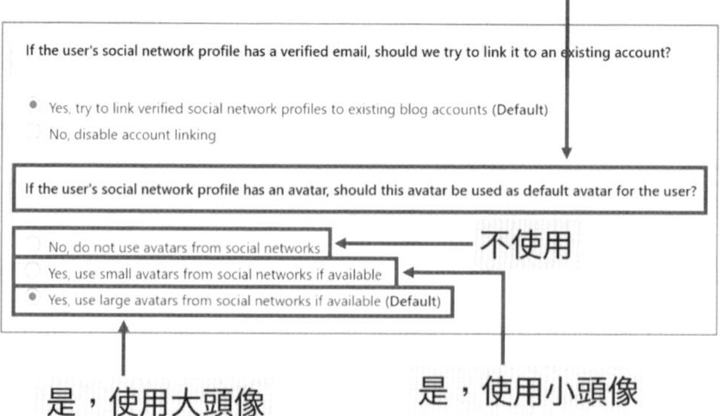

❻ 是否在評論區中顯示社群登錄按鈕？

❼ 如果禁用訪客評論，是否顯示社群登錄按鈕？

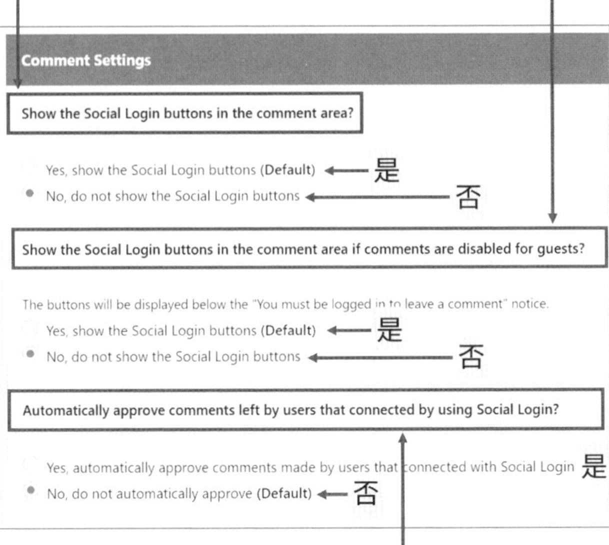

❽ 用社群登錄的用戶所留的評論，是否自動批准

❾ 用戶的個人資料中，要顯示社群登錄按鈕嗎？

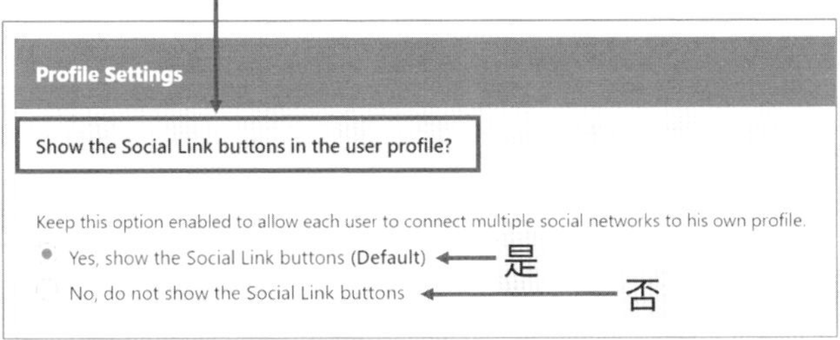

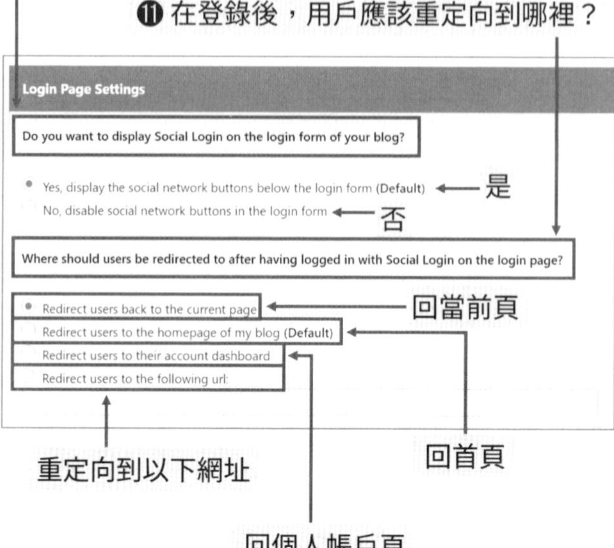
⑩ 是否在會員登錄表單中顯示社群登錄按鈕？
⑪ 在登錄後，用戶應該重定向到哪裡？
Login Page Settings
Do you want to display Social Login on the login form of your blog?
Yes, display the social network buttons below the login form (Default)
是
No, disable social network buttons in the login form
否
Where should users be redirected to after having logged in with Social Login on the login page?
Redirect users back to the current page
回當前頁
Redirect users to the homepage of my blog (Default)
Redirect users to their account dashboard
Redirect users to the following url:
重定向到以下網址
回首頁
回個人帳戶頁

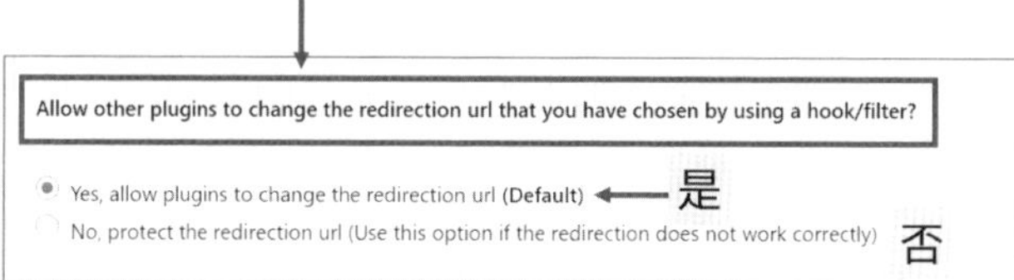
⑫ 允許其他插件更改您選擇的重定向網址嗎？
Allow other plugins to change the redirection url that you have chosen by using a hook/filter?
Yes, allow plugins to change the redirection url (Default)
是
No, protect the redirection url (Use this option if the redirection does not work correctly)
否

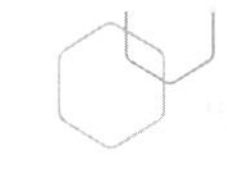

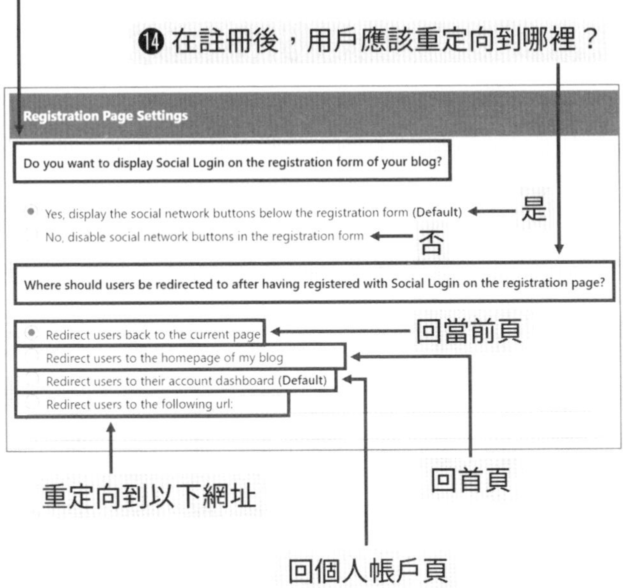
⓭ 是否在會員註冊表單中顯示社群登錄按鈕？
⓮ 在註冊後，用戶應該重定向到哪裡？
Registration Page Settings
Do you want to display Social Login on the registration form of your blog?
Yes, display the social network buttons below the registration form (Default)
是
No, disable social network buttons in the registration form
否
Where should users be redirected to after having registered with Social Login on the registration page?
Redirect users back to the current page
回當前頁
Redirect users to the homepage of my blog
Redirect users to their account dashboard (Default)
Redirect users to the following url:
回首頁
重定向到以下網址
回個人帳戶頁

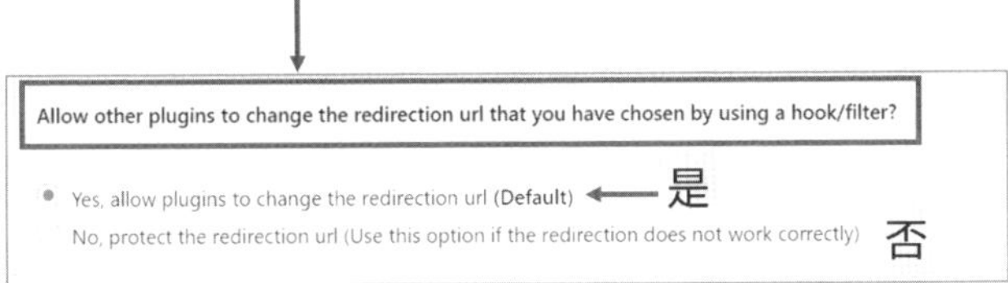
⓯ 允許其他插件更改您選擇的重定向網址嗎？
Allow other plugins to change the redirection url that you have chosen by using a hook/filter?
Yes, allow plugins to change the redirection url (Default)
是
No, protect the redirection url (Use this option if the redirection does not work correctly)
否

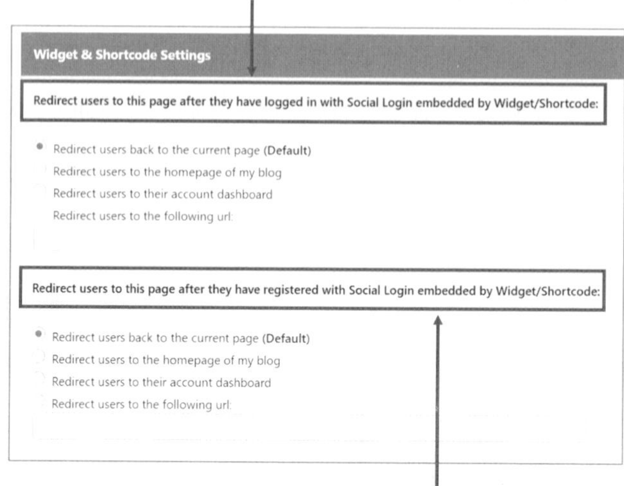

▲ 細部選項設定

46 細部選項都設定好之後，點擊『Save Changes』，儲存設定。

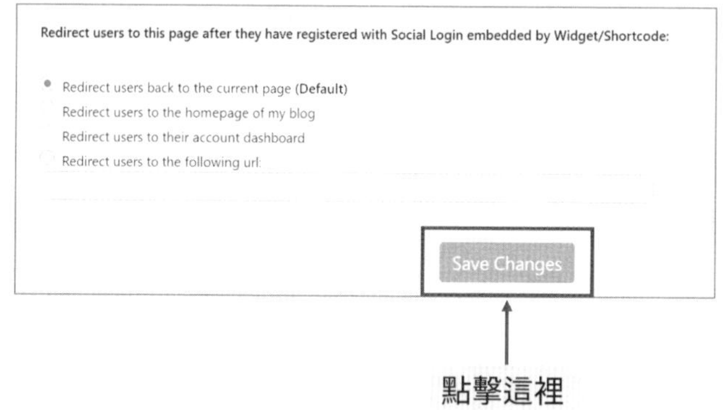

▲ 點擊『Save Changes』

47 設定好之後，就可以在 WordPress 前台的會員登入頁處，看到以第三方社群登入的按鈕了。若要檢視的話，需先將會員帳號登出 WordPress。

▲ 前台顯示樣式

48 如果想要在頁面的側邊欄位或頁面底部之處，也加上第三方社群的登入按鈕，還需要進一步的設定。

點擊『外觀』，再點擊『小工具』，在資訊欄處，點擊新增區塊符號『＋』。

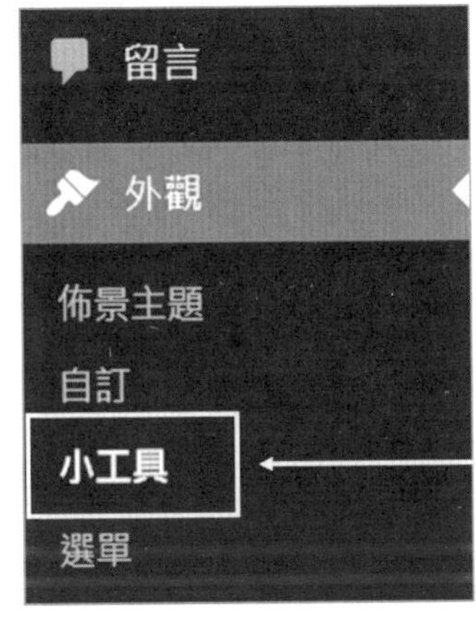

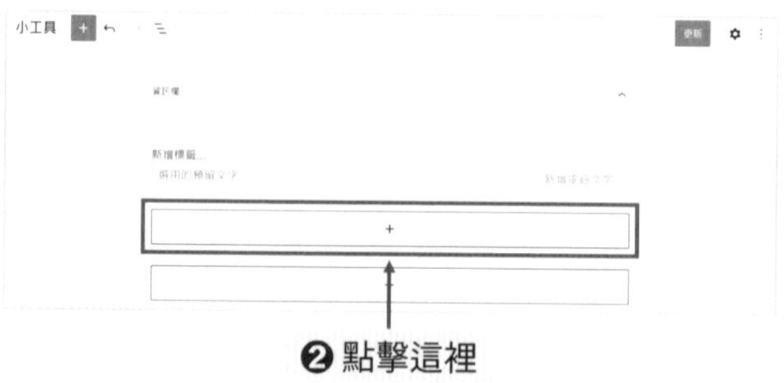

▲ 點擊新增區塊符號『+』

若想要在頁面底部顯示社群登入按鈕的話，則在『頁尾』處點擊新增區塊符號『+』。

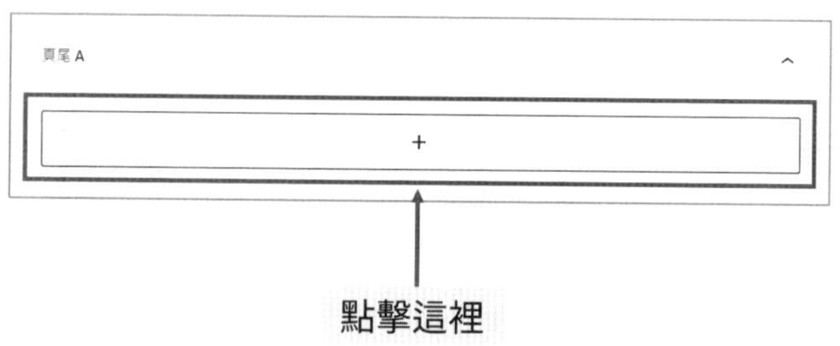

▲ 在『頁尾』處點擊『+』

重點指引

會因為所選擇的佈景主題不同，『資訊欄』、『頁尾』的名稱顯示也會有所不同，有時候會出現『Side Widget Area』、『Footer』... 等不同的名稱。

49 點擊『瀏覽全部』。

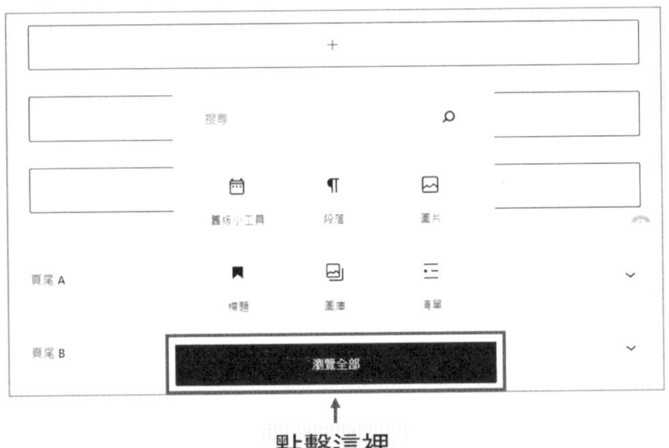

▲ 點擊『瀏覽全部』

50 在小工具選單中，點擊『Social Login』。

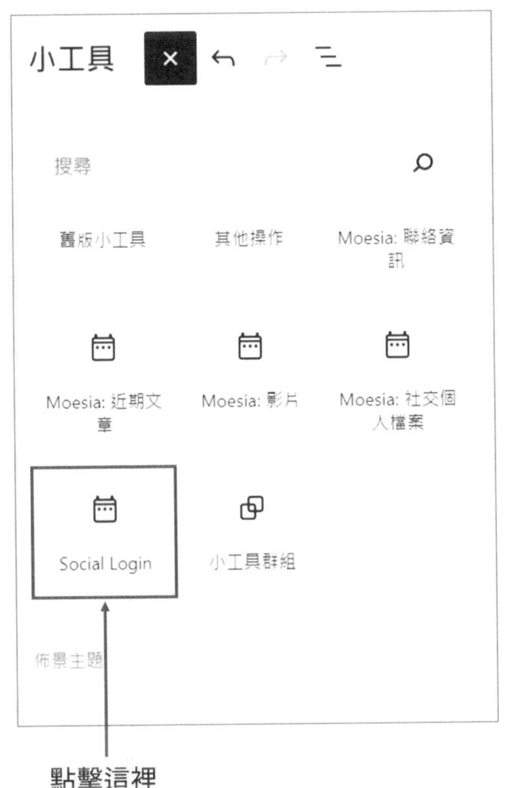

▲ 點擊『Social Login』

51 在 Title 欄位處，可以自定義以社群登入的說明字串，輸入：『免註冊會員快速登入』。

另外，也可以再做按鈕樣式、會員登入後是否隱藏按鈕…等的細部設定。

都設定完成後，點擊『更新』，儲存所有設定。

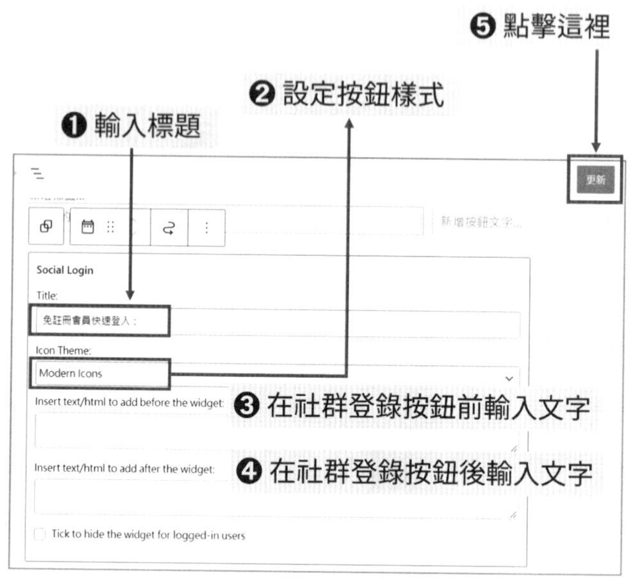

▲『Social Login』設定

52 在前台頁面的側邊欄位或頁尾之處，可以看到社群快速登入的按鈕顯示出來了。

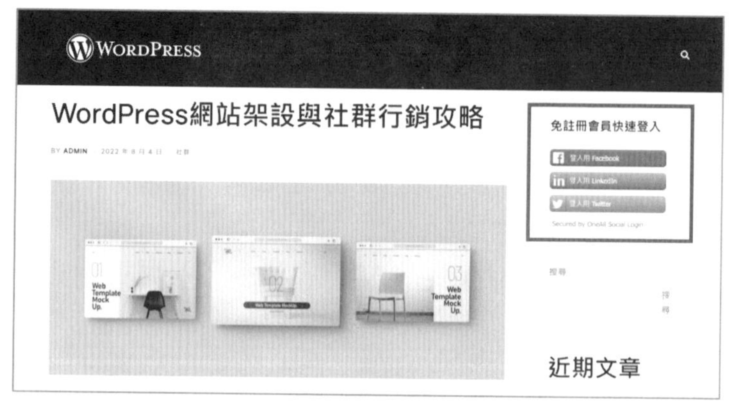

▲ 側邊欄位顯示樣式

重點指引

若是使用免費虛擬主機來架設 WordPress，或是 WordPress 6. 0 版的小工具發生錯誤時，在點擊『更新』後，會出現網站目前可能處於離線狀態的訊息，可以另外再安裝『Classic Widgets（傳統小工具）』的外掛程式，將小工具還原為舊版的狀態，就不會再出現錯誤訊息，且能正常更新設定了。

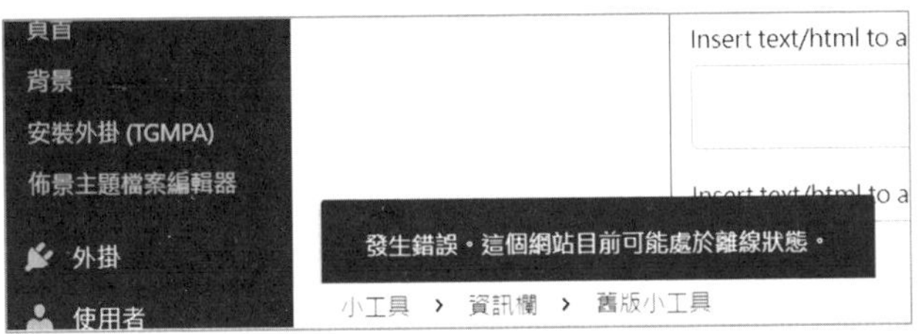

▲ 出現錯誤訊息

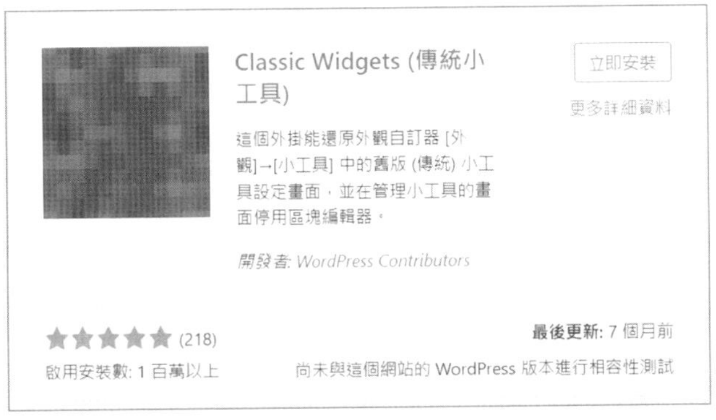

▲ 『Classic Widgets（傳統小工具）』外掛

加入按讚、分享，互動提升網站黏著度

5-1 分享至社群平台

1. 在 WordPress 管理後台中，點擊「外掛」，再點擊「安裝外掛」，搜尋關鍵字：「Super Socializer」，找到「Social Share, Social Login and Social Comments Plugin – Super Socializer」的外掛後，點擊「立即安裝」。

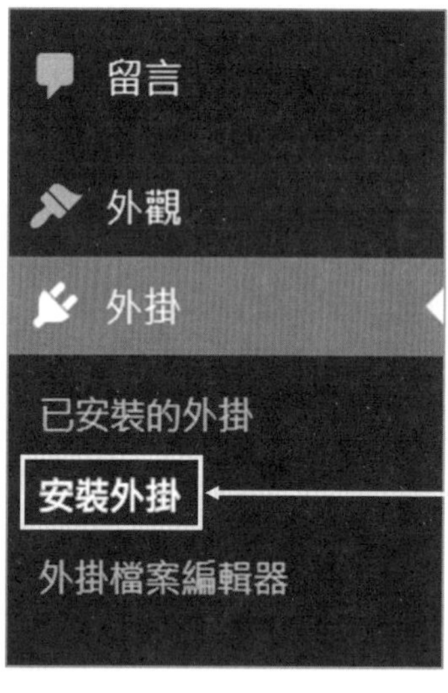

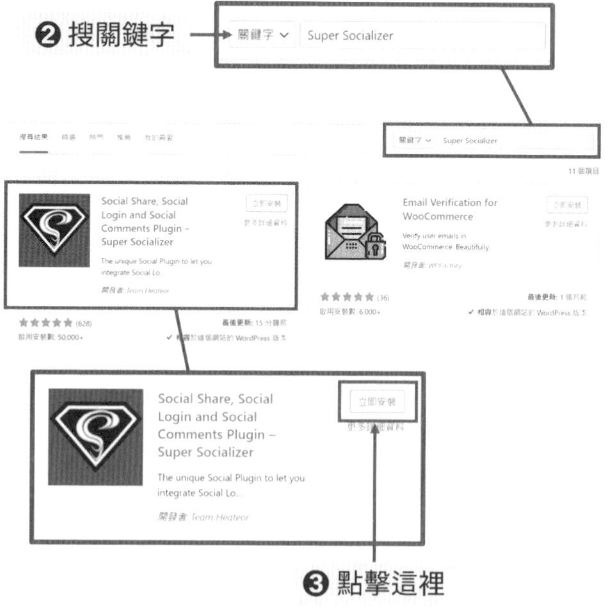

▲ 安裝「Super Socializer」

2 安裝完外掛後，點擊「啟用」。

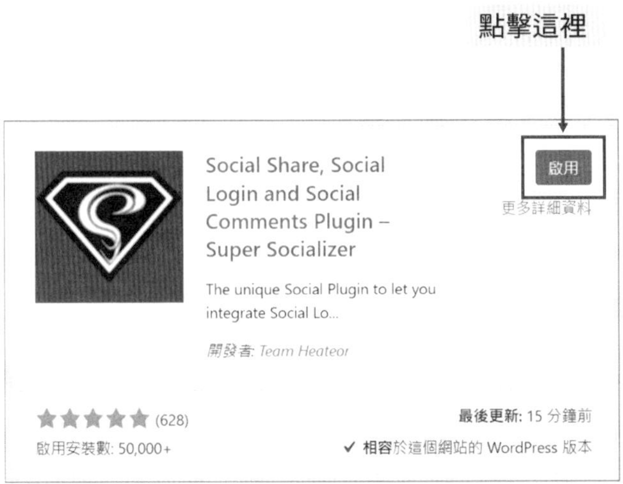

▲ 點擊「啟用」

3 在左欄選單中，找到「Super Socializer」項目，再點擊「Social Sharing」。

▲ 點擊「Social Sharing」

4 勾選『Enable Social Sharing』，啟用社群分享的功能。

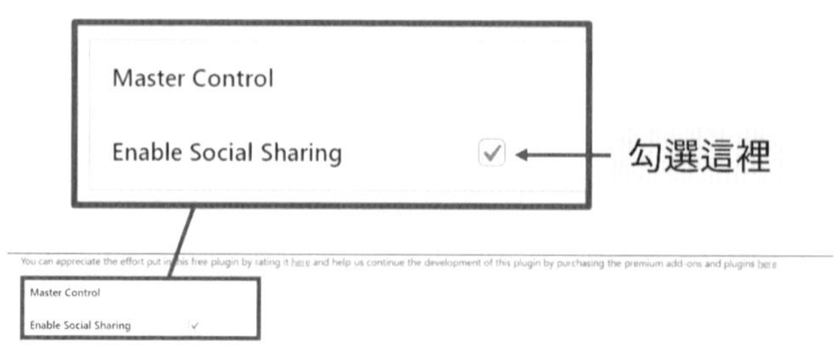

▲ 點擊「Enable Social Sharing」

5 在「Theme Selection」中，先設定分享按鈕的樣式，每當修改任何的參數與數值時，『Icon Preview』都會立刻顯現出修改後的樣式。

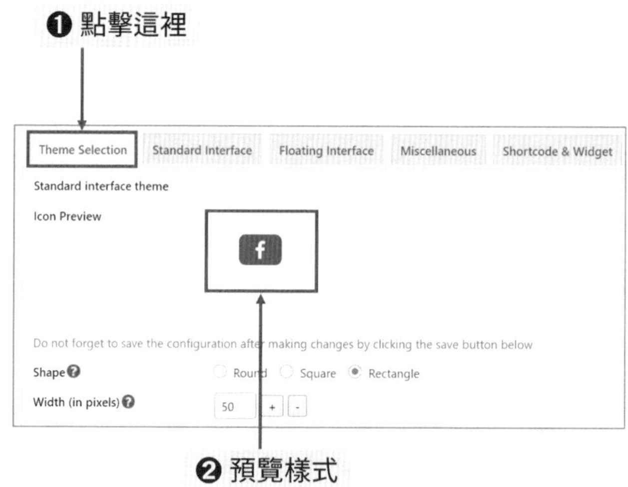

▲ 『Icon Preview』預覽樣式

6 調整各項參數與數值，就可以自定義按鈕的外觀、大小、尺寸⋯等樣式，但若無特別的樣式需求，維持標準預設值即可。

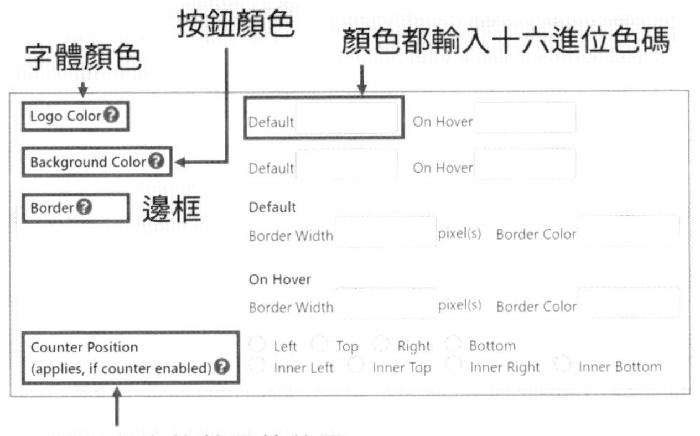

▲ 標準按鈕的樣式參數設定

❷ 浮動按鈕的樣式設定

Floating interface theme

Icon Preview

f 44

Do not forget ... the configuration after making changes by clicking the save button below

Shape　形狀　Round　Square　Rectangle

Size (in pixels)　大小　35　+　-

Logo Color　Default　On Hover

字體顏色

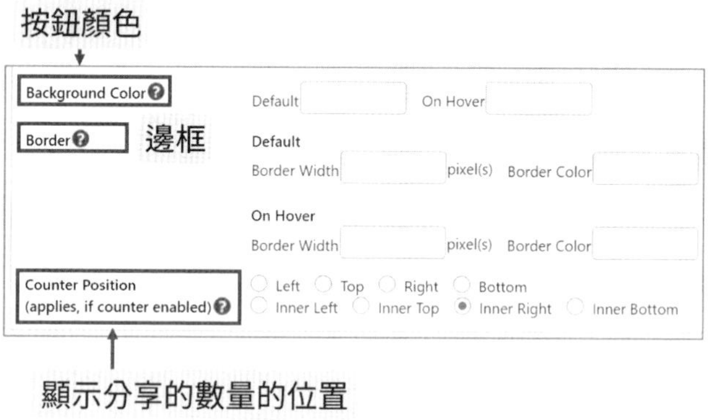

按鈕顏色

Background Color　Default　On Hover

Border　邊框

Default

Border Width　pixel(s)　Border Color

On Hover

Border Width　pixel(s)　Border Color

Counter Position (applies, if counter enabled)　Left　Top　Right　Bottom　Inner Left　Inner Top　Inner Right　Inner Bottom

顯示分享的數量的位置

▲ 浮動按鈕的樣式參數設定

重點指引

顏色的變更，需要輸入十六進位色碼數值，可參考：十六進位色碼查詢表（https://www.toodoo.com/db/color.html）。

色碼表

以十六進位值排列
<font color="#RRGGBB">

#FFFFFF	#DDDDDD	#AAAAAA	#888888	#666666	#444444	#000000
#FFB7DD	#FF88C2	#FF44AA	#FF0088	#C10066	#A20055	#8C0044
#FFCCCC	#FF8888	#FF3333	#FF0000	#CC0000	#AA0000	#880000
#FFC8B4	#FFA488	#FF7744	#FF5511	#E63F00	#C63300	#A42D00
#FFDDAA	#FFBB66	#FFAA33	#FF8800	#EE7700	#CC6600	#BB5500
#FFEE99	#FFDD55	#FFCC22	#FFBB00	#DDAA00	#AA7700	#886600
#FFFFBB	#FFFF77	#FFFF33	#FFFF00	#EEEE00	#BBBB00	#888800
#EEFFBB	#DDFF77	#CCFF33	#BBFF00	#99DD00	#88AA00	#668800
#CCFF99	#BBFF66	#99FF33	#77FF00	#66DD00	#55AA00	#227700
#99FF99	#66FF66	#33FF33	#00FF00	#00DD00	#00AA00	#008800

▲ 十六進位色碼查詢表 https://www.toodoo.com/db/color.html

▲ 十六進位色碼查詢表 QrCode

7 設定好之後，點擊「Save Changes」，將設定儲存起來。

▲ 點擊「Save Changes」

8 再點擊「Standard Interface」標籤，進行標準按鈕分享接口的設定。

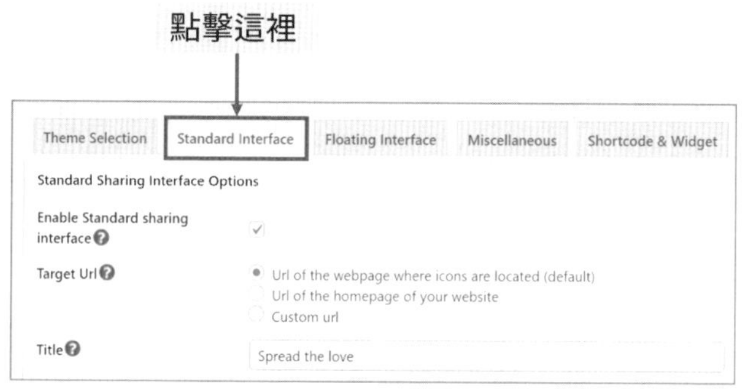

▲ 點擊「Standard Interface」標籤

9 設定 Standard Interface 的各項參數：

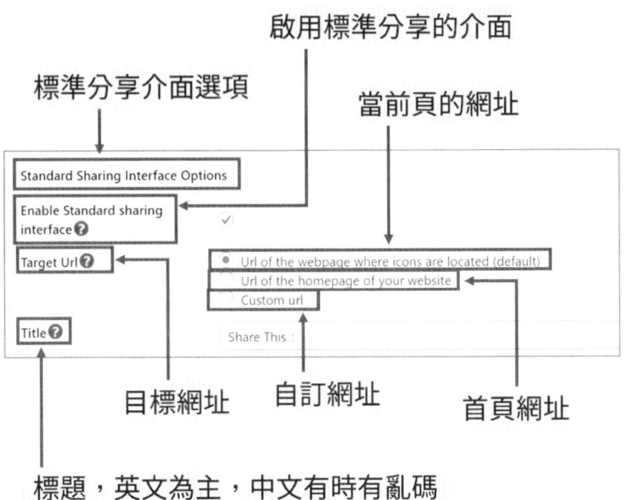

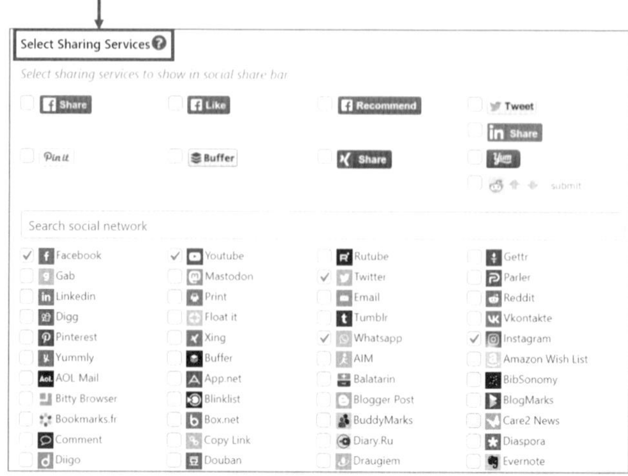
勾選要分享到哪些社群媒體
Select Sharing Services
Select sharing services to show in social share bar
Search social network
Facebook
Youtube
Rutube
Gettr
Gab
Mastodon
Twitter
Parler
Linkedin
Print
Email
Reddit
Digg
Float it
Tumblr
Vkontakte
Pinterest
Xing
Whatsapp
Instagram
Yummly
Buffer
AIM
Amazon Wish List
AOL Mail
App.net
Balatarin
BibSonomy
Bitty Browser
Blinklist
Blogger Post
BlogMarks
Bookmarks.fr
Box.net
BuddyMarks
Care2 News
Comment
Copy Link
Diary.Ru
Diaspora
Diigo
Douban
Draugiem
Evernote

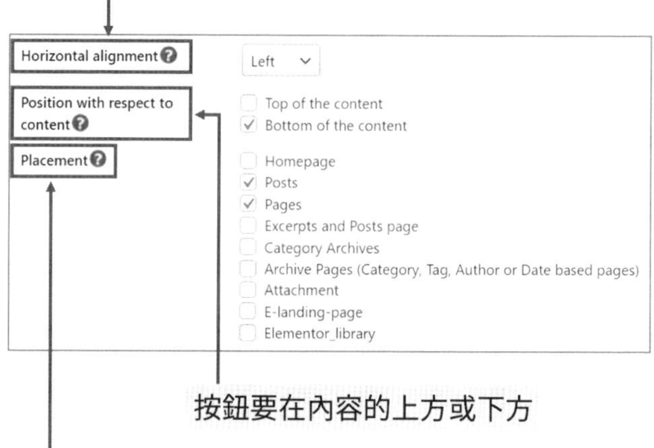
按鈕的水平對齊位置
Horizontal alignment
Left
Position with respect to content
Top of the content
Bottom of the content
Placement
Homepage
Posts
Pages
Excerpts and Posts page
Category Archives
Archive Pages (Category, Tag, Author or Date based pages)
Attachment
E-landing-page
Elementor_library
按鈕要在內容的上方或下方
選擇要出現分享按鈕的頁面

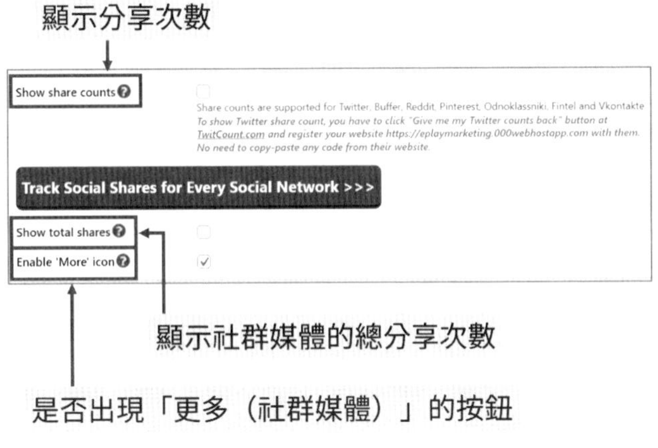

▲「Standard Interface」參數設定

10 點擊「Save Changes」，將設定儲存起來。

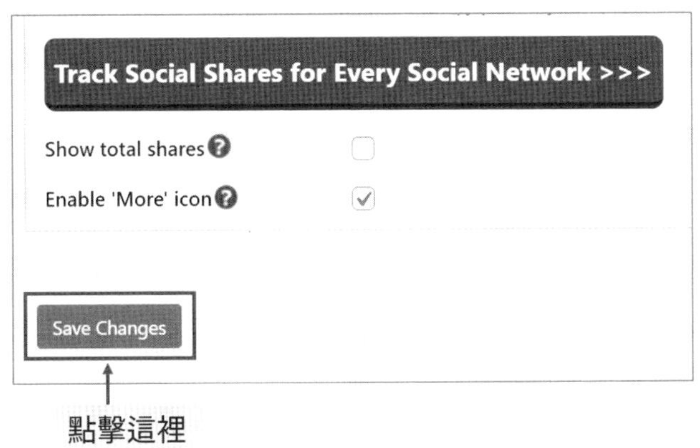

▲ 點擊「Save Changes」

11 點擊「Floating Interface」標籤，進行浮動按鈕分享接口的設定。

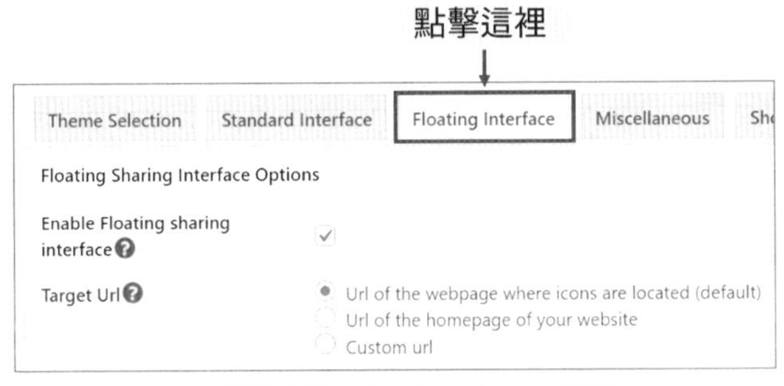

▲ 點擊「Floating Interface」標籤

⑫ 設定 Floating Interface 的各項參數，基本上，浮動按鈕的選項，與標準按鈕的設定方式差異並不會太大，僅有一些設定選項有所不同，如：

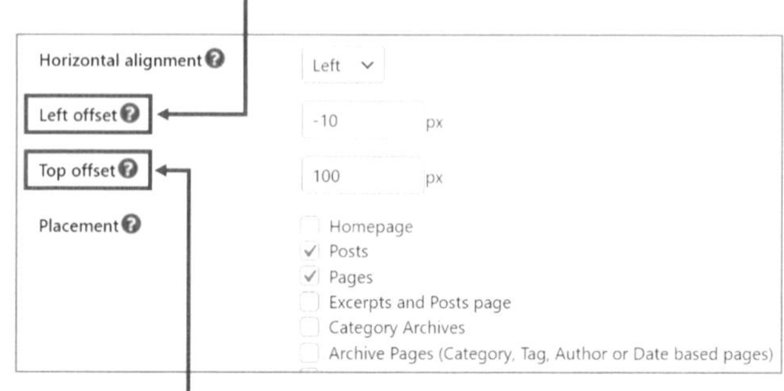

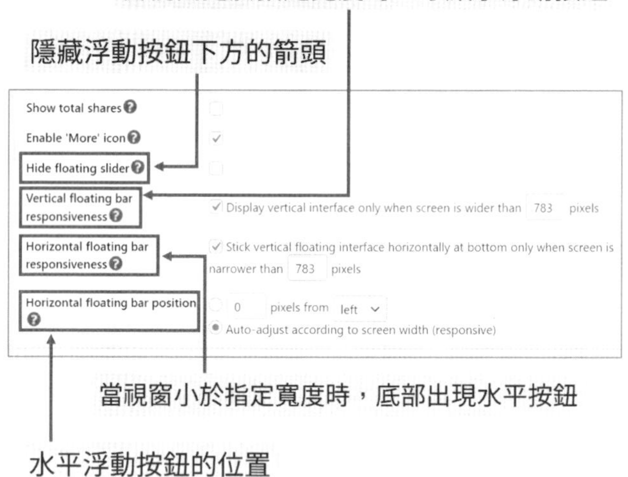

▲ 「Floating Interface」參數設定

⑬ 點擊「Save Changes」，將設定儲存起來。

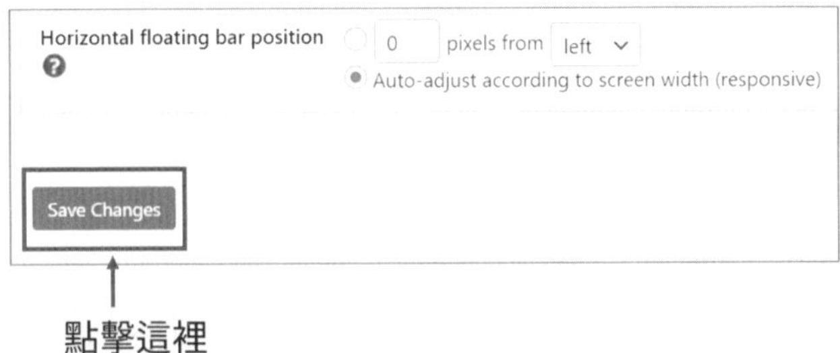

▲ 點擊「Save Changes」

5-2 為文章按讚

❶ 在 WordPress 管理後台的左欄選單中，點擊「Super Socializer」，再點擊「Like Buttons」。

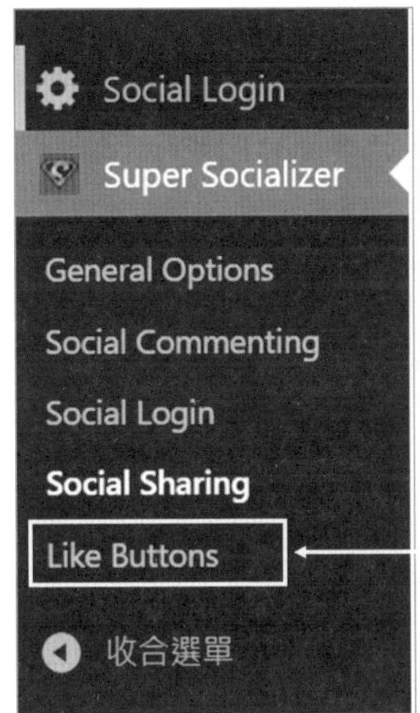

▲ 點擊「Like Buttons」

❷ 點擊『Enable Like Buttons』，啟用按讚的功能。

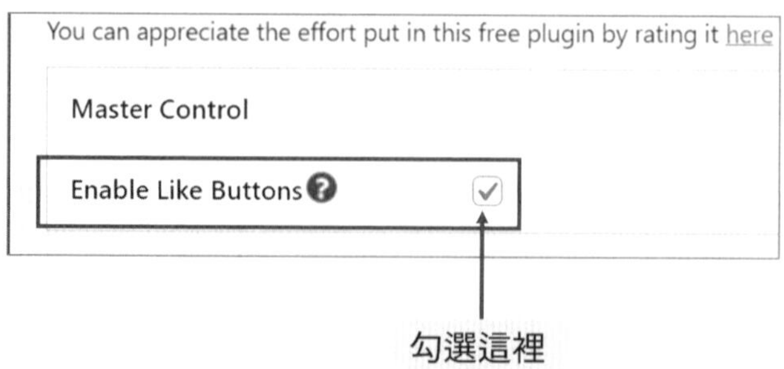

▲ 點擊『Enable Like Buttons』

❸ 在『Standard Interface』標籤中，勾選『Enable standard interface』，開啟標準按鈕介面設定。

▲ 點擊勾選『Enable standard interface』

4 設定標準按鈕接口的各個項目設定。在這裡，並沒有即時可預覽的按鈕樣式出現，必須在設定後，對照前台的顯示來修改。

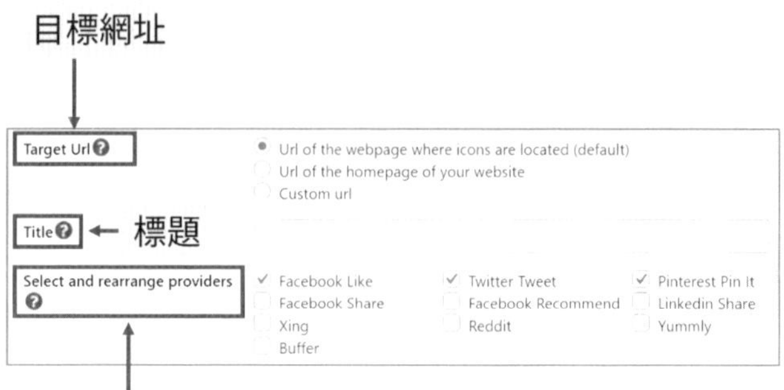

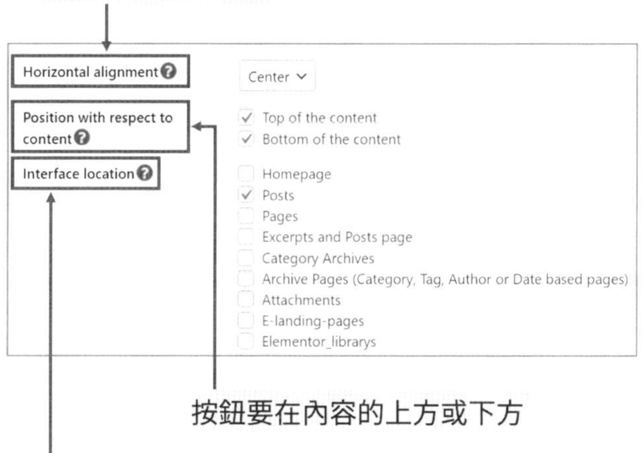

▲ 標準按鈕的接口項目設定

5 各個項目設定好之後，點擊「Save Changes」，儲存設定。

▲ 點擊「Save Changes」

6 若要啟動浮動按鈕的接口，則點擊『Floating Interface』標籤，將『Enable floating like buttons』勾選起來。

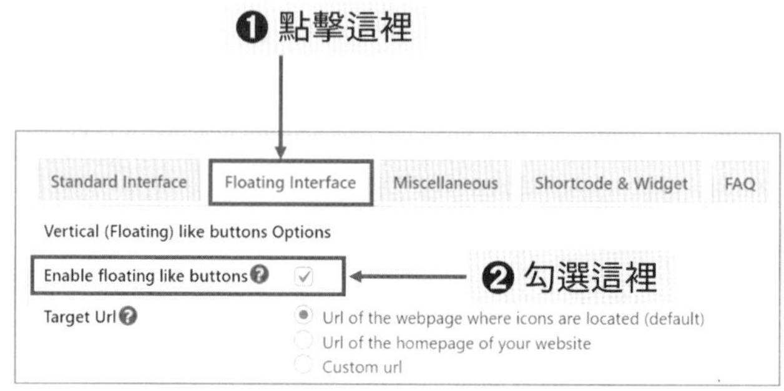

▲ 點擊「Enable floating like buttons」

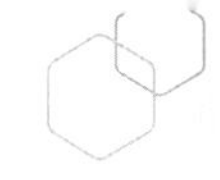

7 進行浮動按鈕接口的各個項目設定。

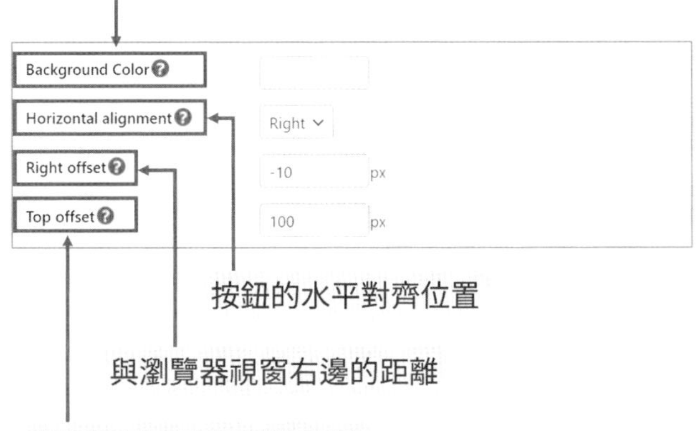

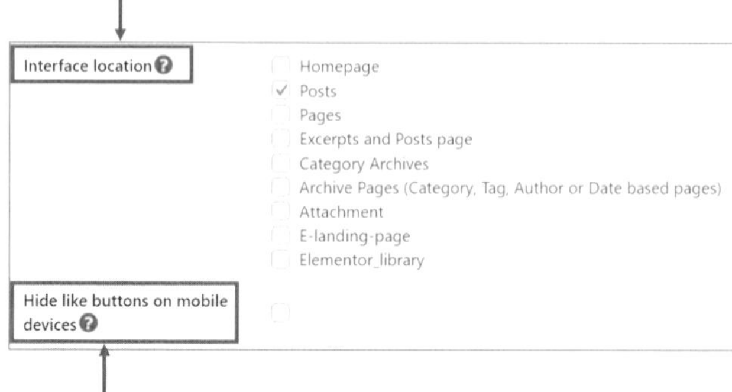

▲ 浮動按鈕的接口項目設定

8 點擊「Save Changes」，將設定值儲存起來。

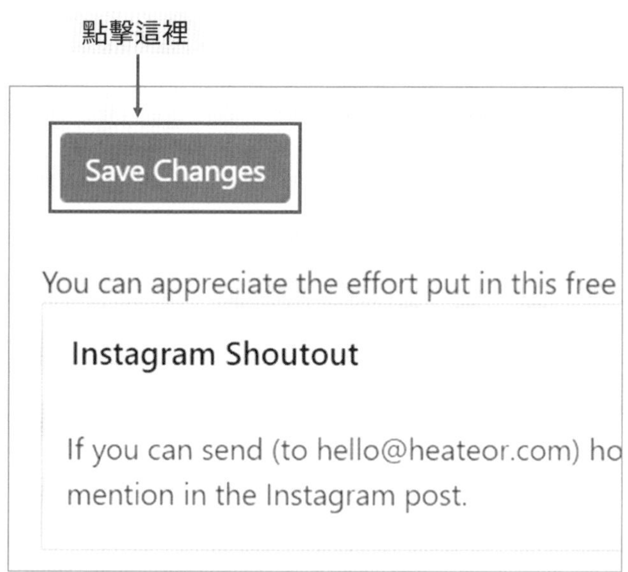

▲ 點擊「Save Changes」

內容同步發佈至 Facebook 粉專，增加自然觸及率

6-1 社群外掛的安裝與設定

1. 在「安裝外掛」處，搜尋關鍵字：「Blog2Social」，找到「Blog2Social: Social Media Auto Post & Scheduler」的外掛後，點擊「立即安裝」。

▲ 安裝「Blog2Social: Social Media Auto Post & Scheduler」

2. 外掛安裝完畢之後，點擊『啟用』。

▲ 點擊『啟用』

3. 點擊左欄選單的「Blog2Social」，再點擊『Dashboard』。

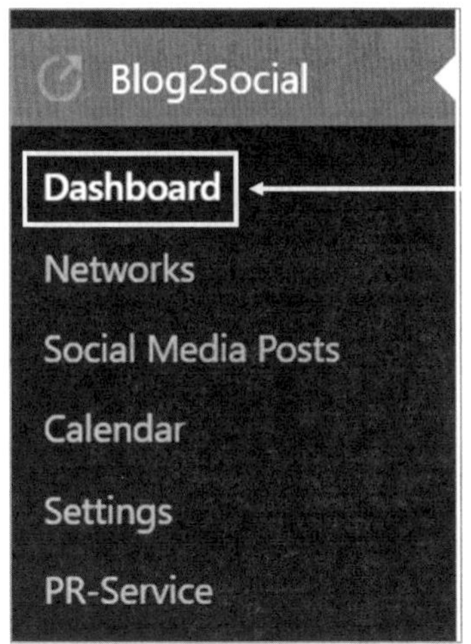

▲ 點擊『Dashboard』

4. Blog2Social 提供了專業版免費試用 30 天的功能，建議先申請試用後，再決定是否要繼續付費使用。
點擊『Yes, I want to test Blog2Social Premium 30 days for free』超連結，申請試用。

▲ 點擊『Yes, I want to test Blog2Social Premium 30 days for free』

5. Blog2Social 會自動讀取管理員的 Email，因此只要填寫 First Name 與 Last Name 即可，而後再點擊『Get Started』。

▲ 點擊『Get Started』

6 開始進行設定之前，無論點擊哪一個功能，都會再跳出『We updated our Privacy Policy』的視窗，點擊『I agree to the adenion privacy policy』，就可以進行試用了。

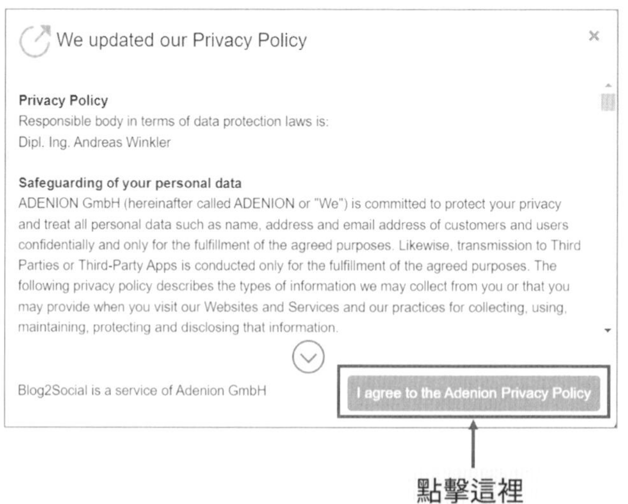

▲ 點擊『I agree to the adenion privacy policy』

7 點擊左欄選單的『Blog2Social』，再點擊『Settings』，做基本設定。

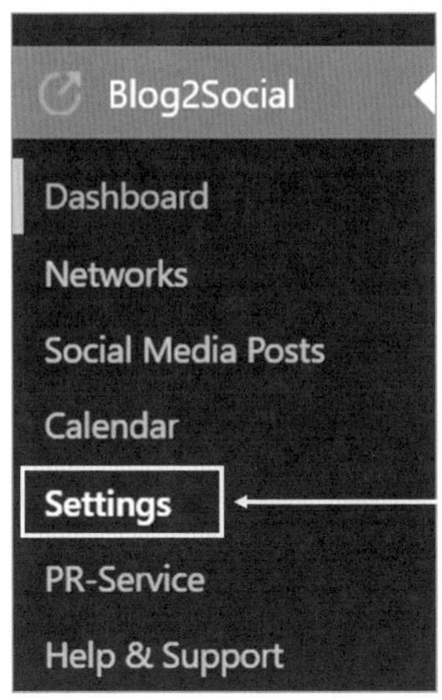

▲ 點擊『Settings』

8 在『General』標籤底下，先確認時區是否正確。Blog2Social 的時區預設值是直接讀取 WordPress 的設定，若日後需要安排不同的發佈時間，或同步發佈文章至社群的話，日期與時間都是以 Blog2Social 的時區為基準。

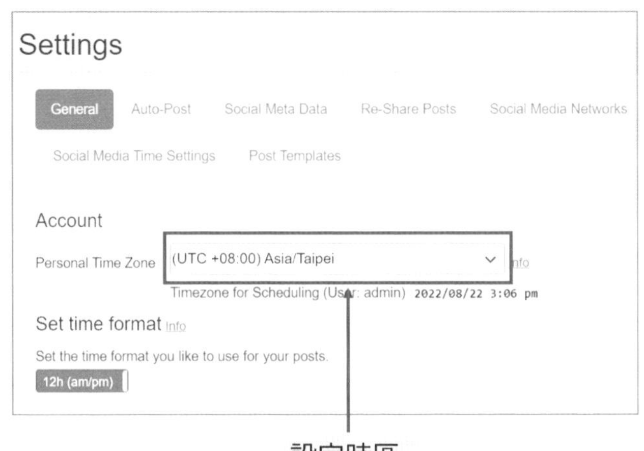

▲ 確認 Personal Time Zone 時區

9 另外，點擊時間格式，可設定 12 小時制或 24 小時制的顯現方式。

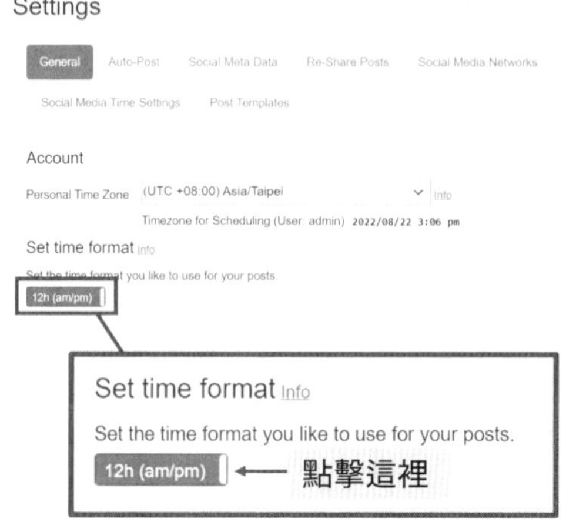

▲ 點擊時間格式

10 當文章發佈至社群時，是否需要使用短網址，若是需要使用短網址，則需要再進行驗證。

以啟用『Bitly』短網址為例，點擊『authorize』。

▲ 點擊 Bitly 旁的『authorize』

⑪ 登入 Bitly 帳號，沒有申請過帳號的話，也可直接使用第三方社群的帳號註冊。

以 Google 帳號為例，點擊 Google 圖標。

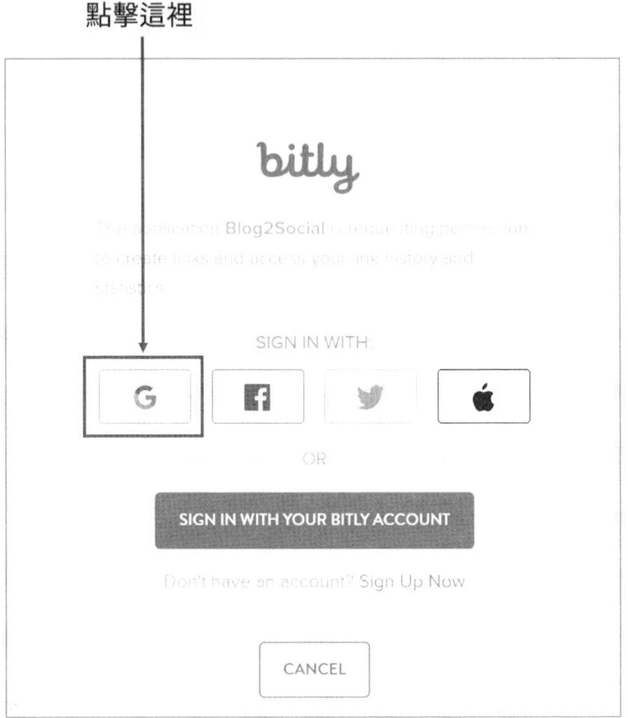

▲ 點擊 Google 圖標

12 選擇所要使用的 Google 帳號。

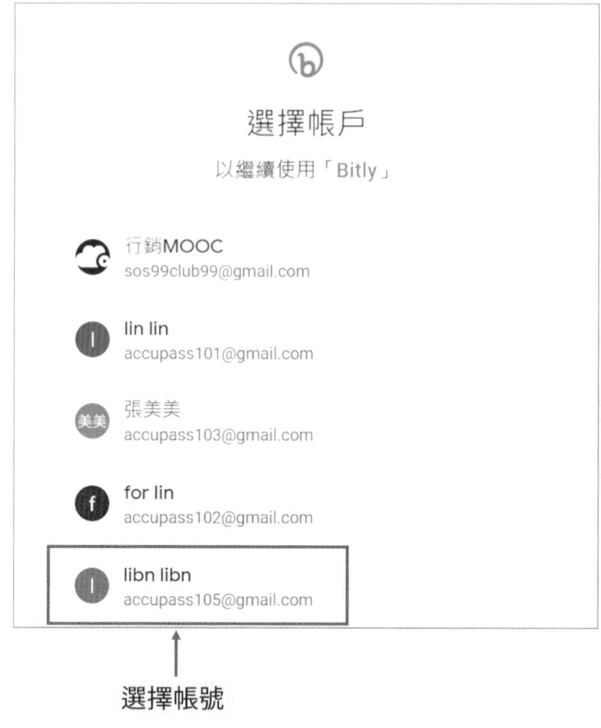

▲ 選擇 Google 帳號

13 點擊『Create new Bitly account』，註冊一個新的帳號。

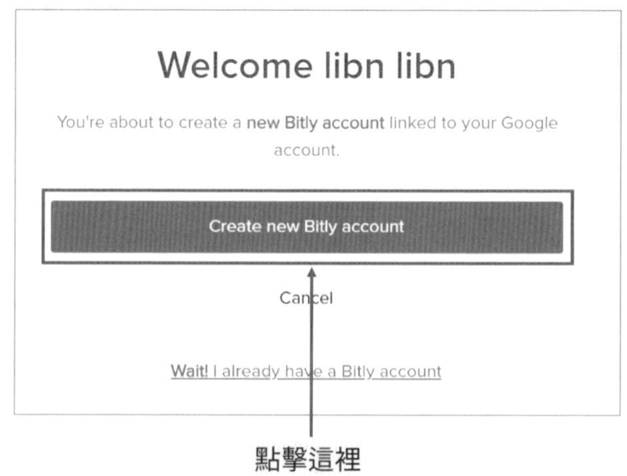

▲ 點擊『Create new Bitly account』

14 點擊『Allow』，進行 Google 帳號的授權。

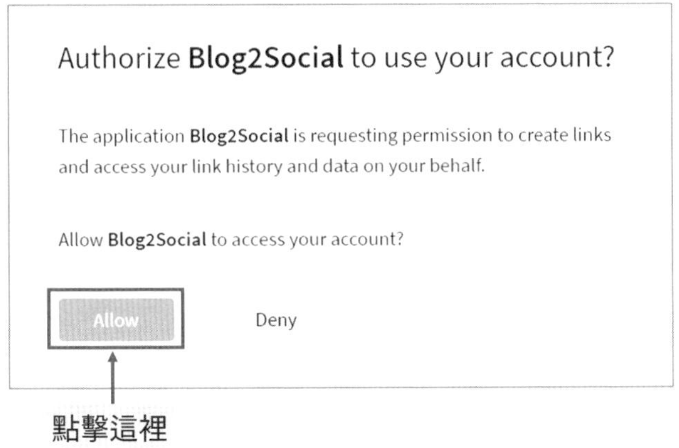

▲ 點擊『Allow』

15 授權完成後，頁面會再自動跳轉回 WordPress 管理後台中，此時在 Bitly 選項旁，會出現已授權的帳號名稱，代表短網址功能已經開通，可以使用了。

▲ 出現已授權的帳號名稱

16 有一些外掛，具有支援簡碼的功能，因此在 Shortcodes 項目中，可以將『allow shortcodes in my post』勾選起來，允許在頁面或文章中使用簡碼。

▲ 勾選『allow shortcodes in my post』

17 在 System 當中，『activate Legacy mode』為啟用傳統模式，這是針對 WordPress 系統的設置，只有管理員才有編輯的權限。啟用傳統模式是讓外掛內容以一次加載一個的方式，讓伺服器負載最小化，但若無特殊需求的話，不用勾選也沒關係。

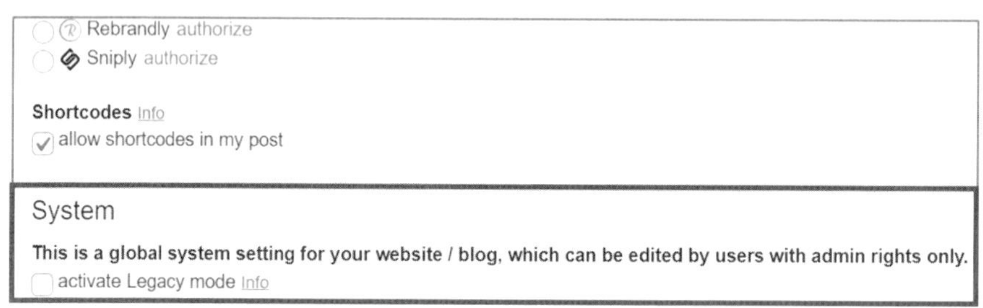

▲ activate Legacy mode

18 接著，點擊『Social Meta Data』標籤，將相關設置一一勾選起來，這是為了讓文章發佈至社群平台時，可以正確的顯示圖片、標題與描述。

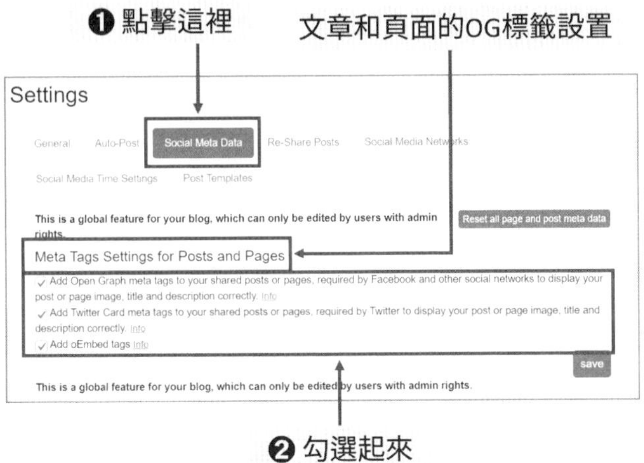

首頁設置

Frontpage Settings Check Settings with Sharing-Debugger

Open Graph

Add the default Open Graph parameters for title, description and image you want Fac frontpage of your blog as link post (http://www.yourblog.com)

Title:

WordPress社群&整合行銷

Description:

整合社群行銷力的企業官網/開店平台

Image URL: Image upload / Media Gallery

https://eplaymarket.000webhostapp.com/wp-content/uploads/2021/10/F

Please note: Facebook supports images with a minimum dimension of 200x200 pixels and an aspect ratio of 1:1.

Add Open Graph Image Data.

Add Open Graph Object Type.

Add Open Graph Locale. zh_TW

發佈至FB時，顯示的標題、描述和圖像

Twitter Card
Add the default Twitter Card parameters for title, description and image you want Twi
your blog as link post (http://www.yourblog.com)

The default card type to use:
Summary

Title:
WordPress社群&整合行銷

Description:
整合社群行銷力的企業官網/開店平台

Image URL: Image upload / Media Gallery
https://eplaymarket.000webhostapp.com/wp-content/uploads/2021/10/F

Please note: Twitter supports images with a minimum dimension of 144x144 pixels and a maximum dimension of 4096x4096 pixels and less than 5 BM. The image will be cropped to a square. Twitter supports JPG, PNG, WEBP and GIF formats.

發佈至推特時，顯示的標題、描述和圖像

▲ 『Social Meta Data』設定

6-2 串連 Facebook 社群平台

1. 接著，繼續點擊左欄選單的『Blog2Social』，再點擊『Networks』。

點擊這裡

▲ 點擊『Networks』

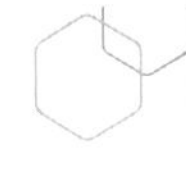

2 在 Networks 中，共有 19 個社群平台可供串連，但最重要的，莫過於與 Facebook 進行串連，若要進行粉絲頁的串連，在 Facebook 項目中，點擊『Connect Page』。

▲ 點擊『Connect Page』

3 跳出新的視窗，在文字訊息中，提醒用戶需使用粉絲頁管理員的帳號進行登入，才能進行串連。

點擊『Continue』。

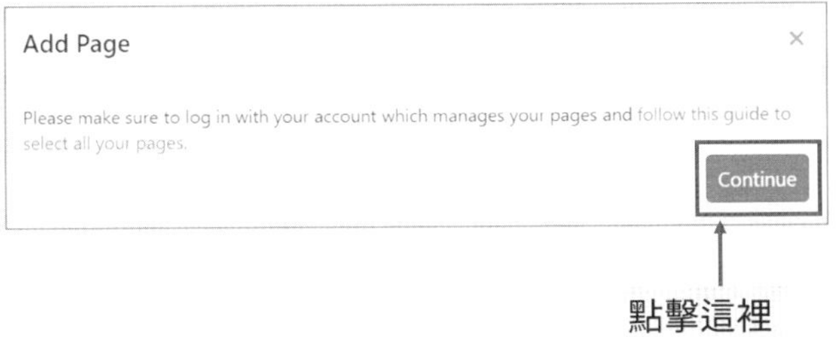

▲ 點擊『Continue』

4 Blog2Social 要求管理員個人帳號的授權，點擊『以 XX 的身份繼續』。

▲ 進行授權

5 Blog2Social 要求粉絲頁的授權，點擊『繼續』。

▲ 點擊『繼續』

6 選擇要進行串連的粉絲頁，點擊『Authorize』。

▲ 點擊『Authorize』

7 頁面跳轉回 Blog2Social 的管理後台中，而在 Facebook 項目中，就會出現粉絲頁名稱，以及系統預先配置的最佳發佈時間。
最佳時間都可以依照需求再進行更改，但若無任何變更的話，系統便會依照預先設定的時間，將 WordPress 的文章發佈至 Facebook 上。

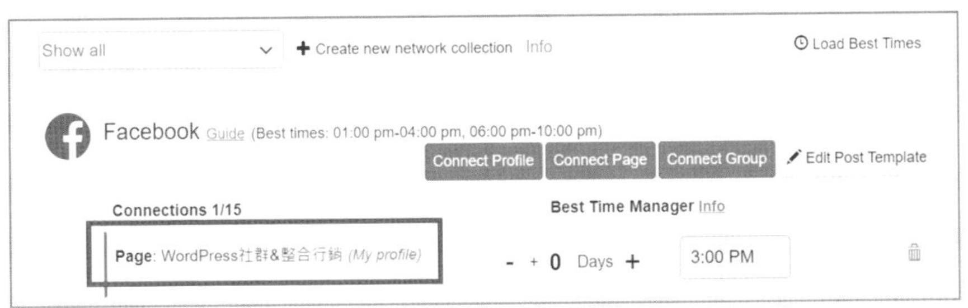

▲ 出現粉絲頁名稱

6-3 串連 Instagram 社群平台

1. 此外，若要進行 IG 的串連，將文章同步發佈或分享至 Instagram，則可在 Instagram 項目中，點擊『Connect Business』。

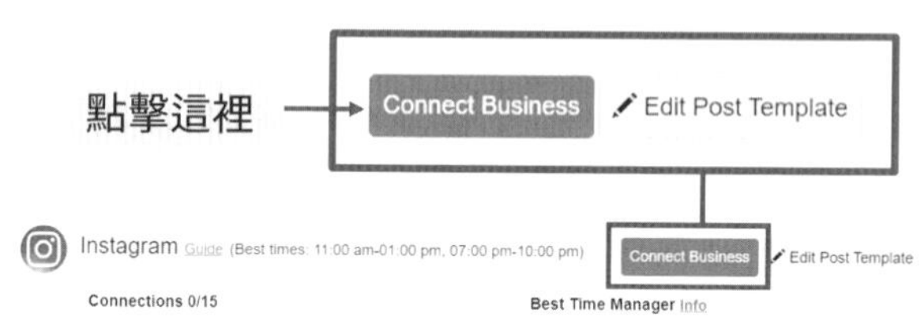

▲ 點擊『Connect Business』

重點指引

若要串連至 Instagram 的話，Instagram 必須是商業帳號的狀態，而不能使用個人帳號或創作者帳號與之串連。

另外，Instagram 帳戶也必須是與 Facebook 粉絲頁相互串接。

2. 出現新的視窗，說明串連至 Instagram 的前提，是必須為商業帳號，且要和 Facebook 粉絲頁串接。若 Instagram 帳號有滿足這兩個條件的話，則可點擊『Continue』。

▲ 點擊『Continue』

3 進行 Instagram 帳號的授權，點擊『繼續』。

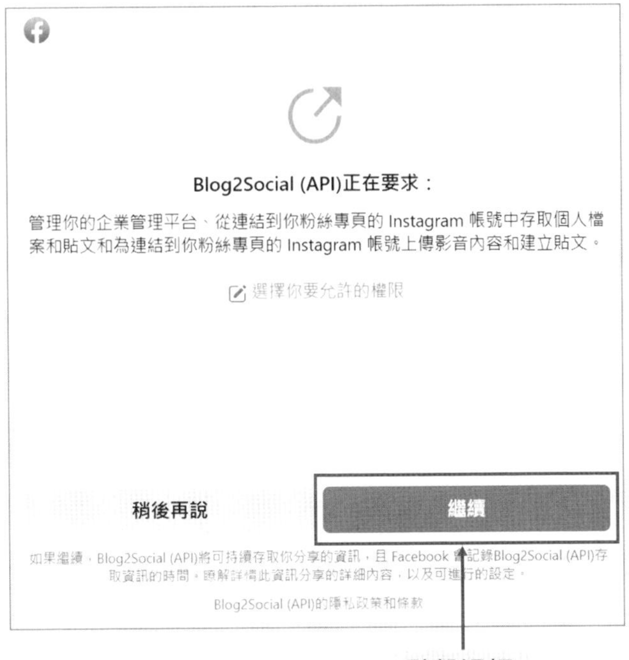

▲ 點擊『繼續』

4 選擇 Instagram 帳號，點擊『Authorize』。

▲ 點擊『Authorize』

5 回到 Blog2Social 的管理後台中。在 Instagram 項目中，會出現 Instagram 帳號名稱，以及系統預先配置的最佳發佈時間。

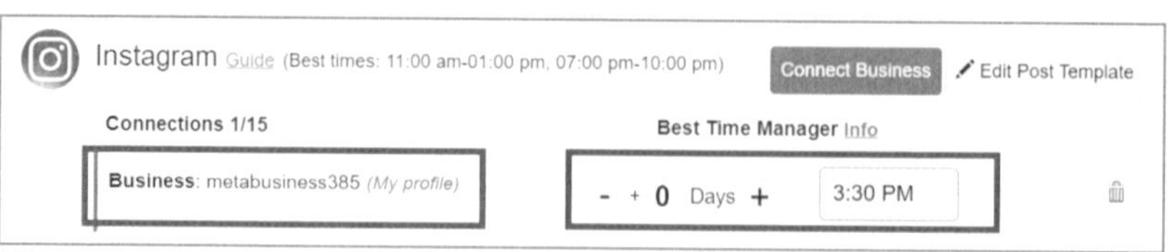

▲ 出現『Instagram 帳號名稱』

6-4 將舊文章發佈至社群平台

一、指定特定文章

在與社群平台串連成功後，日後網站的文章或頁面，都可同步發佈至社群平台上。

但是在還沒有安裝 Blog2Social 外掛之前，若原本網站上就已經有文章的話，能不能再排定時間發佈至社群平台中呢？

答案是可以的！

1 點擊左欄選單的『Blog2Social』，再點擊『Social Media Posts』。

▲ 點擊『Social Media Posts』

❷ 在清單中，會列出所有已發佈過的文章與頁面，選擇所要張貼至社群的文章，再點擊『Share on Social Media』。

▲ 點擊『Share on Social Media』

❸ 若文章沒有要做任何修改，或是替換圖片與摘要的話，點擊『Share』，就能發佈出去。
除了 Facebook 以外，若還有設定其他的社群媒體，如：Instagram，也會一併發佈，而不用再依社群平台的不同，一一地發佈。

▲ 點擊『Share』

4 發佈出去後，Blog2Social 便會顯示有多少的社群平台已有成功發佈出去。

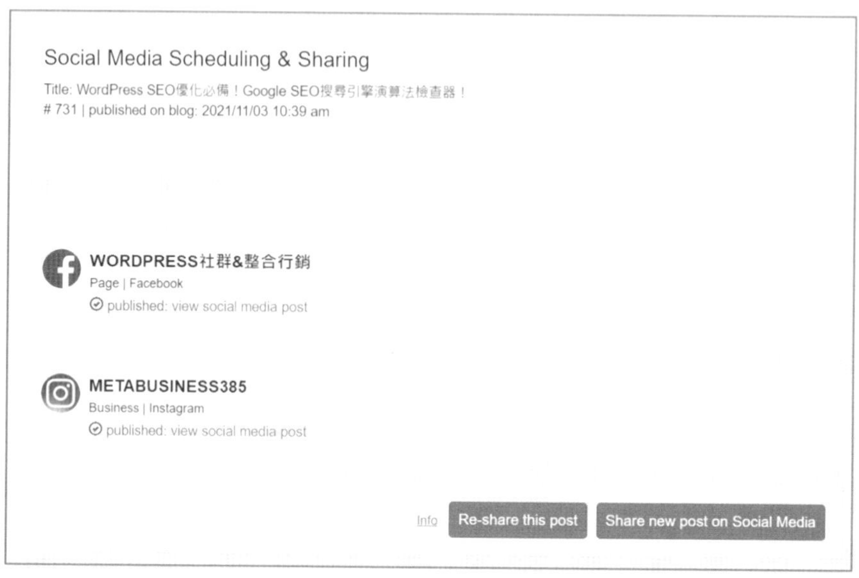

▲ 顯示發佈成功的社群平台清單

二、定期自動發佈

1. 點擊左欄選單的『Blog2Social』，再點擊『Settings』。

▲ 『Settings』

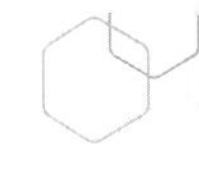

2 點擊『Re-Share Posts』標籤。

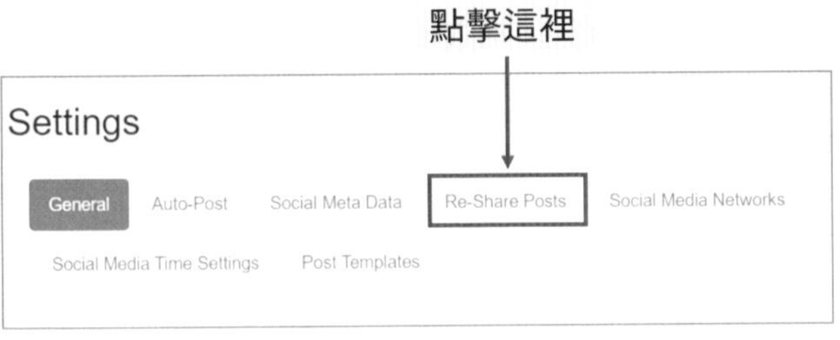

▲ 點擊『Re-Share Posts』

3 依照所要發佈的文章類型、時間範圍、分類、作者、發文頻率…等，一一設定好。

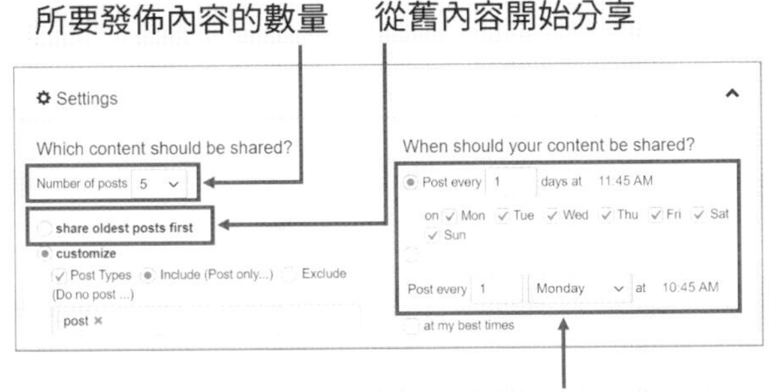

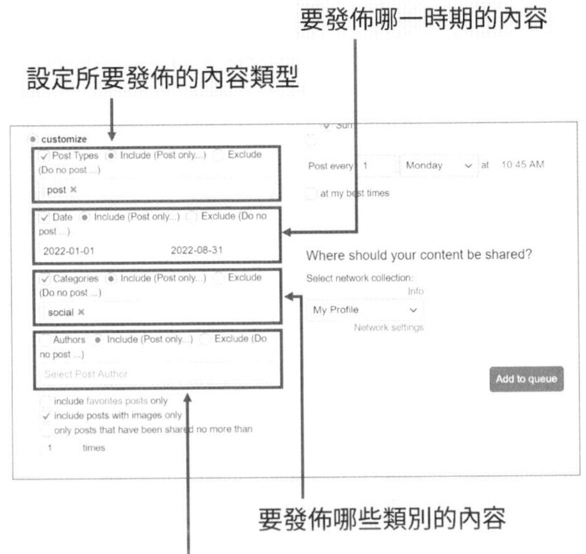

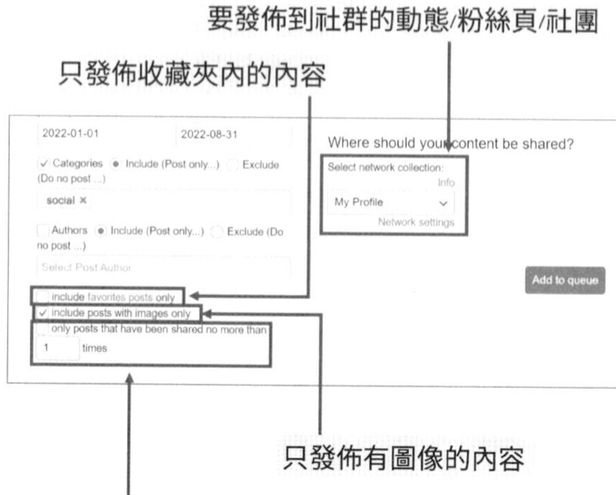

▲ 『Re-Share Posts』設定

4 點擊『Add to queue』，將所設定好的條件加入發佈清單中。

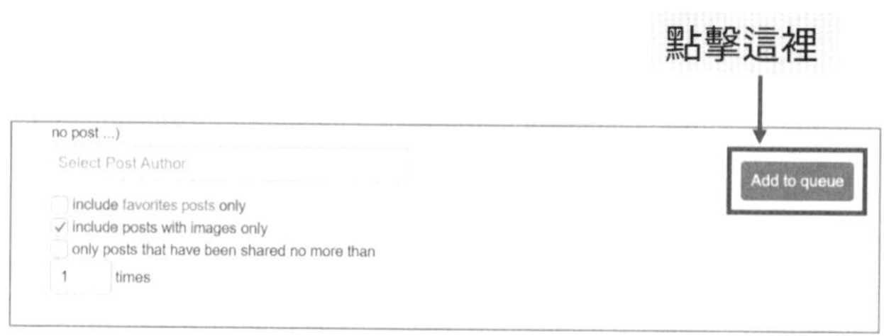

▲ 點擊『Add to queue』

5 所有符合條件的舊文章，便會在『Queue』區塊中，依照時間先後發佈的排程，以清單列出。
待發佈時間一到，便會自動分享至社群平台中。

Queue 4/100 Posts

select all List Calendar

新型態搜尋引擎SEO實戰
2 scheduled social media posts | next share by admin 2022/08/28 11:45 am Details

品牌官網方案計畫費用與功能
1 scheduled social media posts | next share by admin 2022/08/29 11:45 am Details

自帶社群力網站，讓流量快速起飛
2 scheduled social media posts | next share by admin 2022/08/30 11:45 am Details

WordPress安全防護防駭
2 scheduled social media posts | next share by admin 2022/08/31 11:45 am Details

▲ 依排程列出所要重新發佈的舊文章

6-5 文章同步發佈至社群平台中

1 點擊左欄選單的『Blog2Social』，再點擊『Settings』。

▲ 點擊『Settings』

2 點擊『Settings』中的『Auto-Post』標籤。

▲ 點擊『Auto-Post』標籤

3 Autoposter 預設值是關閉的狀態，將 Autoposter 的功能開啟，從 OFF 切換成 ON 的狀態。

而後，再勾選要同步發佈至社群平台的內容類型，如文章（post）與頁面（page）。

Autoposter Info

Set up your autoposter to automatically share your new or updated posts, pages and custom post types on your social media channels

OFF

▲ Autoposter 預設值狀態

❶ 點擊這裡

Autoposter Info

Set up your autoposter to automatically share your new or updated posts, pages and custom post types on your social media channels

ON

Select your preferred network collection for autoposting. This collection defines the social media accounts on which the autoposter will share your social media posts automatically.

Select network collection:

My Profile

Network settings

new posts Select all | post | page | e-landing-page | elementor_library

updated posts Select all | post | page | e-landing-page | elementor_library

Apply best times Info

❷ 勾選內容類型

▲ 切換成 ON

4 若希望可以設定最佳發佈時間，那麼『Apply best times』就要勾選起來。

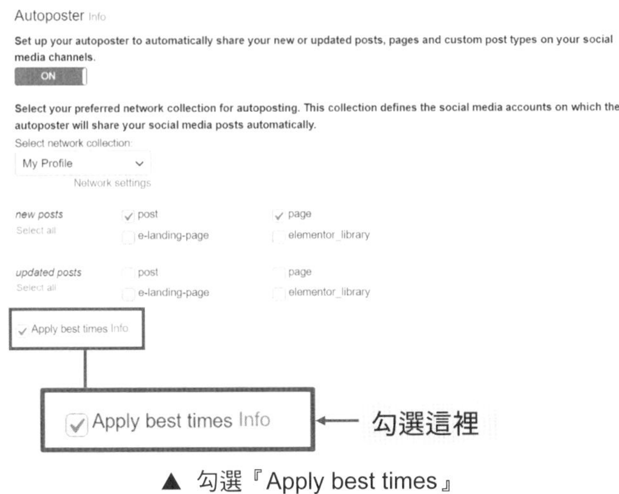

▲ 勾選『Apply best times』

5 點擊『Save』，將設定值儲存起來。

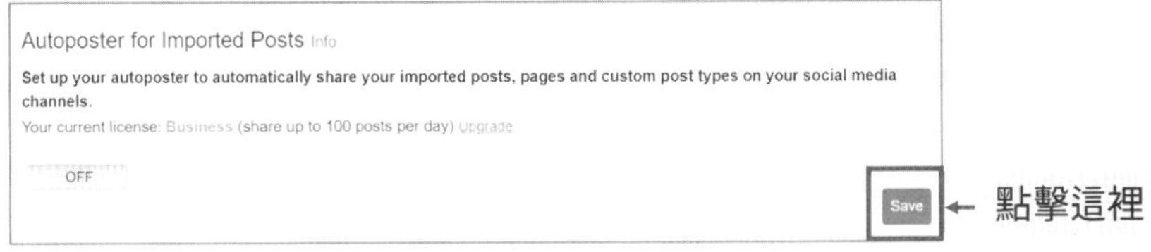

▲ 點擊『Save』

6 每次要發佈新文章時，就點擊左欄選單的『文章』，再點擊『新增文章』。

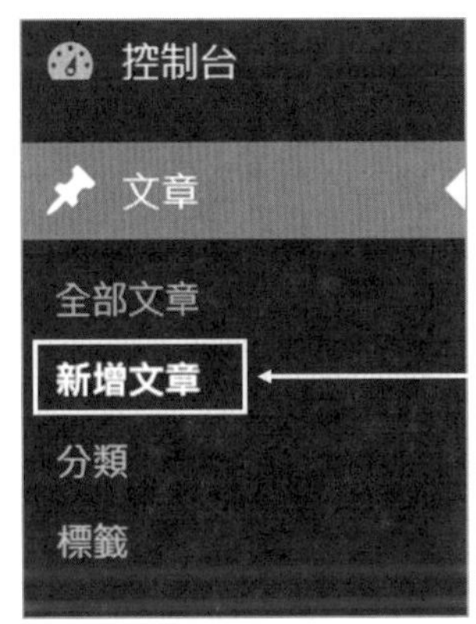

▲ 點擊『新增文章』

7 在右欄的『Blog2Social』區塊中，可以看到『Autoposter』是 activated 啟用的狀態，點擊『Advanced settings』。

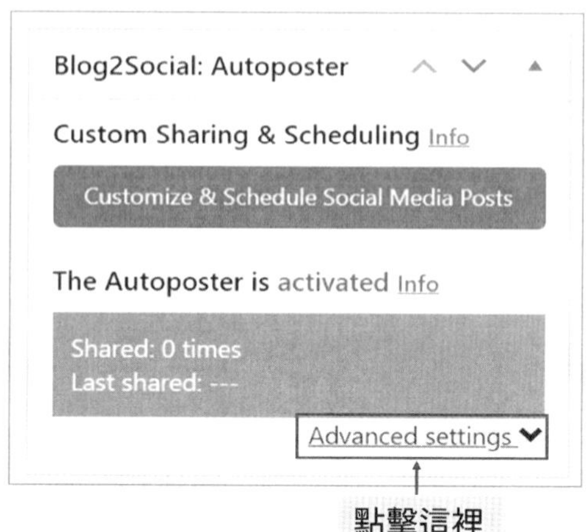

▲ 點擊『Advanced settings』

8 可以看到『enable Auto-Posting』是勾選的狀態，因此當文章發佈出去時，也會立即同步至社群平台上。

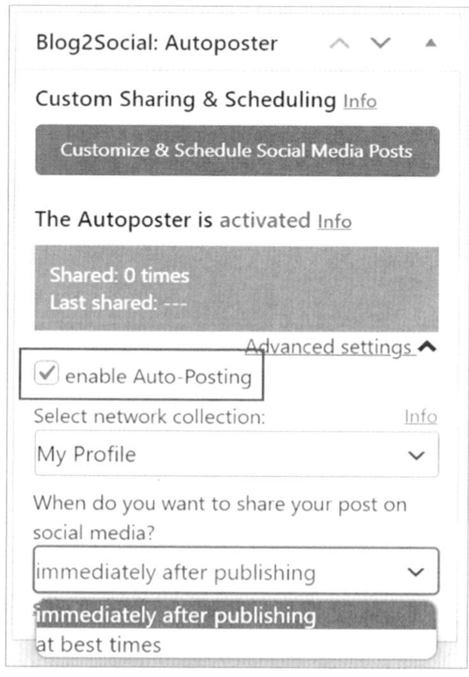

▲ 『enable Auto-Posting』為勾選狀態

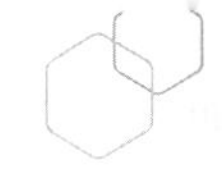

6-6 以最佳時間發佈文章

根據每個平台的特性不同、受眾不同，最佳的發文時間也會有所不同，以最佳發文時間，將文章發佈至社群平台的話，可以將同一篇文章，根據時區的不同，設定為不同的時間發佈，這麼一來，所能夠觸及的人數就愈多。

通常，我們可以使用社群媒體分析工具、洞察報告來找出目標受眾多半在哪些時段瀏覽貼文，而後便可以根據這些數據來規劃出各個社群平台的最佳發文時間。

1. 若是要以最佳時間發佈文章的話，那麼在『Settings』中的『Autoposter』功能（路徑為 Settings > Auto-Post > Autoposter），就可以不必開啟，維持為 OFF 狀態。

Auto-Post
Share WordPress Content
Share New Link Post
Share New Text Post
Share New Image Post
Share New Video Post
Posts for Facebook Profiles will be shown on your "Site & Blog Content" navigation bar in the "Instant Sharing" tab. To share the post on your Facebook Profile just click on the "Share" button next to your post. More information in the Instant Sharing guide.
Autoposter Info
Set up your autoposter to automatically share your new or updated posts, pages and custom post types on your social media channels.
OFF

▲ Autoposter 為 OFF 狀態

2 新增文章時，在右欄的『Blog2Social』區塊中，Autoposter 也會顯示為『deactivated』不啟用的狀態。

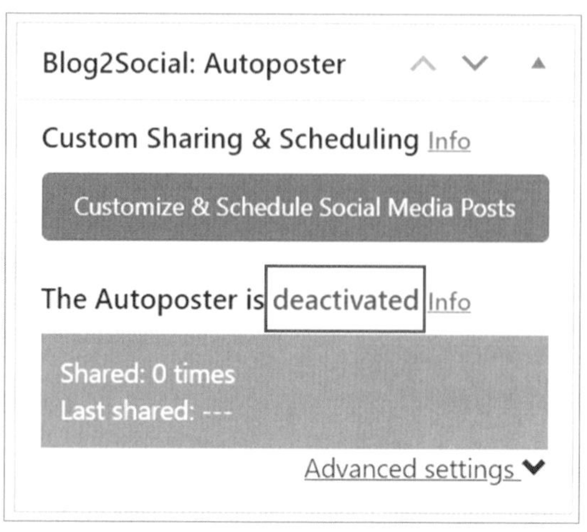

▲『deactivated』不啟用狀態

3 接著，點擊左欄選單的「Blog2Social」，再點擊『Calendar』。

▲ 點擊『Calendar』

4 在日曆中，選定要發佈的日期，點擊『+ add post』。

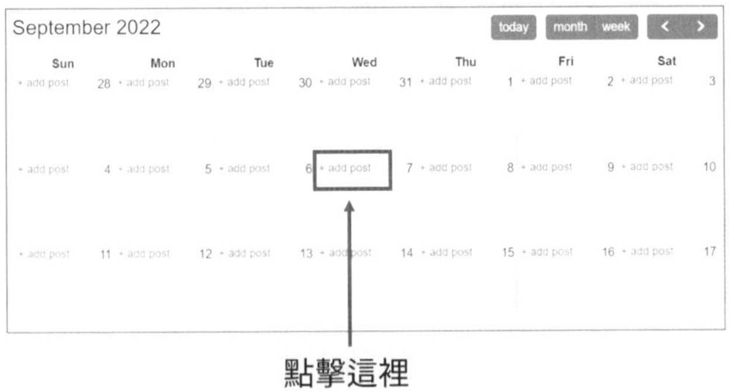

▲ 點擊『+ add post』

5 在『Share your WordPress posts, pages or products』項目中，點擊『select』。

▲ 點擊『select』

6 選定所要發佈的文章，點擊『Share on Social Media』。

▲ 點擊『Share on Social Media』

7 若想依照不同平台設定不同時間段來發佈文章的話，那麼就得要在右欄設定區塊中，選擇所要發佈的平台。

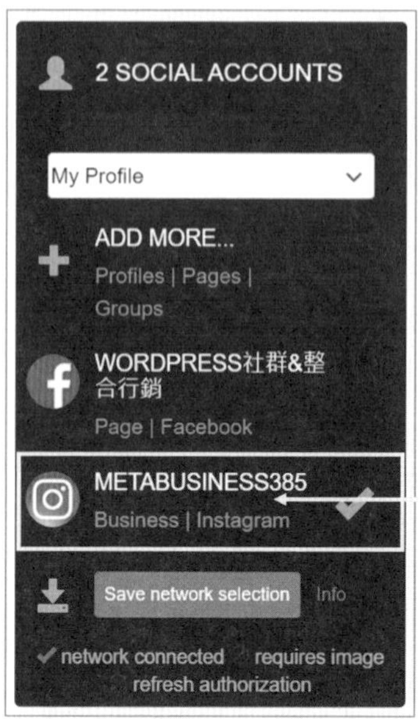

▲ 選擇所要發佈的平台

8 在『Start date』設定所要發佈的日期與時間。

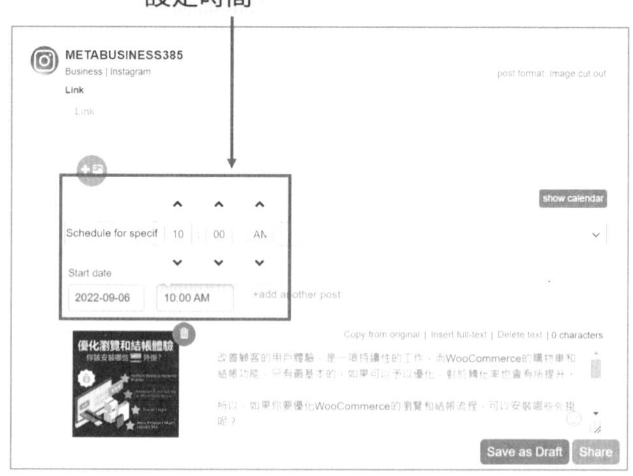

▲ 設定日期與時間

❾ 若要另外再增加發佈時段的話，點擊『+add another post』。

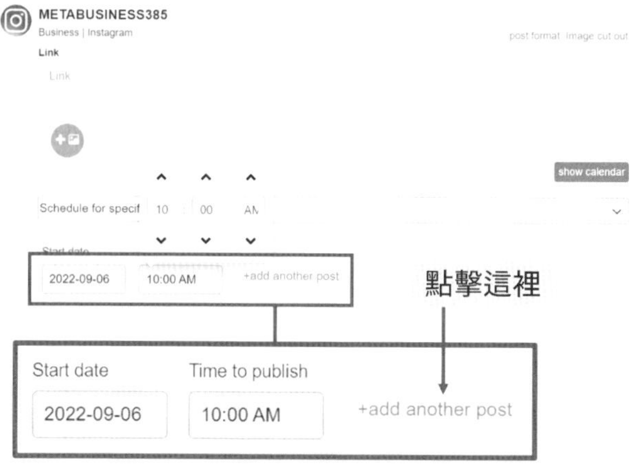

▲ 點擊『+add another post』

❿ 再設定第二個發佈文章的時間。

▲ 設定時間

⑪ 勾選『Save as best for this network』，再點擊『Share』。

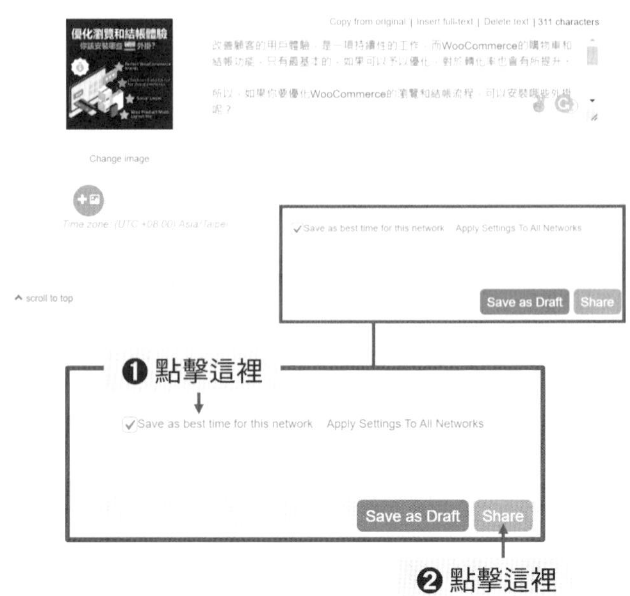

▲ 點擊『Share』

⑫ 會依據社群媒體的要求，自動調整圖像大小，點擊『Apply image for all posts』。

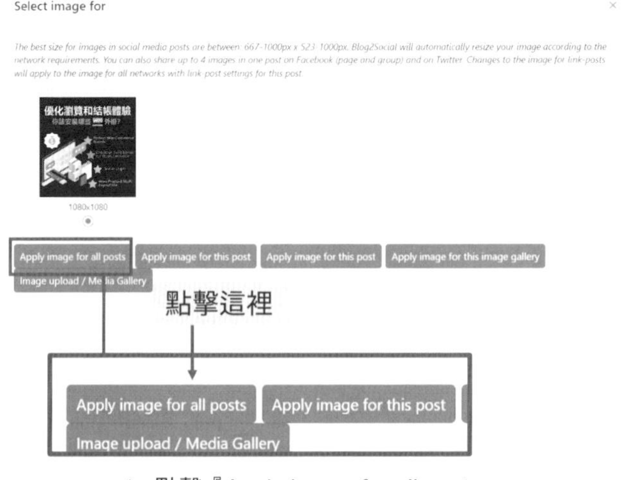

▲ 點擊『Apply image for all posts』

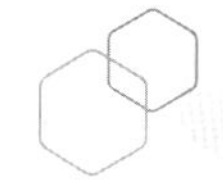

13 顯現排程時段，而文章也會依照所設定的最佳發佈時間自動發佈。

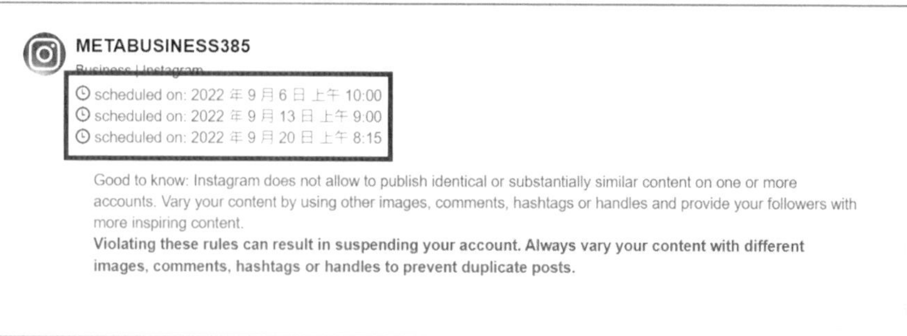

▲ 顯現排程時段

14 在日曆中，會顯現出文章標題與所排定的日期，若要更改或刪除該時段，可以點擊文章標題。

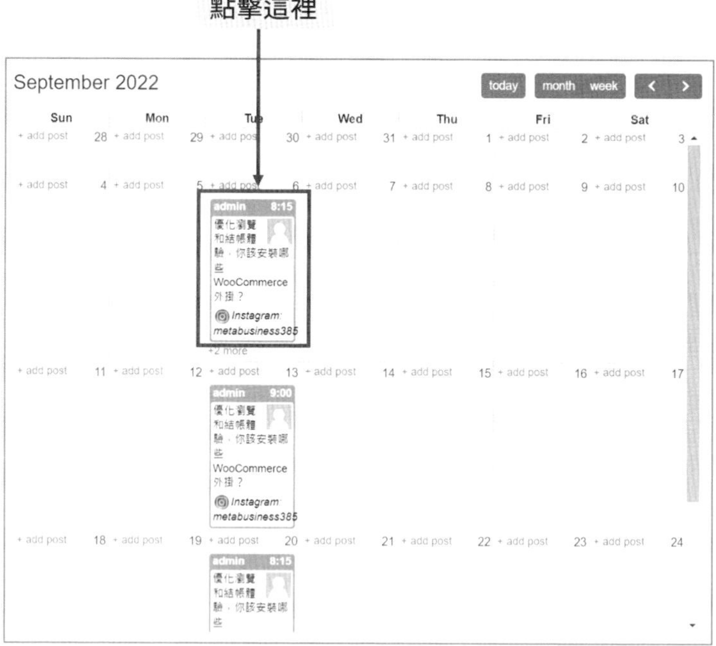

▲ 點擊文章標題

15 可以重新設定時間，或是點擊『Delete』，刪除該時段。

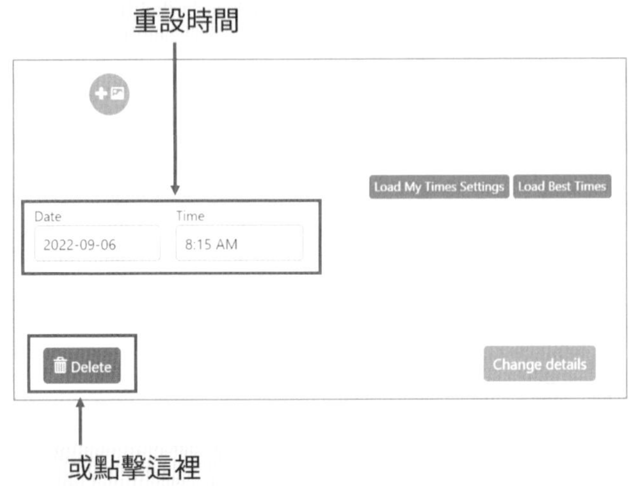

▲ 重新設定時間

6-7 以最佳時間分享貼文

除了 WordPress 的文章或頁面以外，還可以將其他所要分享到社群平台的內容，如：文字、圖片，或其他人的貼文…等等，依照最佳時間分享到自己的社群平台帳號上。

1 點擊左欄選單的『Blog2Social』，再點擊『Social Media Posts』或『Calendar』。

▲ 點擊『Social Media Posts』或『Calendar』

2 可以看到除了『Share WordPress Content』以外，還有另外四個標籤，分別可以做不同媒體內容的分享。

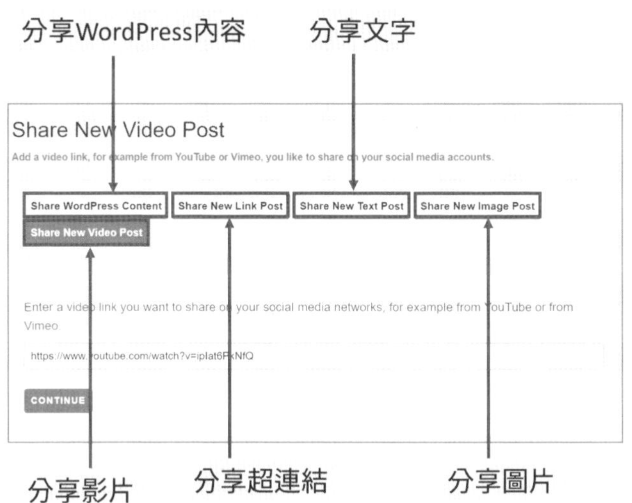

▲ 五種不同類型內容的分享

3 以『Share New Video Post』為例，在欄位輸入影片網址（不管是 YouTube 或 Vimeo 的影片都可以支援），再點擊『Continue』。

▲ 點擊『Continue』

4 輸入對影片的簡短介紹或感想，並設定想要發佈的時間，再點擊『Share』。

▲ 點擊『Share』

5 進入發佈排程，在指定的日期與時間中，就會自動分享至社群平台了。

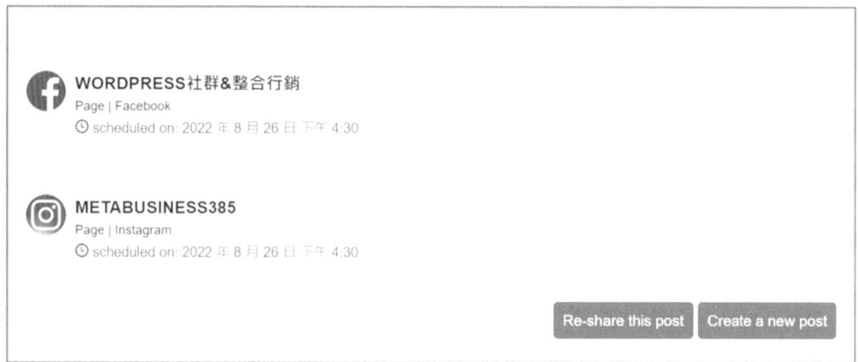

▲ 依照排定時間自動分享

不過值得注意的是，『Share New Video Post』所分享出去的內容，並不是以影片方式呈現，而是轉換成圖片的方式，讓粉絲點擊連結後，才能觀看原始的影片。

▲ 貼文以圖片方式呈現

加入即時通訊，可讓訪客透過 Facebook Messenger 直接聯絡

1. 點擊 WordPress 左欄選單的『外掛』，再點擊『安裝外掛』。

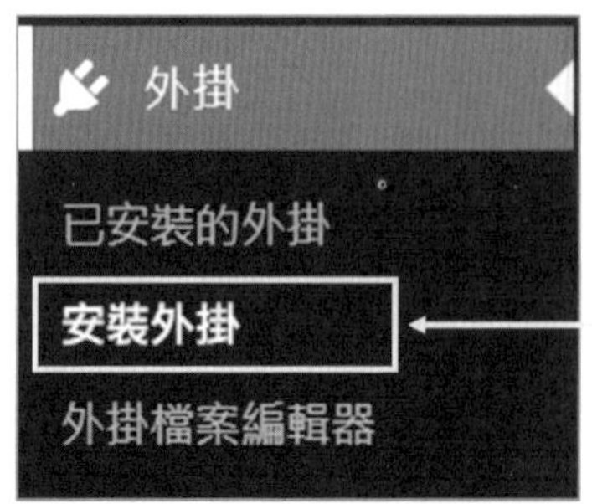

▲ 點擊『安裝外掛』

2. 在關鍵字搜尋欄中，輸入『Facebook Chat』，找到『Facebook Chat Plugin (Facebook 洽談外掛) – WordPress 即時洽談外掛』後，點擊『立即安裝』。

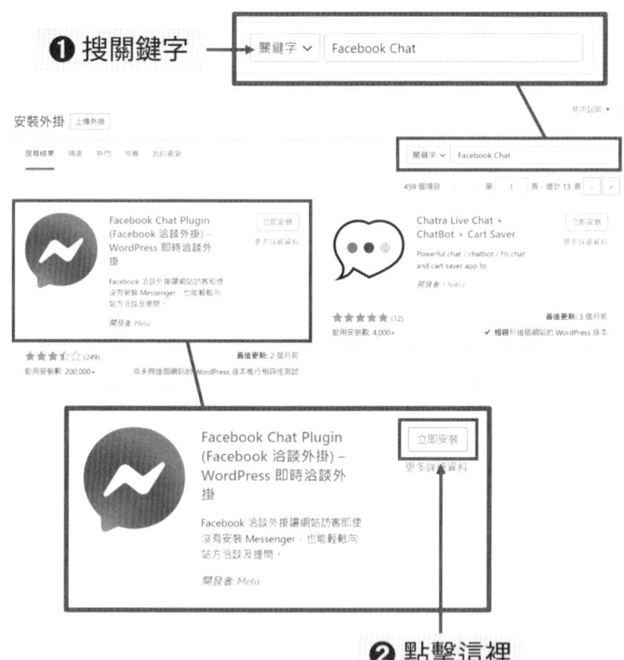

▲ 點擊『立即安裝』

3 安裝完畢後，點擊『啟用』。

▲ 點擊『啟用』

4 點擊左欄選單中的『設定』，再點擊『Facebook Chat』。

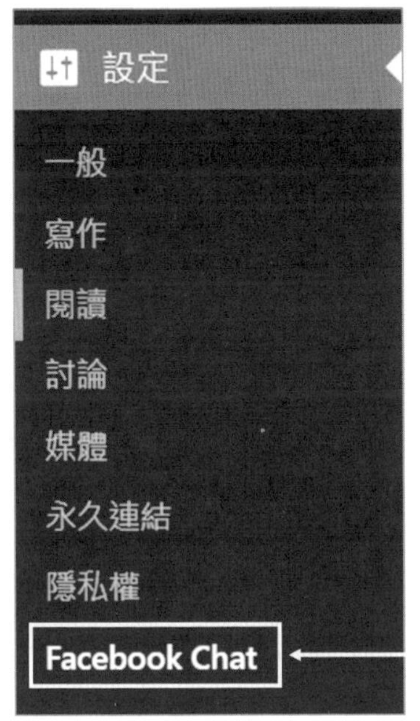

▲ 點擊『Facebook Chat』

5 在 Facebook Chat Plugin Settings 設定介面中，點擊『Setup Chat Plugin』。

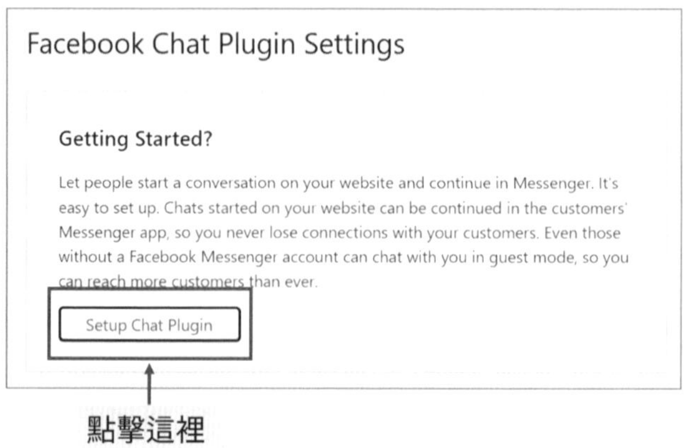

▲ 點擊『Setup Chat Plugin』

6 選擇粉絲頁後，再點擊『繼續』。

▲ 點擊『繼續』』

7 進入外掛說明頁面，點擊『下一步』。

▲ 點擊『下一步』

8 進入自動化設定，可將『離線時間』開啟，外掛程式會根據『在線上』與『離線』的設定，自動顯示狀態與呈現不同的問候語。

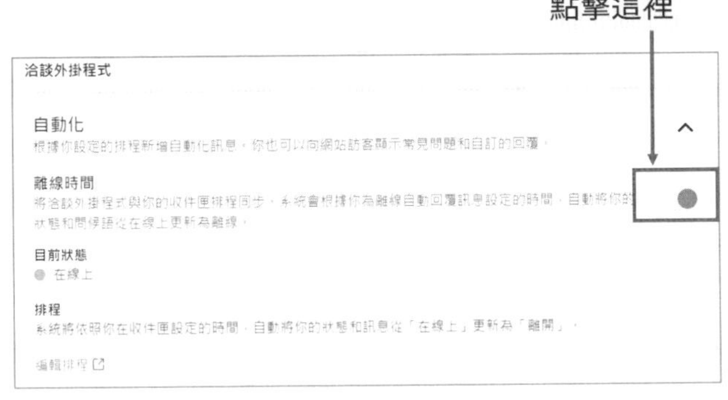

▲ 開啟『離線時間』

9 輸入問候語，可依照『在線上』與『離線』兩種不同的狀態，分別輸入對應的文字訊息。

▲ 輸入問候語

10 有做任何的設定時，右欄的預覽視窗都會立即顯示變更後的樣式，方便即時調整與修改。

▲ 預覽視窗

11 輸入歡迎訊息，一樣有可以分別針對『在線上』與『離線』狀態，提供不同的文字訊息。

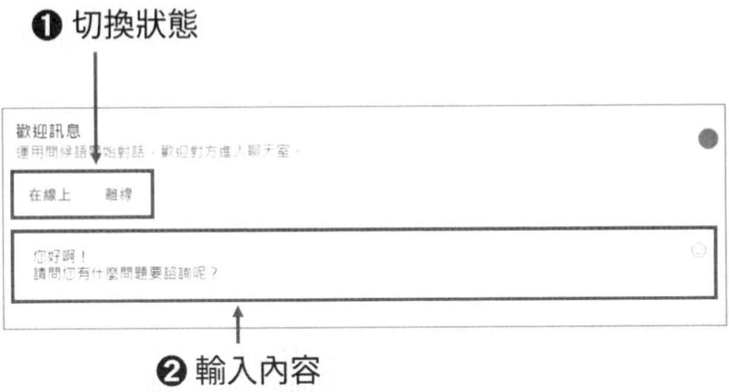

▲ 輸入歡迎訊息

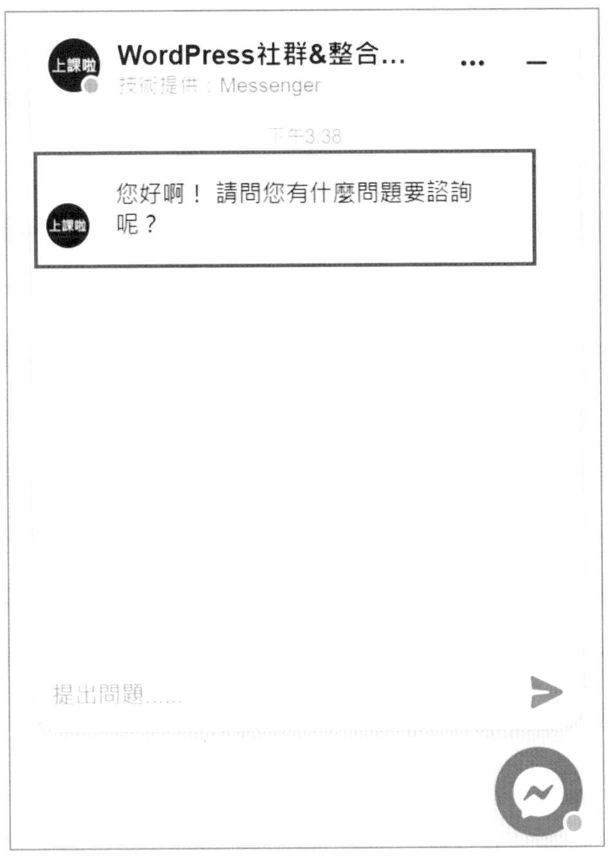

▲ 『歡迎訊息』的顯示位置

12 點擊『新增問題』，對於用戶經常詢問的問題，可以先建立自動回覆，讓用戶可快速取得答覆。

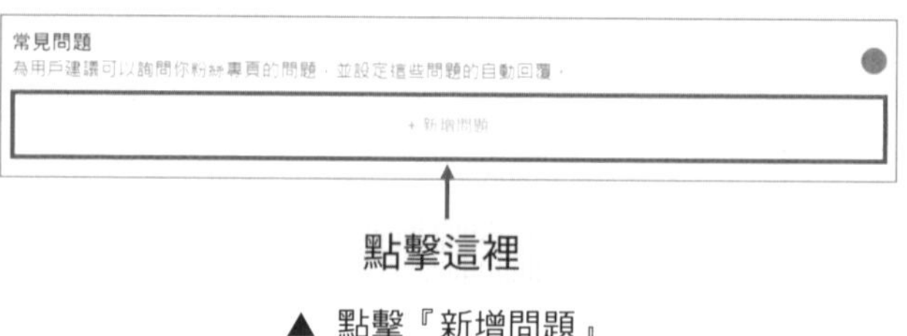

▲ 點擊『新增問題』

13 輸入問題與自動答覆的內容，若需要再輸入其他自動答覆的問題與內容，則可再次點擊『新增問題』。

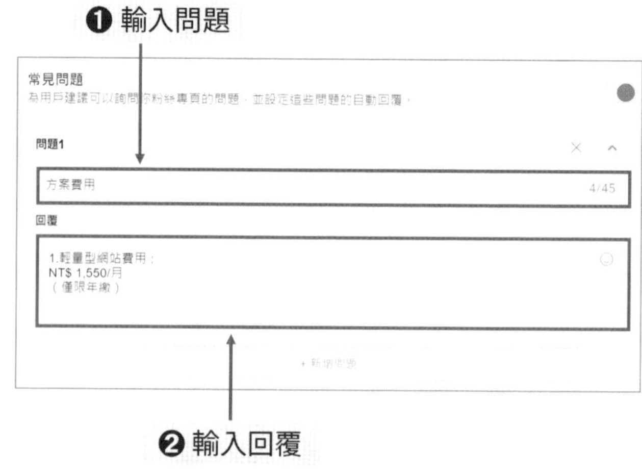

▲ 輸入問題與答覆內容

14 接著，再繼續設定外掛程式的色彩與風格。
在『語言』中，可將預設語言設置為『中文（台灣）』。

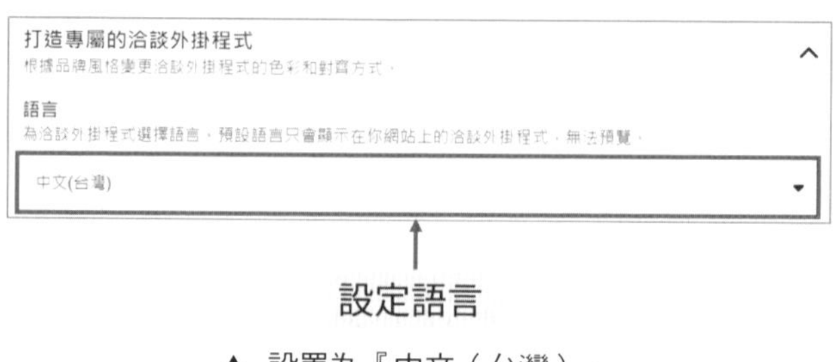

▲ 設置為『中文（台灣）』

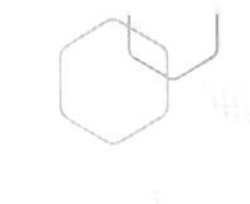

15 將『訪客洽談』功能開啟，讓用戶可以在不登入 Facebook 的情況下，使用 Messenger 對談。

▲ 開啟『訪客洽談』

16 變更 Messenger 圖標顯示的顏色，可以依照品牌風格選擇適合的顏色。

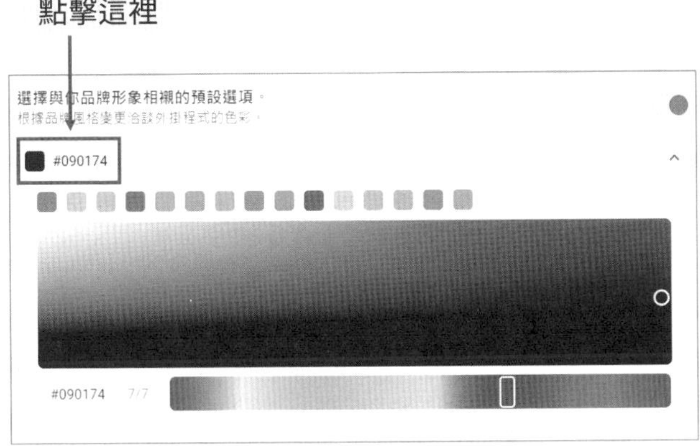

▲ 變更 Messenger 色彩

▲ 顯示的風格與顏色

⑰ 設定按鈕顯示外觀樣式與圖示風格。

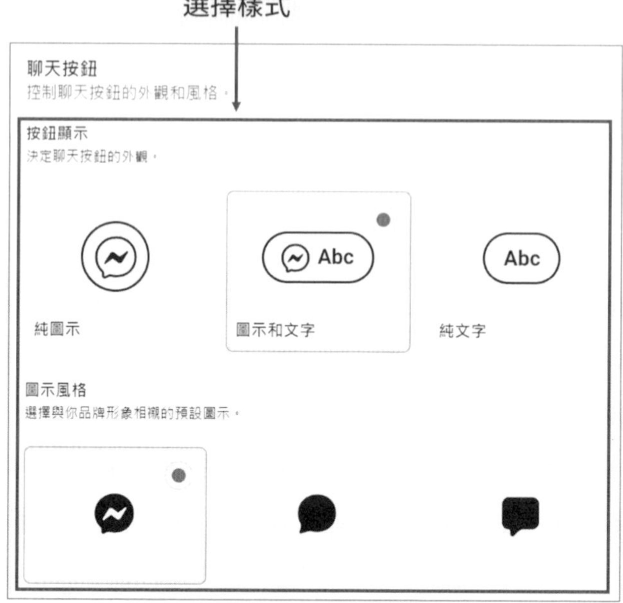

▲ 顯示按鈕樣式

⑱ 選擇所要顯示的聊天按鈕文字，有三個選項可供選擇。

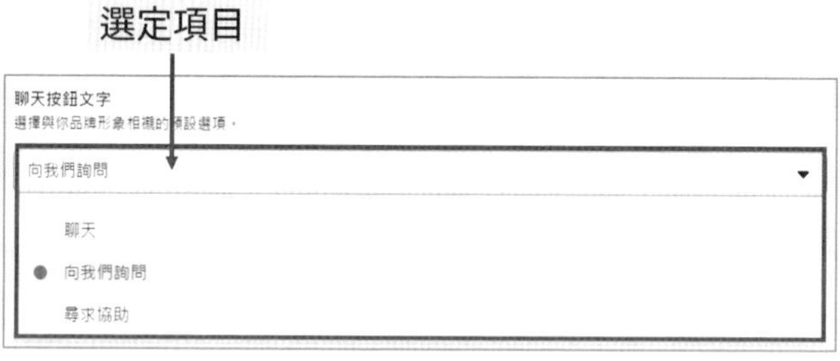

▲ 聊天按鈕文字

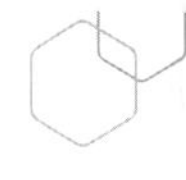

▲ 聊天按鈕文字顯示樣式

19 選擇顯示方式，也就是在網站上呈現的方式，是以按鈕呈現，或是連同對話視窗一起呈現，有 3 種呈現的形式。

若是希望用戶能多利用 Facebook Messenger 諮詢的話，可以選擇『洽談外掛程式視窗』，以顯著的方式呈現，但若是希望 Facebook Messenger 外掛程式不要過於干擾用戶瀏覽網頁時，則可以選擇以『按鈕』的方式顯示。

選定項目

顯示方式

洽談外掛程式視窗

按鈕

在桌上型電腦和行動裝置都僅顯示可開啟對話的按鈕。

按鈕和問候

洽談外掛程式視窗

在桌上型電腦裝置，會自動展開完整的洽談外掛程式視窗；在行動裝置，歡迎訊息會持續顯示。

▲ 選擇顯示方式

▲『按鈕』顯示方式

▲『按鈕和問候』顯示方式

▲『洽談外掛程式視窗』顯示方式

20 設定聊天按鈕大小與聊天視窗大小，可選擇『標準』或『精簡』2 種大小。

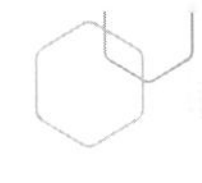

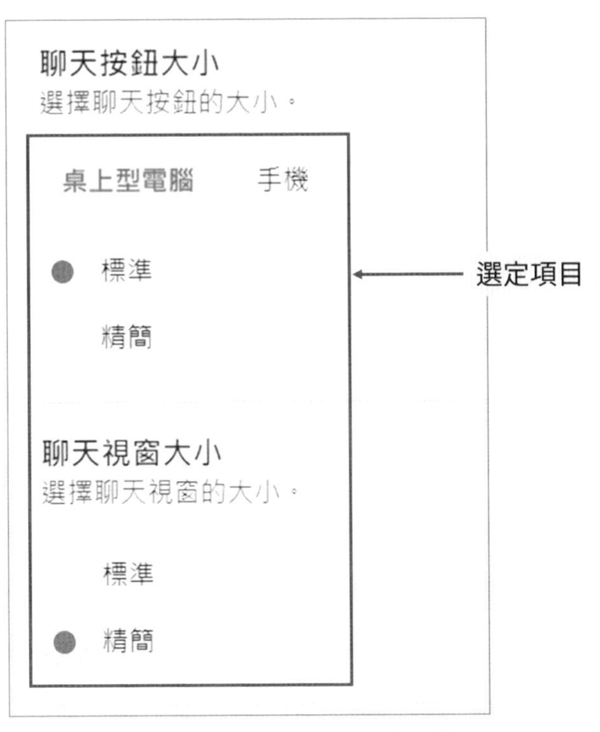

▲ 設定聊天按鈕與視窗大小

21 設定聊天按鈕在網站上的位置，選擇靠左或靠右。
另外，還有按鈕位置距離網頁底部的位置，桌面版與手機版可分別設定，以 PX 為單位，數值愈大，距離得愈遠。

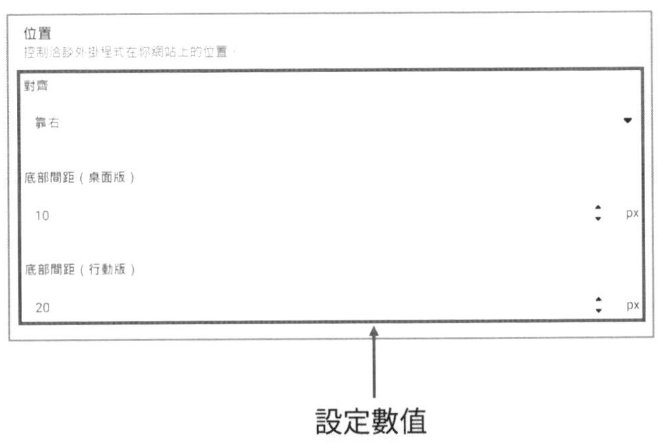

▲ 設定聊天按鈕位置

22 各項設定值都完成設定後，點擊『發佈』，儲存設定值。

▲ 點擊『發佈』

23 發佈之後，點擊 WordPress 管理後台左欄選單的『設定』，再點擊『Facebook Chat』。

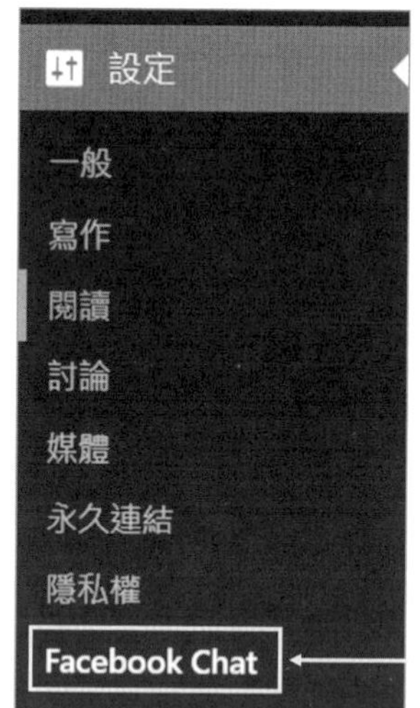

▲ 點擊『Facebook Chat』

24 回到 Facebook Chat Plugin Settings 的設定介面中，在『Setup status』區塊中，指定外掛程式要於網站的哪些頁面呈現，例如只在首頁呈現，那麼可以在『Deploy Chat plugin on』中選擇『Custom WordPress pages』，並將『Homepage』勾選起來。

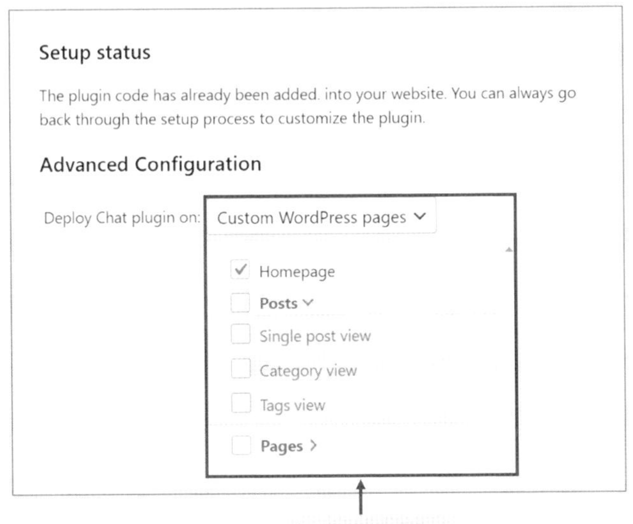

▲ 勾選『Homepage』

加入 Meta 廣告像素，內容再行銷

8-1 申請 Meta 廣告像素

❶ 在 Facebook 左欄選單中，點擊『廣告管理員』。

▲ 點擊『廣告管理員』

❷ 點擊所有工具捷徑，再點擊「事件管理工具」。

▲ 點擊『事件管理工具』

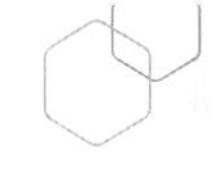

❸ 點擊『連結資料』。

▲ 點擊『連結資料』

❹ 由於是要與 WordPress 進行串連，因此在連結資料來源的選擇上，需選擇『網站』，再點擊『連結』。

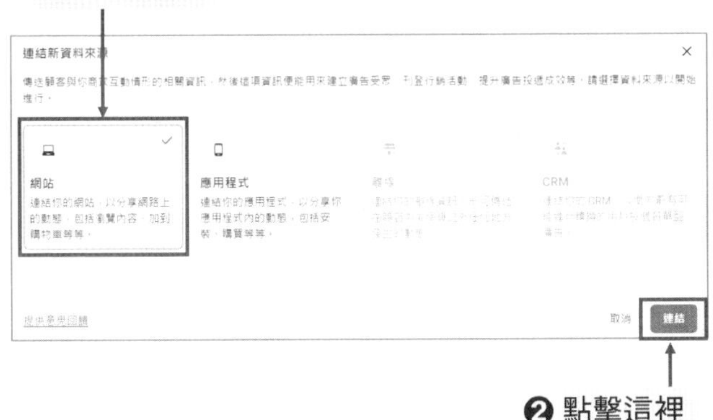

▲ 點擊『連結』

5 為像素名稱命名，可使用中英文、數字與符號命名。輸入完名稱後，點擊『建立像素』。

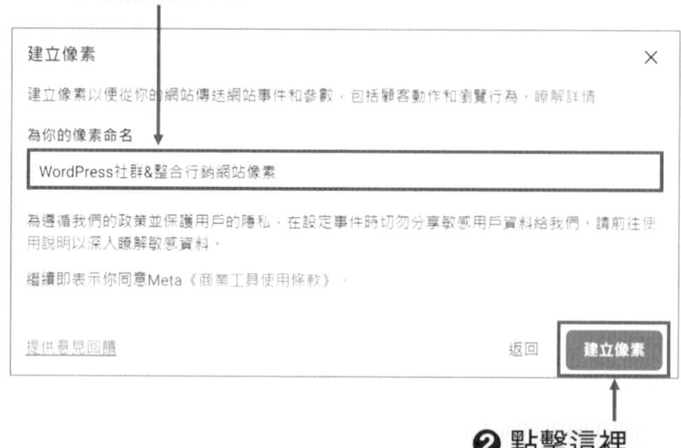

▲ 點擊『建立像素』

6 輸入網站的網址，點擊『檢查』，接著再點擊『繼續』。

▲ 點擊『檢查』

7 選擇『轉換 API 和 Meta 像素』，點擊『繼續』。

▲ 選擇『轉換 API 和 Meta 像素』

重點指引

使用『轉換 API 和 Meta 像素』，和『僅使用 Meta 像素』有什麼不同？

Meta 像素是透過瀏覽器來追蹤與取得資料，但容易受到載入錯誤、連線問題、以及廣告封鎖程式的影響，使得廣告投遞變得不太精準。

而轉換 API 則可以避免這個問題產生，當用戶點擊廣告時，會產生一組獨有的 ID，伺服器會透過 ID 來追蹤用戶的行為，如加入購物車、購買 ... 等行為，並將這些追蹤記錄傳遞給 Facebook，藉以優化投遞的精準度與轉換率。

因此，若是選擇『轉換 API 和 Meta 像素』，將 Meta 像素搭配轉換 API 來使用的話，則可以達到更好的廣告成效。

8. 點擊『透過合作夥伴整合工具設定』，這是連結到使用第三方架站程式的系統上，如 WordPress、Shopify，並使用外掛設定 Meta 像素，而毋須修改網站的任何程式碼。

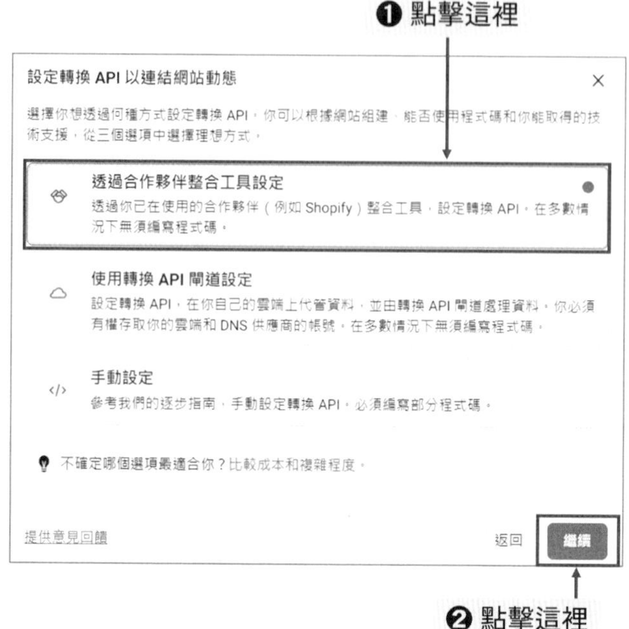

▲ 點擊『透過合作夥伴整合工具設定』

9. 在清單中選擇『WordPress』。

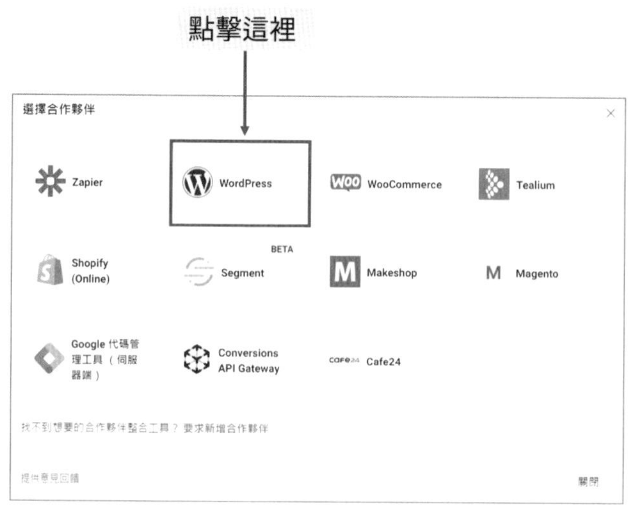

▲ 選擇『WordPress』

10 目前在 Facebook 上，並沒有任何可支援 WordPress 的外掛程式可供下載安裝，必須再回到 WordPress 管理後台中，另外安裝外掛程式。

在『將你的 WordPress 帳號連結到 Meta』當中，雖然沒有可供下載的外掛檔案，但是在項目 2 的說明：『點擊 Choose File（選擇檔案），並選擇 facebook-pixel-for-wordpress 3691208901105550.zip』，顯示了檔案名稱，檔案名稱中的數字部分，就是像素號碼，必須先將像素號碼複製起來，再點擊『繼續』。

▲ 點擊『繼續』

11 在『將你的 WordPress 帳號連結到 Meta』，也是點擊『繼續』。

▲ 點擊『繼續』

⓬ 回到 WordPress 管理後台，在左欄選單中，點擊『安裝外掛』。

▲ 點擊『安裝外掛』

⓭ 在關鍵字欄位中，搜尋『Pixel Cat』，找到『Pixel Cat – Conversion Pixel Manager』外掛後，點擊『立即安裝』。

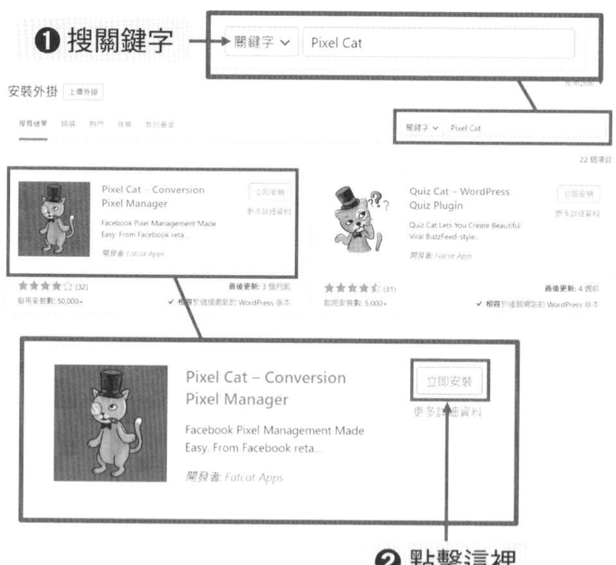

▲ 安裝『Pixel Cat – Conversion Pixel Manager』

14 安裝完畢後，再點擊『啟用』。

▲ 點擊『啟用』

15 在左欄選單中，點擊『Pixel Cat』。

▲ 點擊『Pixel Cat』

16 進入 Pixel Cat 設定介面，點擊『Add Pixel』。

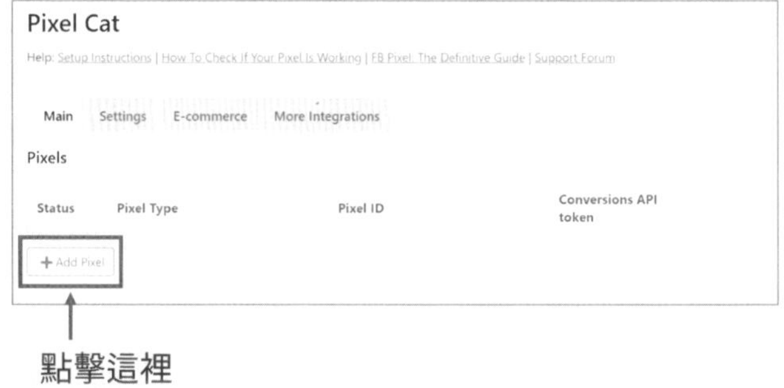

▲ 點擊『Add Pixel』

17 在『Type of pixel』中，選擇『Facebook Pixel』，而在『Pixel ID』欄位中，輸入像素號碼，再點擊『Add』。
值得注意的，雖然在『Type of pixel』選單中，有『Conversions API』，但必須先完成像素的設定後，才能使用轉換 API。

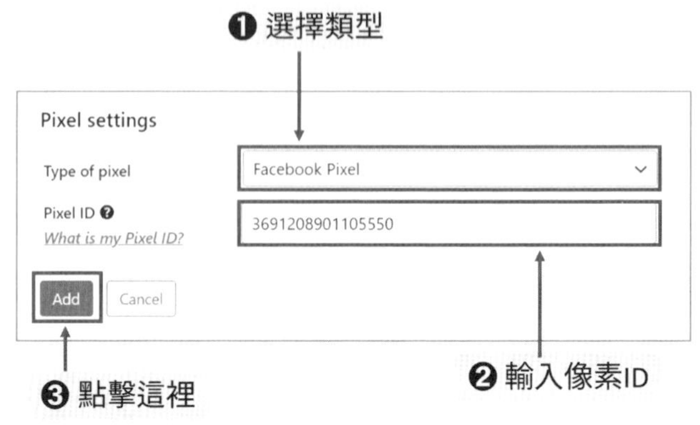

▲ 點擊『Add』

18 新增像素成功，點擊『Save』，儲存設定。

▲ 點擊『Save』

19 回到 Facebook 中，需要檢測像素是否正常運作，因此需要輸入網址，再點擊『傳送測試流量』。

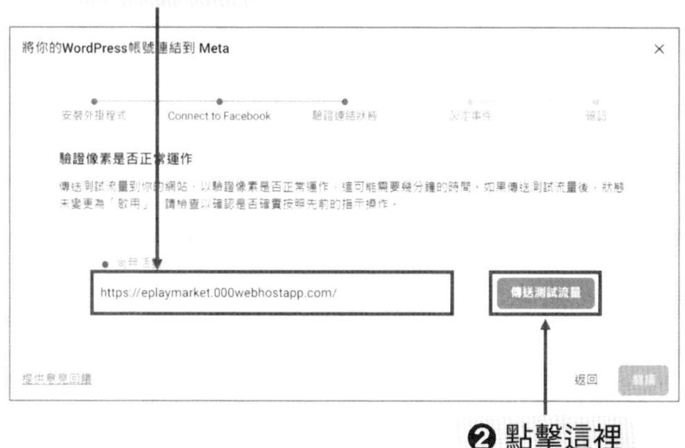

▲ 點擊『傳送測試流量』

20 檢測到像素之後，會出現『使用中』的綠色燈號狀態，再點擊『繼續』。

▲ 點擊『繼續』

21 現在，要開始新增事件，因此需要輸入網站網址，再點擊『開啟網站』。

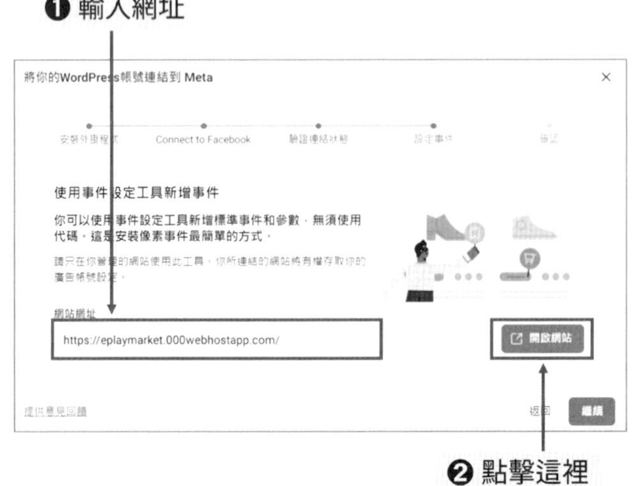

▲ 點擊『開啟網站』

22 已經成功連結網站，點擊『繼續』。

▲ 點擊『繼續』

23 設定完成，點擊『在事件管理工具測試事件』。

▲ 點擊『在事件管理工具測試事件』

24 新開啟的頁面會連結到資料來源設定頁面中，這裡會列出像素的成效數據報表。

而後，每一次要設定新的事件時，可以點擊『設定』標籤，找到『事件設定』區塊，點擊『開啟事件設定工具』。

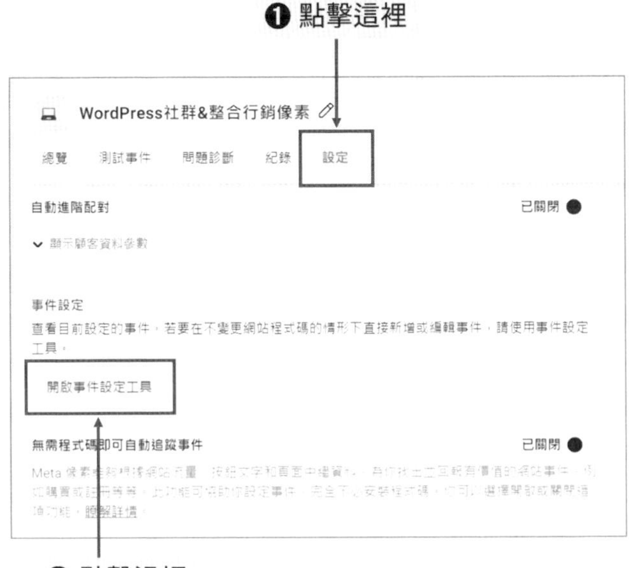

▲ 點擊『開啟事件設定工具』

25 輸入網站網址，點擊『開啟網站』。

▲ 點擊『開啟網站』

26 事件設定工具有兩種追蹤事件方式，一個是『追蹤新按鈕』，另一個則是『追蹤網址』。

以首頁為例，若要追蹤首頁的行動呼籲按鈕是否帶來成效，可以選擇點擊『追蹤新按鈕』。

▲ 點擊『追蹤新按鈕』

㉗ 這時頁面上的按鈕會出現藍色框，代表可以點擊並設定。點擊所要追蹤的按鈕。

▲ 點擊要追蹤的按鈕

㉘ 選擇想要追蹤的事件類型，再點擊『確認』。

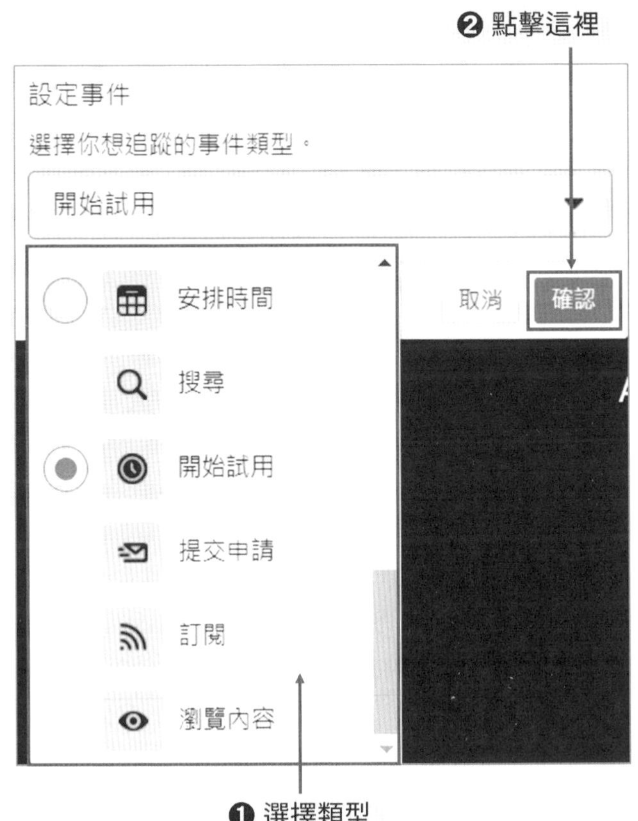

▲ 選擇事件類型

29 事件新增完成。

另外，也可以連結至其他想要設定的頁面，除了一樣可以用『追蹤新按鈕』的方式來設定，還可以用『追蹤網址』的方式來進行事件設定。

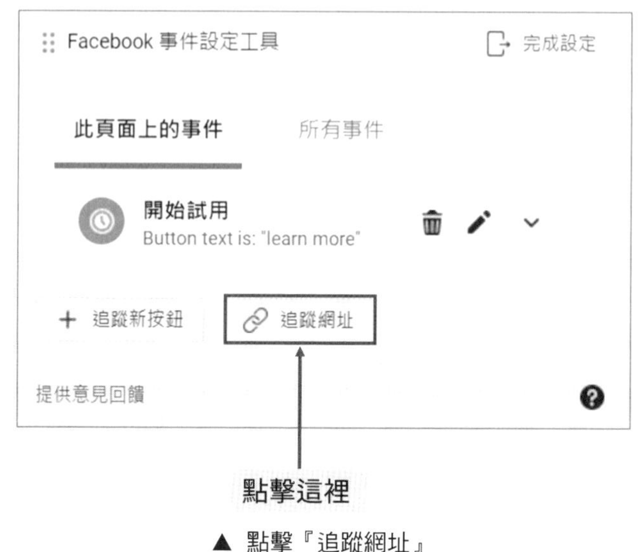

▲ 點擊『追蹤網址』

30 選擇想要追蹤的事件類型，如『瀏覽內容』。

在『追蹤完整網址或部分網址』中，其欄位值所代表的含意為：

(1) 網址等於：頁面完整的網址，必須相符才能進行追蹤。

(2) 網址包含：只要網址中出現相符的關鍵字，即可進行追蹤。

並設定是否要包含消費金額，計算出頁面價值。

設定好之後，點擊『確認』。

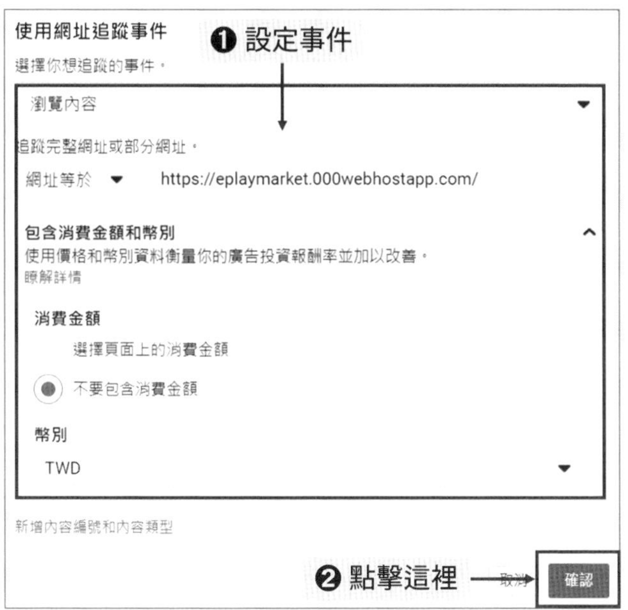

▲ 設定追蹤事件類型

31 新增頁面事件成功。

設定好的事件，會出現綠色燈號，代表已經串連成功。

若都已完成事件設定，最後再點擊『完成設定』。

▲ 點擊『完成設定』

32 點擊『完成』。

▲ 點擊『完成』

33 重新回到事件管理工具設定後台，點擊『資料來源』。

▲ 點擊『資料來源』

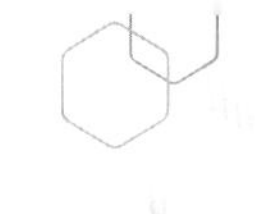

34 在這裡，便可以瀏覽所有透過 Meta 像素、和轉換 API 接收的網站事件數據資料了。

▲ 瀏覽事件數據資料

35 另外，再次點擊『設定』標籤，找到『自動進階配對』、『無需程式碼即可自動追蹤事件』兩個區塊，將設定值開啟。

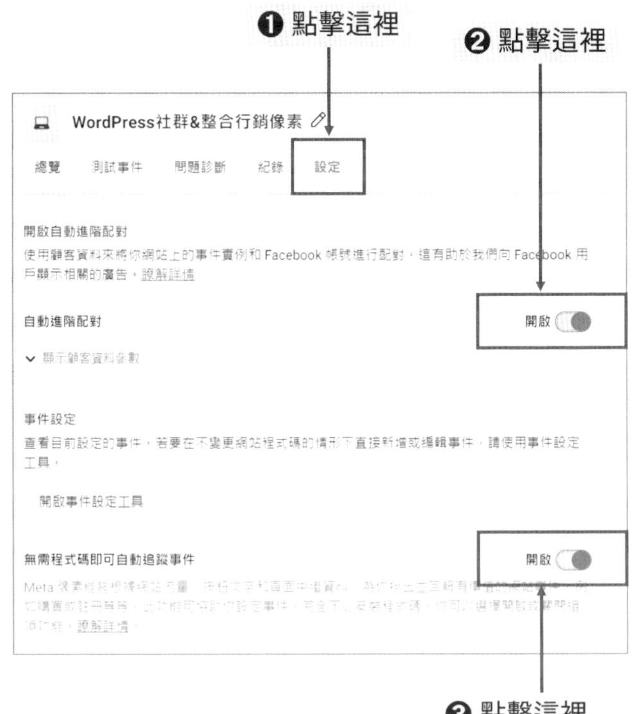

▲ 開啟設定值

8-2 設置轉換 API

❶ 一樣在 Facebook 事件管理工具的設定後台中，點擊左欄選單的『資料來源』。

▲ 點擊『資料來源』

❷ 選定像素後，點擊『設定』標籤。找到『手動設定』區塊後，點擊『立即開始』。

▲ 點擊『立即開始』

3. 一開始設定時，會出現轉換 API 的介紹與說明，連續點擊 2 次『下一步』後，再點擊『設定』。

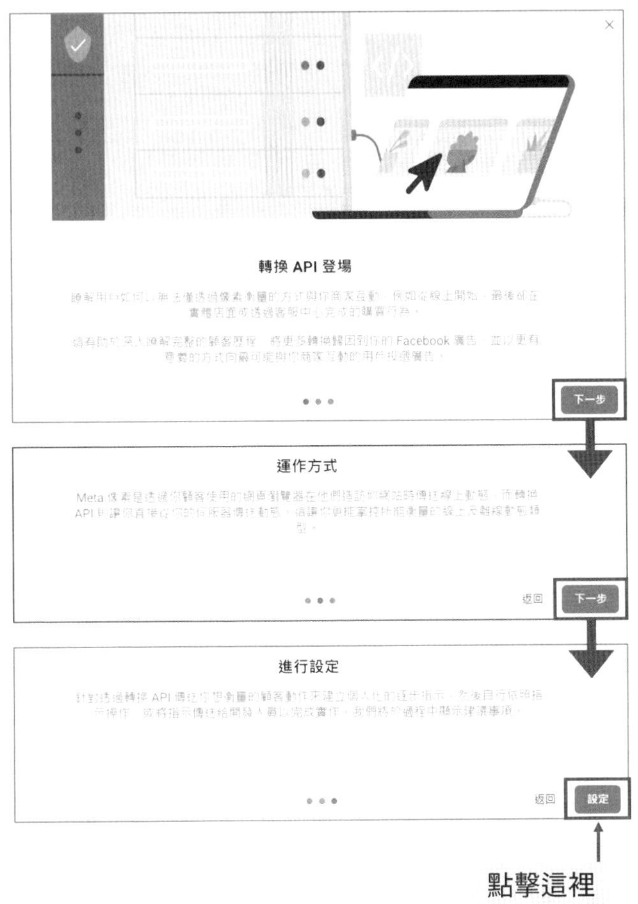

▲ 點擊『下一步』

❹ 開始進入轉換 API 的設定步驟中，點擊『繼續』。

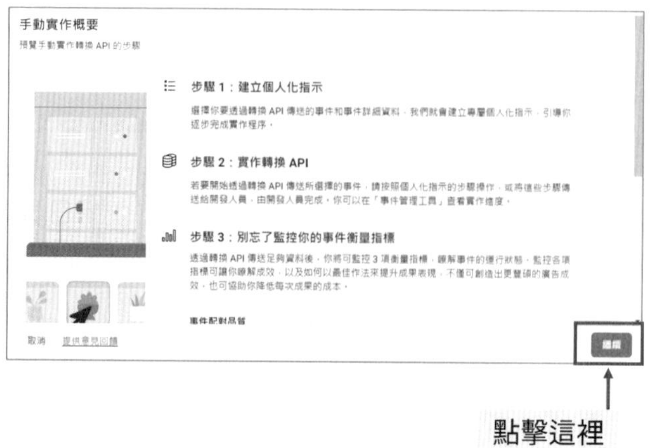

▲ 點擊『繼續』

❺ 選擇事件類別，不同的事件類別，所對應的衡量指標也有所不同。

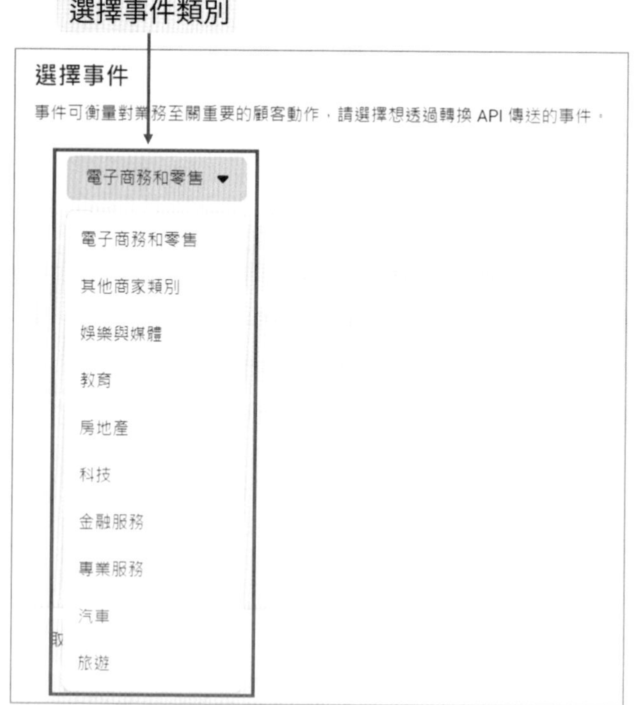

▲ 選擇事件類別

6 選擇所要追蹤的轉換 API 業務指標，如『加入購物車』，接著再點擊『繼續』。

▲ 選擇轉換 API 指標

7 勾選事件詳情參數，該參數會和事件一起傳送。

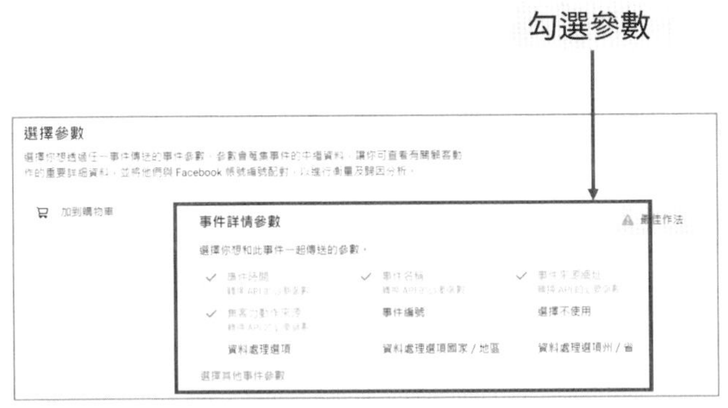

▲ 勾選事件詳情參數

8 除了預設的參數以外，也可以點擊『選擇其他事件參數』，進一步勾選所需傳送的參數資料。
勾選好之後，再點擊『新增』。

事件時間
轉換 API 的必要參數
集客力動作來源
轉換 API 的必要參數
資料處理選項
選擇其他事件參數
❶ 點擊這裡

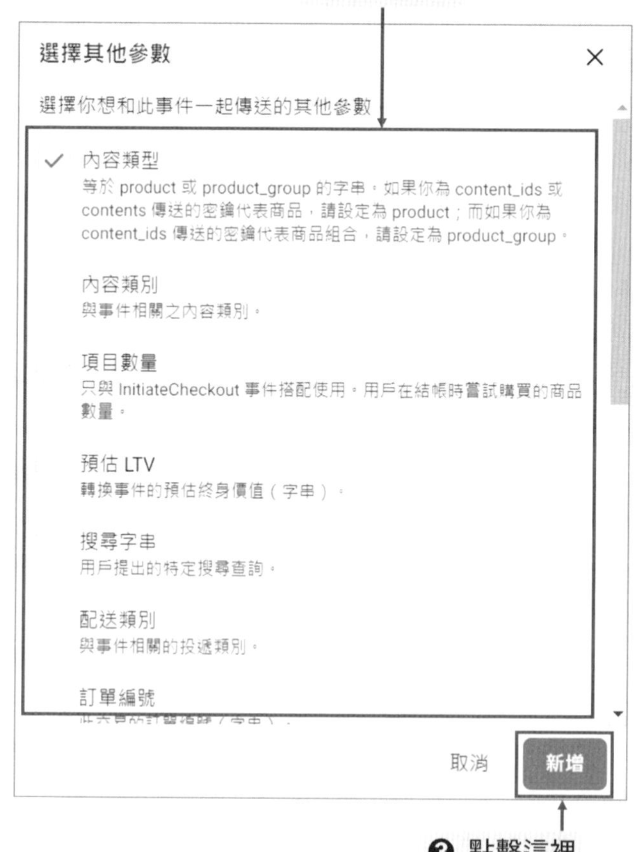
❷ 勾選參數
選擇其他參數
選擇你想和此事件一起傳送的其他參數
內容類型
等於 product 或 product_group 的字串。如果你為 content_ids 或 contents 傳送的密鑰代表商品，請設定為 product；而如果你為 content_ids 傳送的密鑰代表商品組合，請設定為 product_group。
內容類別
與事件相關之內容類別。
項目數量
只與 InitiateCheckout 事件搭配使用。用戶在結帳時嘗試購買的商品數量。
預估 LTV
轉換事件的預估終身價值（字串）。
搜尋字串
用戶提出的特定搜尋查詢。
配送類別
與事件相關的投遞類別。
訂單編號
取消
新增
❸ 點擊這裡

▲ 點擊『選擇其他事件參數』

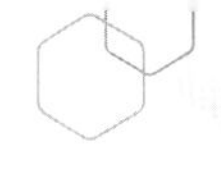

❾ 接著，勾選『顧客資料參數』，所勾選的顧客資料參數會與 Facebook 進行配對與歸因廣告成效，有助於向更精確的用戶投放廣告。

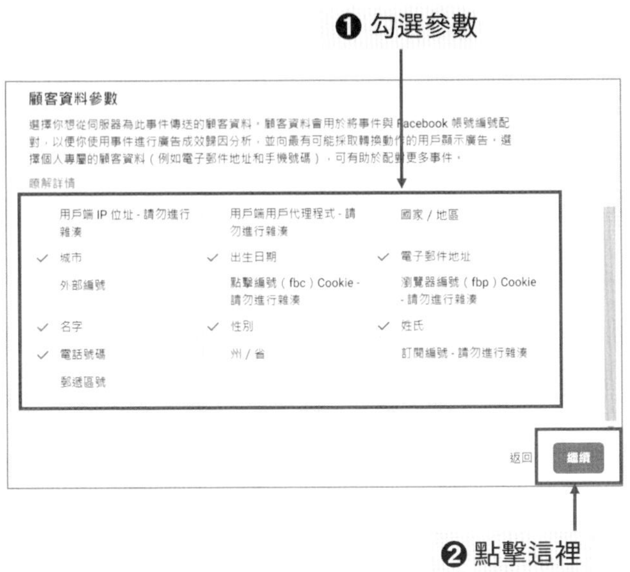

▲ 勾選『顧客資料參數』

❿ 檢查所要傳送的事件與參數設定，確認無誤後，點擊『繼續』。

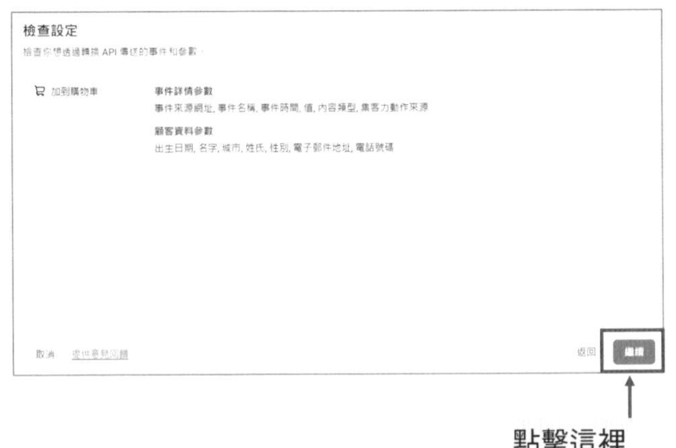

▲ 檢查設定

⓫ 進入『查看指示』步驟，點擊『完成』。

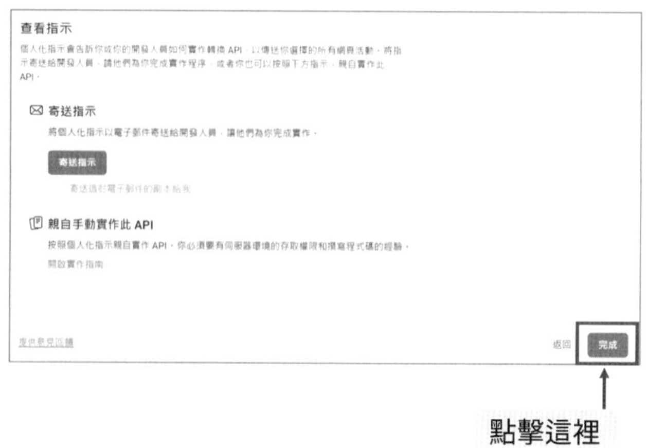

▲ 點擊『完成』

⓬ 接著，回到手動設定區塊底下，點擊『產生存取權杖』。

▲ 點擊『產生存取權杖』

⓭ 將存取權杖參數複製起來。

▲ 複製存取權杖參數

⓮ 回到 WordPress 管理後台的 Pixel Cat 設定介面中，點擊之前所設定的像素。

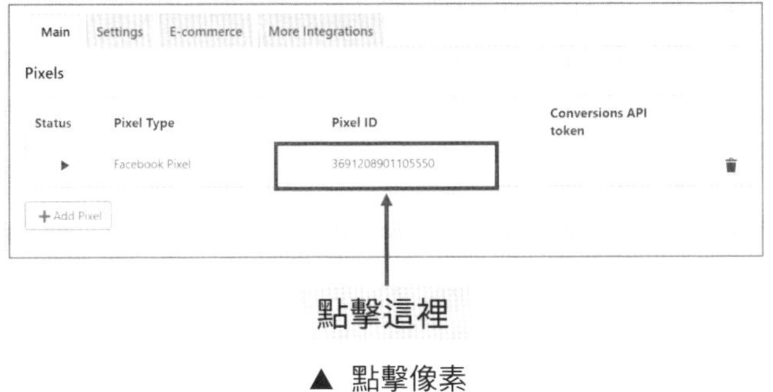

▲ 點擊像素

⓯ 將 Type of pixel 像素類型改選為『Conversions API』，並將存取權杖資料貼入『Conversions API Token』欄位中。

▲ 貼入存取權杖資料

⑯ 接著，再回到 Facebook 的事件管理平台設定介面中，點擊『測試事件』標籤。

在『測試伺服器事件』區塊中，有一組測試代碼，將代碼複製起來。

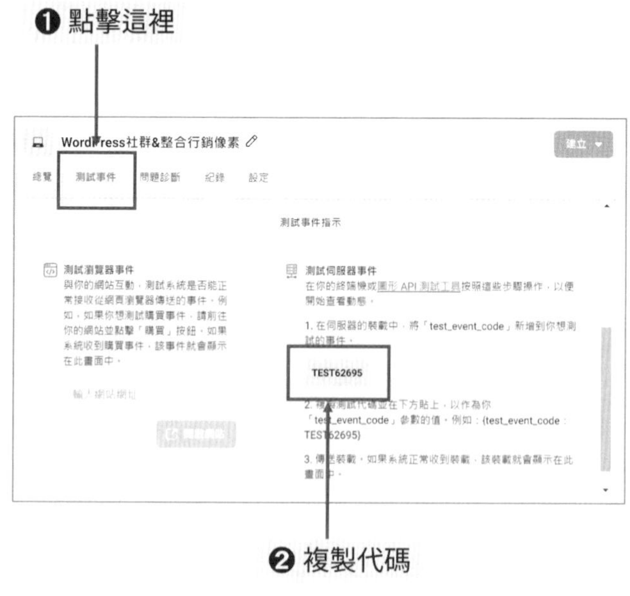

▲ 複製測試代碼

17 回 WordPress 的 Pixel Cat 設定介面中，將測試代碼貼入『Test Code』欄位中。完成後，點擊下方『Add』。

▲ 貼入測試代碼

18 點擊『Save』，儲存所變更的設定。

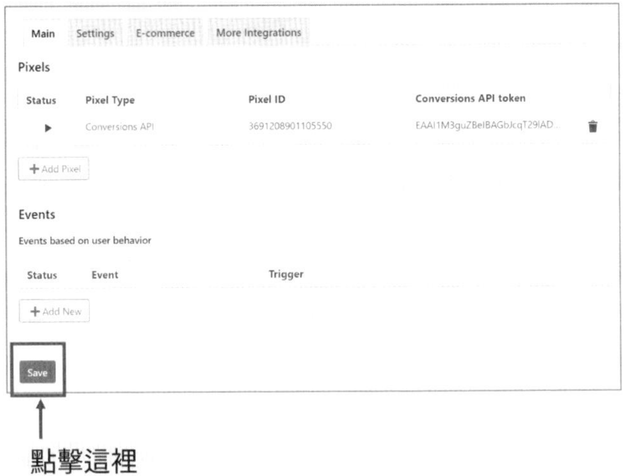

▲ 『Save』

19 要測試是否能接收轉換 API 的參數資料，可以再回到 Facebook 的『測試事件』介面中，在測試瀏覽器事件區塊中，將網站網址輸入，再點擊『開啟網站』。

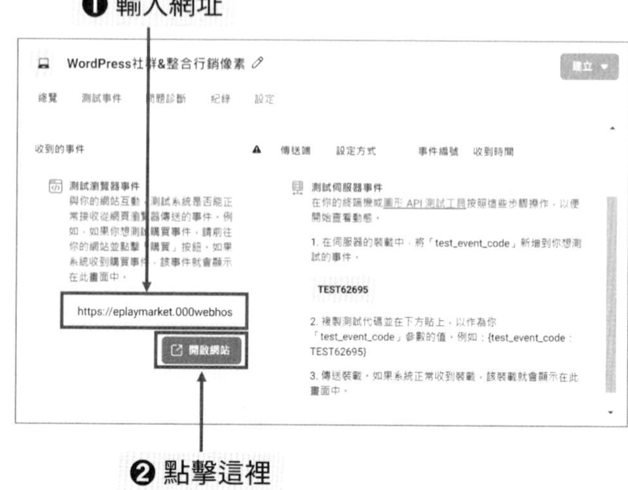

▲ 點擊『開啟網站』

20 進入網站後，就可以模擬用戶的行為，例如將商品加入購物車、瀏覽資料內容、購買…等等。

如果 Facebook 端有接受到資料的話，就代表設置無誤了。

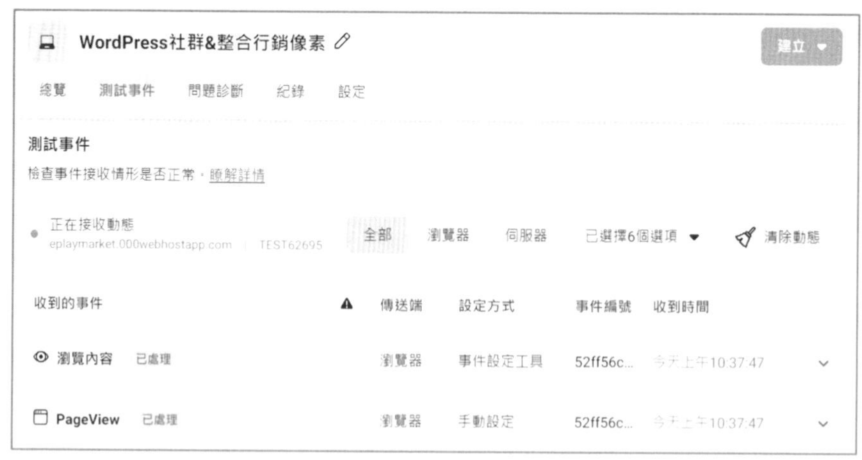

▲ 測試事件所接收到的資料

主題三

串連 Google 技術，帶來自然流量

Google Analytics，分析數據提升網站流量

從 2023 年 7 月 1 日開始，標準通用版 Google Analytics（GA3）會全面停止數據蒐集，而 Google Analytics 現行所推出的 GA4，則會提供跨裝置的數據收集，無論是網站、Android 或 iOS 應用程式的數據，都可以共同整合在 GA4 上。

而對 WordPress 來說，由於有響應式網頁設計的技術，搭配著網站的基礎架構，網站本身可以根據使用者所使用的裝置，來呈現適合設備的顯現樣貌，因此流量來源更為多元，尤其來自手機、平板瀏覽網站的用戶也愈來愈多，因此與 GA4 整合的話，更能精準地分析用戶在網站和行動裝置中的行為，提升轉化率。

9-1 如何將 WordPress 網站整合 Google Analytics

❶ 若是沒有 Google Analytics 帳號，可以先至 https://analytics.google.com/analytics/web/provision/?pli=1#/provision 申請，點擊『開始測量』。

▲ 點擊『開始測量』』

▲ 掃描 QrCode，申請 Google Analytics 帳號

❷ 填寫『帳戶名稱』，可使用中英文、數字、符號來命名。

▲ 填寫『帳戶名稱』

❸ 勾選『帳戶資料共用設定』項目，點擊『下一個』。

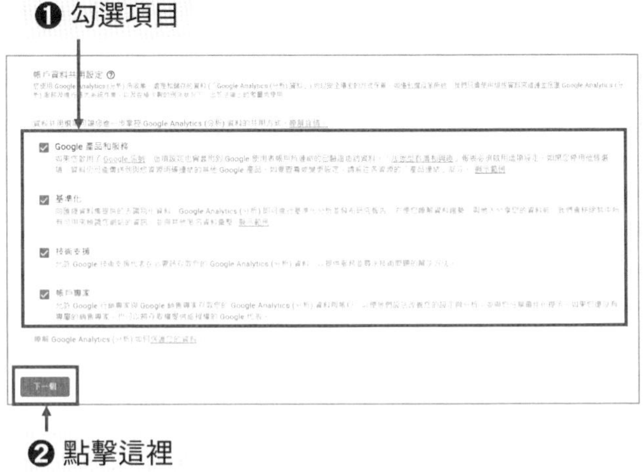

▲ 點擊『下一個』

4 進行資源設定，建立『資源名稱』，設定報表時區，以及計算價值所用的貨幣單位。

所謂的『資源』是指 Google Analytics 會根據網站、或手機應用程式…等來蒐集數據資料、製作成報表，而資源就是用來存放這些報表的地方，例如公司擁有兩個網站，就可以分別為網站建立兩項資源，追蹤不同網站的流量與成效，一個 Google Analytics 帳號最多可以建立 100 項資源。

完成資源的命名後，點擊『顯示進階選項』。

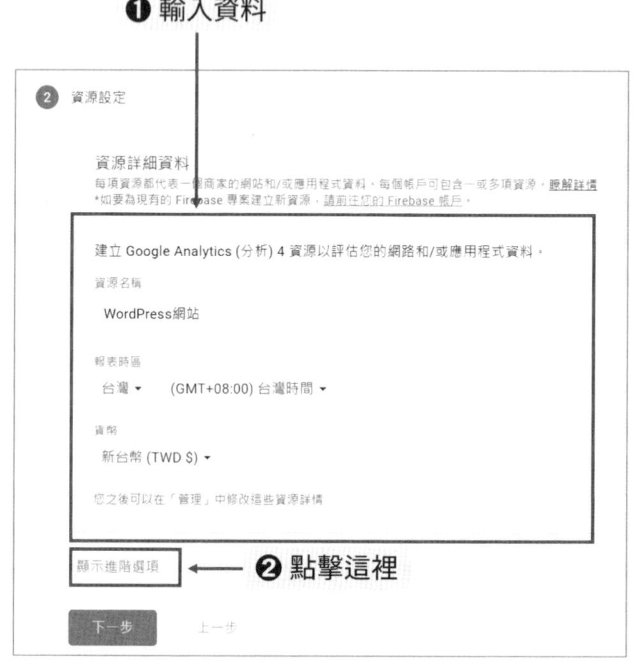

▲ 建立『資源名稱』

5 將『建立通用 Analytics (分析) 資源』開啟，並輸入網站網址，網址不需要輸入 https:// 或 http://。

這樣可以同時建立 GA3 和新版 GA4 的兩種資源。

同時，『為 Google Analytics (分析) 4 資源啟用加強型評估』也要勾選起來，再點擊『下一步』。

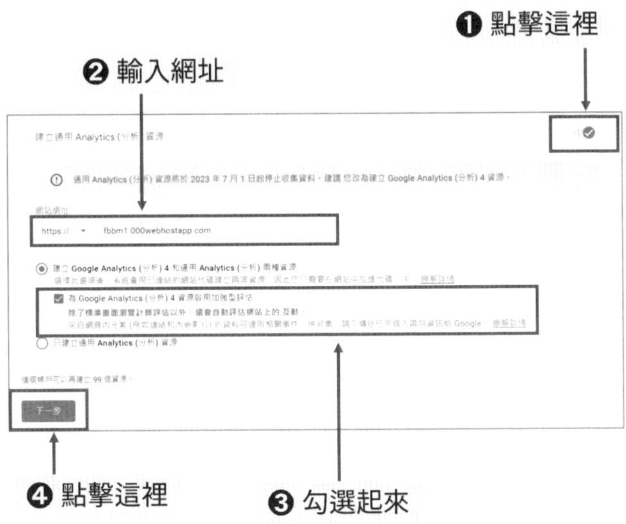

▲ 開啟『建立通用 Analytics (分析) 資源』

❻ 填寫商家資訊，依據實際情況回答問題選項，再點擊『建立』。

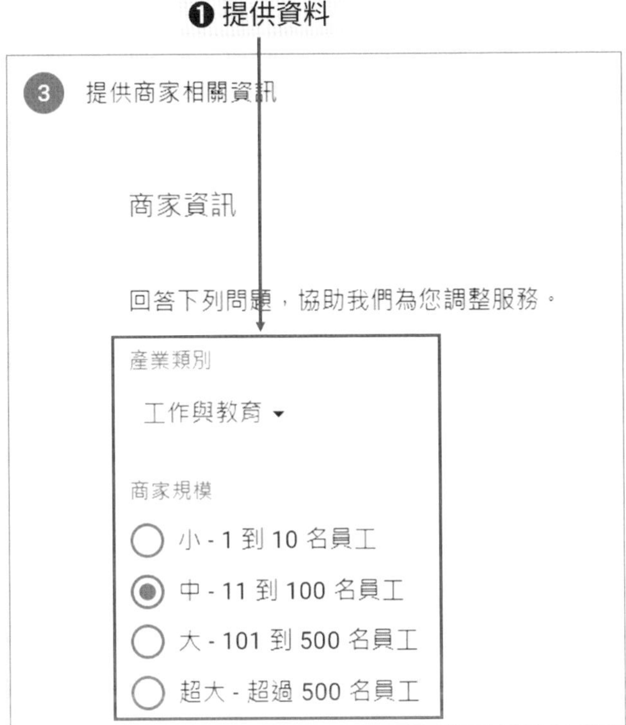

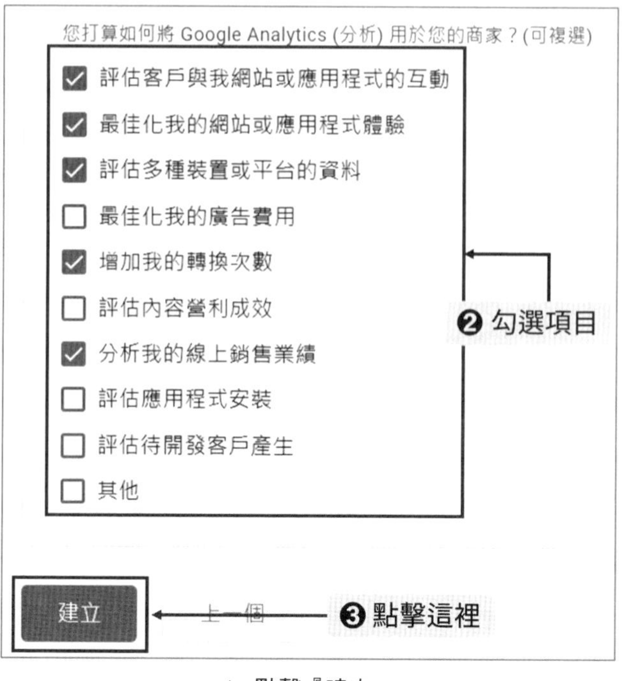

▲ 點擊『建立』

❼ 同意接受『Google Analytics (分析) 服務條款合約』，總共有兩項合約，都需要勾選起來，再點擊『我接受』。

▲ 點擊『我接受』

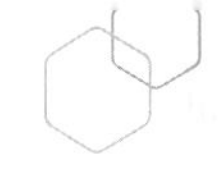

8 取得『評估 ID』與『串流 ID』後，就代表已經申請成功。

▲ 評估 ID

重點指引

1. 若要加入其他的應用程式或分站，一併作為流量統計的來源，可以點擊『新增串流』。

▲ 點擊『新增串流』

2. 選擇要設定的平台類型，點擊『網站』。

▲ 點擊『網站』

3. 輸入網站網址，網址不需要輸入 https:// 或 http:// ，並輸入串流名稱，點擊『建立串流』，就一樣可以取得另一組新的串流 ID 了。

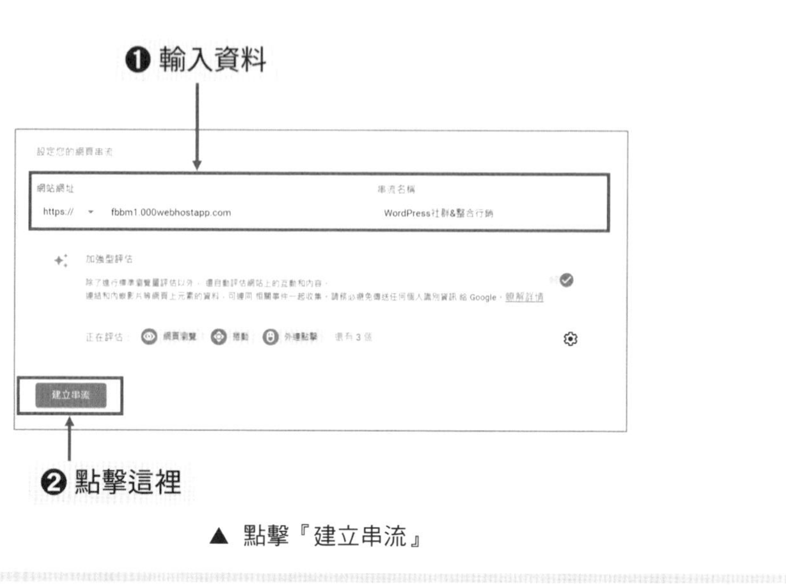

▲ 點擊『建立串流』

9 點擊 Google Analytics 左欄選單的『管理』。

▲ 點擊『管理』

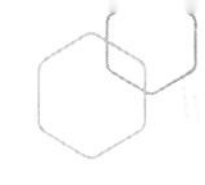

10 找到『資源』區塊，選定GA3的資源（ID為UA-開頭），再點擊『Google Analytics (分析) 4 設定輔助程式』。

▲ 點擊『Google Analytics (分析) 4 設定輔助程式』

11 在『我想連結現有 Google Analytics (分析)4 資源』區塊中，選定 GA4 的資源名稱，再點擊『連結資源』。

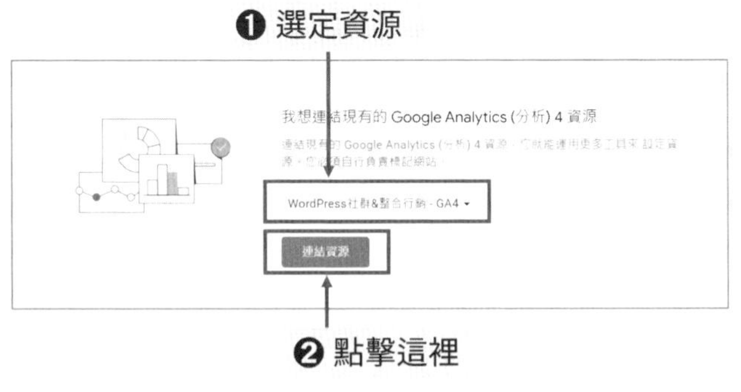

▲ 點擊『連結資源』

12 回到 WordPress 管理後台中，點擊左欄選單的『外掛』，再點擊『安裝外掛』。

▲ 點擊『安裝外掛』

13 在關鍵字欄位輸入『Analytics Insights』，找到『Analytics Insights for Google Analytics 4』外掛後，點擊『立即安裝』，並啟用該外掛。Google Analytics 的外掛程式，若需要使用到進階的功能，大多需要再額外付費，不過『Analytics Insights for Google Analytics 4』無論是使用其基礎或進階功能，全部都是免費的。

▲ 安裝『Analytics Insights for Google Analytics 4』外掛

14 點擊 WordPress 管理後台左欄選單的『Analytics Insights』，再點擊『一般設定』。

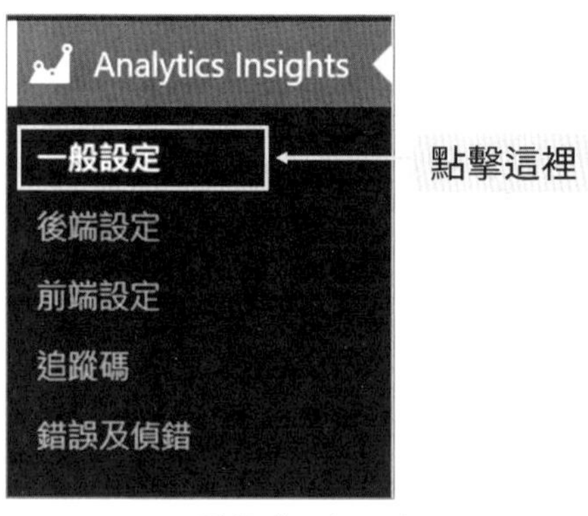

▲ 點擊『一般設定』

15 進行外掛授權，『開發者模式』不需要勾選，點擊『授權外掛』。

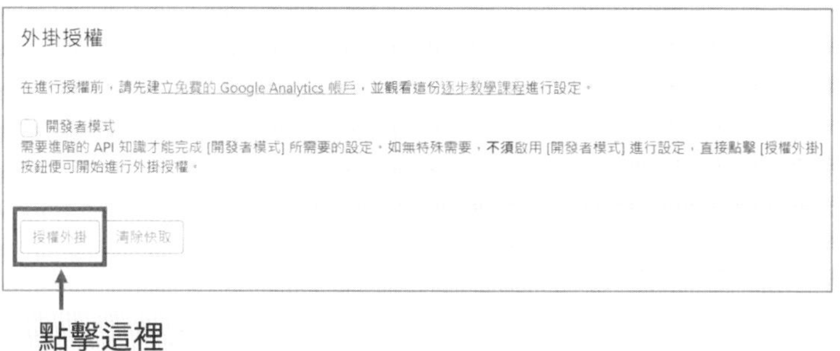

▲ 點擊『授權外掛』

16 點擊 Google Analytics 所使用的 Google 帳戶，進行授權。

▲ 點擊『Google 帳戶』

17 點擊『繼續』，同意授權給 Analytics Insights 外掛程式。

使用 Google 帳戶登入
deconf
「Analytics Insights」要求存取您的 Google 帳戶
accupass107@gmail.com
如果授予這項存取權，「Analytics Insights」將可執行以下操作
查看及下載您的 Google Analytics (分析) 資料。
瞭解詳情
確認「Analytics Insights」是您信任的應用程式
這麼做可能會將機密資訊提供給這個網站或應用程式。
您隨時可以前往 Google 帳戶頁面查看或移除存取權。
瞭解 Google 如何協助您安全地分享資料。
詳情請參閱「Analytics Insights」的《隱私權政策》和《服務條款》。
取消
繼續
點擊這裡

▲ 點擊『繼續』

18 授權成功後，外掛會自動抓取評估 ID，頁面再度跳轉回『Analytics Insights』的一般設定介面中，並顯示 GA3 通用分析與 GA4 分析的串流名稱、評估 ID、串流網址等資料，確認資料無誤後，將『使用 Google Analytics 4 的資料產生報告及統計資料』啟用，並點擊『儲存設定』。

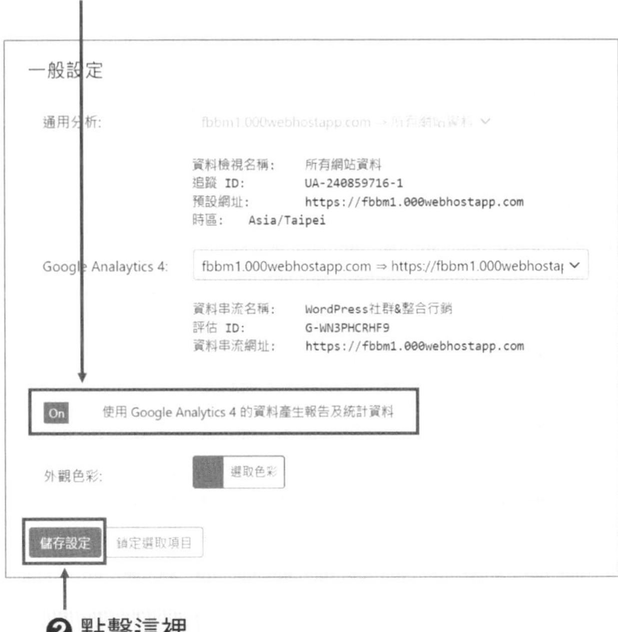

▲ 點擊『儲存設定』

⓳ 點擊 WordPress 管理後台左欄選單的『Analytics Insights』，再點擊『追蹤碼』。

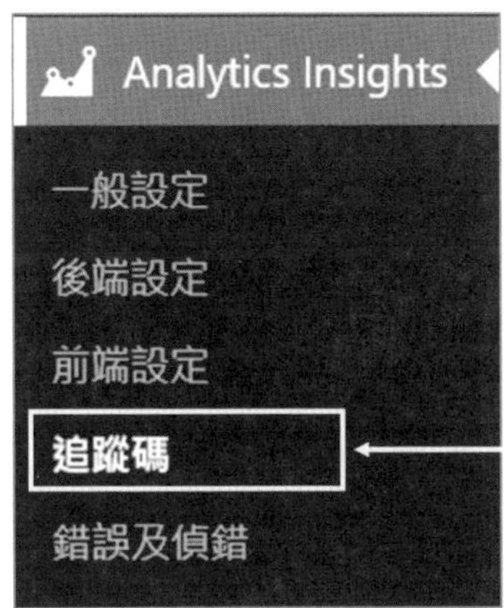

▲ 點擊『追蹤碼』

20 在『基本設定』中， 在授權成功後，就已經自動設定好了，不需要再另外設定，只要選擇『追蹤類型』為『雙重追蹤』即可，GA3 和 GA4 同時使用。

而關於追蹤碼放置的位置，依據 Google 官方的建議，將它放在 <head> 區段間，可以獲得最佳的追蹤準確度，因此維持預設值：『HTML Head 標籤』就可以了。

而後再點擊『儲存設定』。

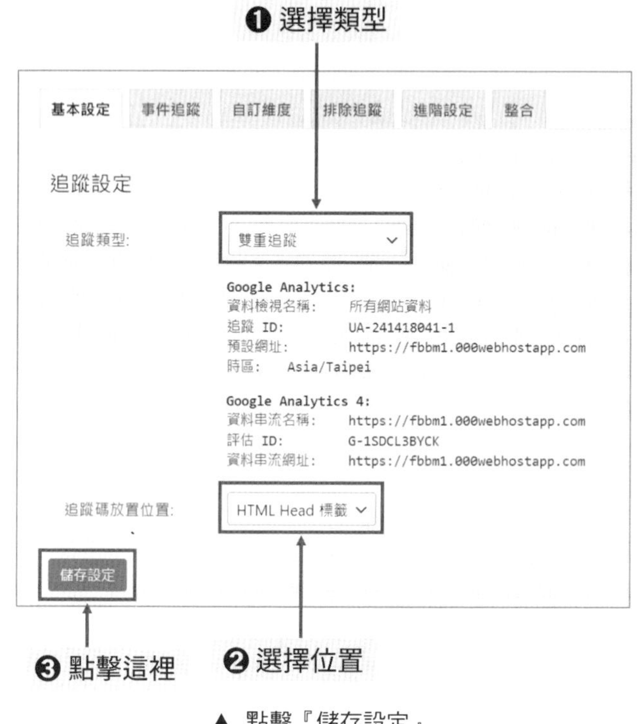

▲ 點擊『儲存設定』

重點指引

將追蹤碼放置在『HTML Head 標籤』，與放置在『HTML Body 標籤』，兩者有什麼不同？

『HTML Head 標籤』是將追蹤碼放置於 <head> 和 </head> 的位置中，而『HTML Body 標籤』則是將追蹤碼放置於 <body> 和 </body> 的位置之間，通常位置放置得的越上面，網頁載入時，會最優先被讀取。

而會建議將追蹤碼放置於『HTML Head 標籤』，是因為有些用戶會在網頁還沒有載入完全時，就又跳離網站了，這時候若是將追蹤碼放置於網頁原始碼的後端位置，會造成追蹤碼來不及載入，無法紀錄用戶的行為，使得資料遺失或缺漏。因此，才會建議要將追蹤碼放置於 <head> 和 </head> 之間，網頁原始碼前端的位置，讓追蹤碼優先被載入與執行。

21 點擊『事件追蹤』標籤，預設有 5 個事件追蹤項目，只要開啟成『ON』的狀態，不需要另外再加上任何程式碼，就能啟用，並開始收集用戶與網站內容的交互資料。

追蹤碼放置位置，一樣可以選定為：『HTML Head 標籤』，而後再點擊『儲存設定』。

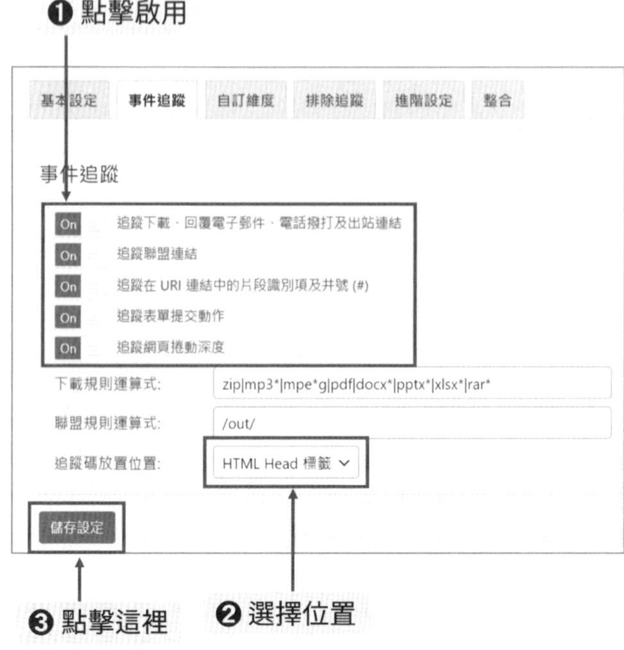

▲ 開啟『事件追蹤』項目

9-2 如何觀看基本的流量報表

❶ 點擊 WordPress 管理後台左欄選單的『控制台』，再點擊『首頁』。

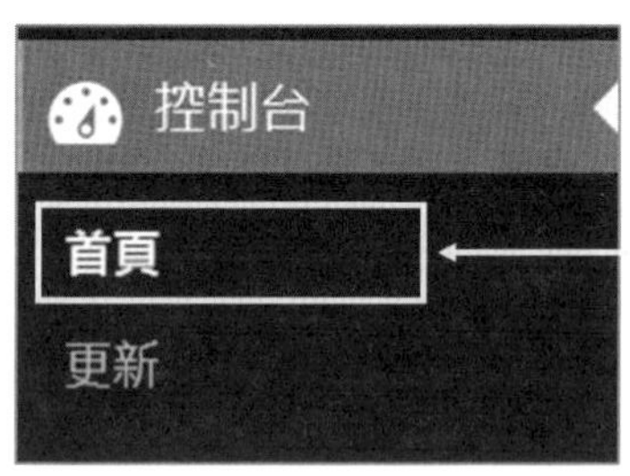

▲ 點擊『首頁』

2 在首頁的『Analytics Insights』區塊中，就可以看到基本的報表。

▲ 流量報表

重點指引

安裝 Analytics Insights 外掛後，由於緩存的關係，再加上 Google Analytics 需要時間收集並處理資源數據，因此並不會馬上看到任何的數據資料。最多需要等待一個小時的時間，才能讀取到資料，且選定時間需在『即時』的範圍內。而若是要讀取日期範圍是『今天』的數據資料，則最多需要 4 ～ 8 個小時才能更新報告。

當然，若是時間範圍選定的天數愈多，如：最近 7 天、最近 30 天…等，則需要更多的時間收集數據資料，當然等待的時間也就愈長了。

3. 接著，點擊 WordPress 管理後台左欄選單的『Analytics Insights』，再點擊『後端設定』。

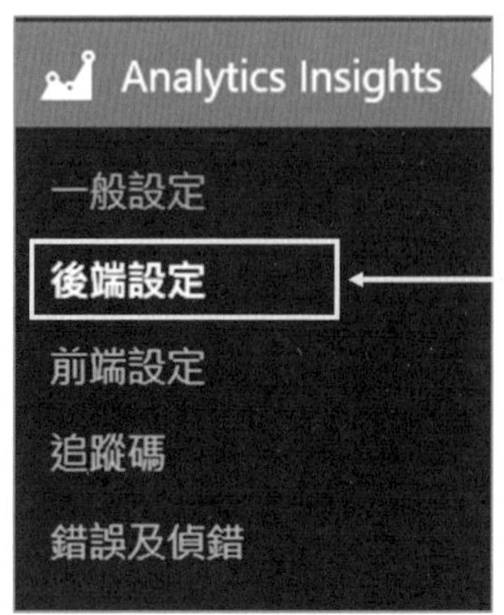

▲ 點擊『後端設定』

4. 找到『地區設定』區塊，在『將地理區域定位至國家/地區:』的欄位中，輸入『TW』，再點擊『儲存設定』。

▲ 輸入『TW』

5. 回到管理後台的『首頁』中，將『Analytics Insights』報表的流量分析項目，從『工作階段』改選為『地區』。

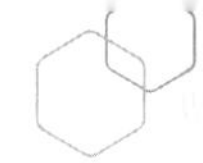

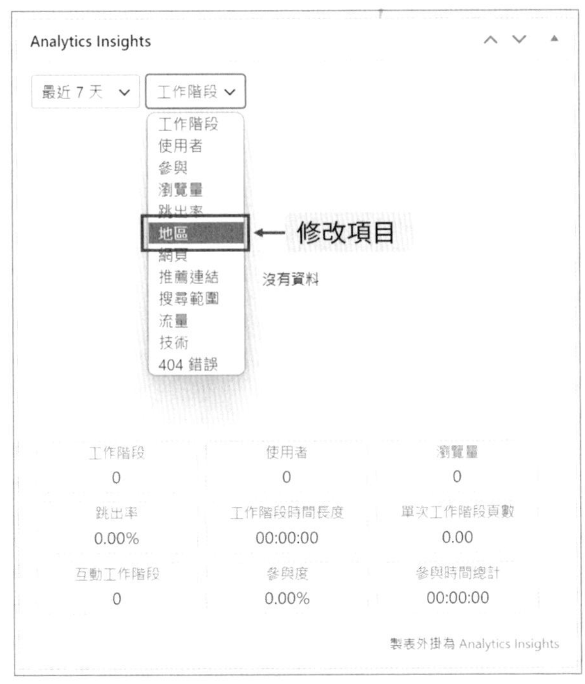

▲ 選擇『地區』

6 就可以看到地圖的顯示，是以台灣為主，而非顯示為全球地區。

▲ 地圖的顯示以台灣為主

7 再來，點擊 WordPress 管理後台左欄選單的『文章』，再點擊『全部文章』。

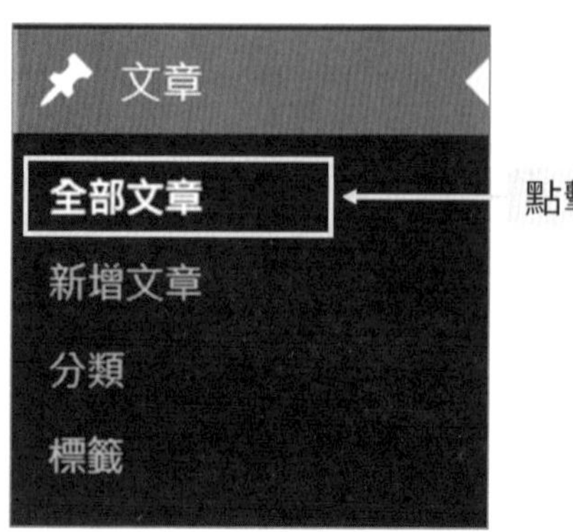

▲ 點擊『全部文章』

8 全部文章的列表處，也可以看到 Google Analytics 的流量符號，點擊後可以查看每篇文章各別的流量分析。

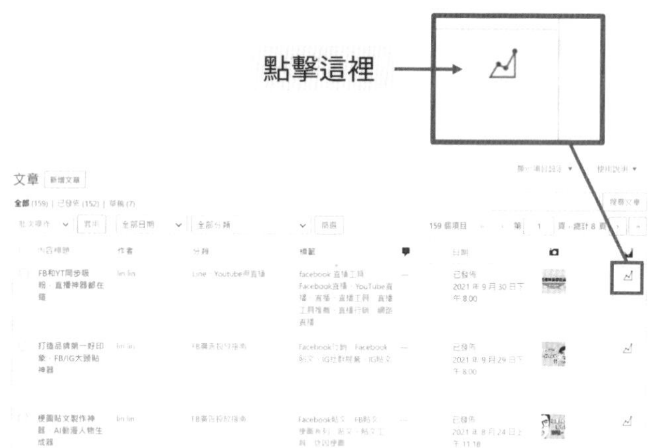

▲ 點擊流量符號

Google Analytics再進階設定，獲取更多精準流量

10-1 自訂維度追蹤特定數據

Google Analytics 會自動收集用戶與網站、應用程式互動時的資訊，並透過標準的指標或維度來呈現，例如：工作階段、跳出率、到達網頁…等等，基本上已經涵蓋所有網站分析的標準所需，但是當這些標準沒有辦法滿足特定的分析需求時，就可以使用自訂維度，來跟蹤無法使用標準 Google Analytics 維度跟蹤的 WordPress 特定數據。

舉例來說，假設在 WordPress 網站裡有許多的文章，有各自不同的分類，如果想要知道 A 類別底下的文章，其流量是多少，B 類別底下的文章，流量又是多少，那麼使用 Google Analytics 的標準維度是無法追蹤的。

這時候就可以設置一個「catagory」的自訂維度，以文章的分類為設定值，那麼就可以追蹤得到這些特定數據了。

那麼，該怎麼進行自訂維度的設定呢？

1. 點擊 WordPress 管理後台左欄選單的『Analytics Insights』，再點擊『追蹤碼』。

▲ 點擊『追蹤碼』

2. 點擊『自訂維度』標籤，在自訂維度的設定中，最多可定義與使用 6 個自訂維度，分別為：作者、發佈年份、發佈月份、分類、使用者類型、標籤。

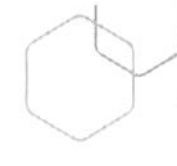

藉由維度的設定，可創建自訂報告，提供有關作者、出版年月、分類 ... 等更多的數據分析報表。

▲ 點擊『自訂維度』標籤

重點指引

對應『Analytics Insights』的自訂維度，使用作者、分類、出版年、標籤 ... 等 6 個維度，與頁面瀏覽量或用戶等指標相結合，可以從數據中得知：

1. 以『作者』作為自訂維度，可以瞭解最受歡迎的作者有哪些？
2. 以『發佈年份』或『發佈月份』作為自訂維度，可以瞭解最多人瀏覽年份與月分有哪些？
3. 以『分類』作為自訂維度，可以瞭解用戶感興趣的分類有哪些？
4. 以『標籤』作為自訂維度，可以瞭解用戶感興趣的標籤有哪些？
5. 用戶類型作為自訂維度，可以瞭解註冊與未註冊用戶，他們與網站的互動程度，哪一種用戶更常瀏覽網站？

3 在設定自訂維度之前，得要先登入至『Google Analytics』（https://analytics.google.com/）的管理後台中，點擊左欄選單中『管理』。

▲ 點擊『管理』

4 找到『資源』欄位，確認已切換為 GA3 的資源。

▲ 切換為 GA3 資源

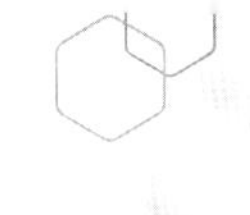

5 找到『自訂定義』項目，再點擊『自訂維度』。

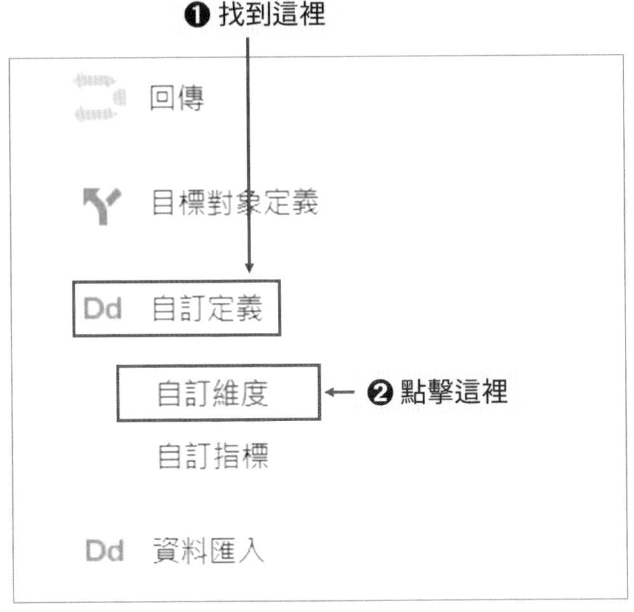

▲ 點擊『自訂維度』

6 點擊『新增自訂維度』，開始創建第一個自定義維度。

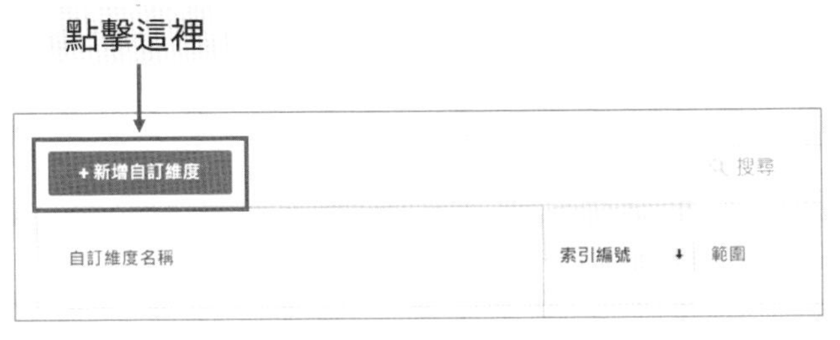

▲ 點擊『新增自訂維度』

7 設定自訂維度的內容：

- 名稱：該維度的名稱，必須清楚可辨識、一目瞭然。
- 範圍：分為『Hit』、『工作階段』、『使用者』和『產品』。

自訂維度指對某次行為（Hit），某個工作階段，或者某個使用者新增一個列表，而一個 Pageview，就會產生一次 Hit。

通常對於用戶類型的維度，會使用『使用者』範圍，對其他自定義維度會使用『Hit』範圍。

- 有效：自訂維度不刪除，若將『有效』勾選起來，為啟用狀態，若不使用該維度，則取消勾選。

設定好之後，點擊『儲存』。

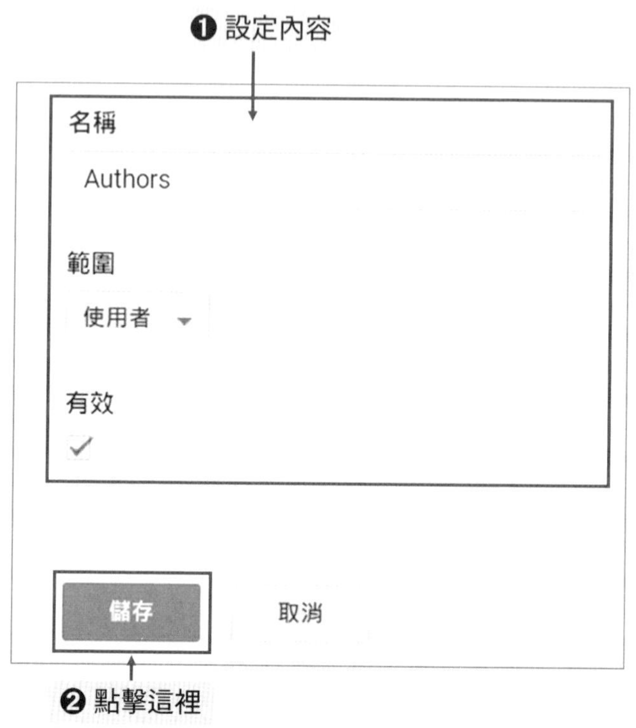

▲ 設定自訂維度的內容

8 之後，可看到自訂維度程式碼產生，不過在這裡，不用複製任何的程式碼，因『Analytics Insights』外掛都已經內建相對應的程式碼了，只需要記下『dimension1』，亦即每一個維度對應的參數值，如『Authors（作者）』對應『dimension1』。

再點擊『完成』。

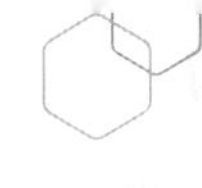

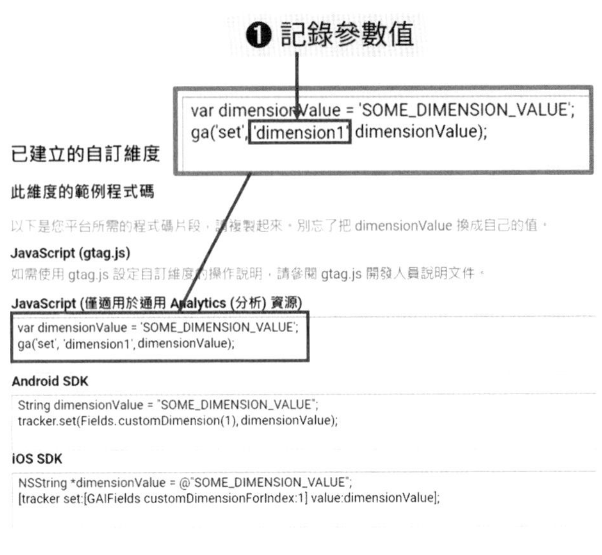

❶ 記錄參數值
var dimensionValue = 'SOME_DIMENSION_VALUE';
ga('set', 'dimension1', dimensionValue);
已建立的自訂維度
此維度的範例程式碼
以下是您平台所需的程式碼片段，請複製起來，別忘了把 dimensionValue 換成自己的值。
JavaScript (gtag.js)
如需使用 gtag.js 設定自訂維度的操作說明，請參閱 gtag.js 開發人員說明文件。
JavaScript (僅適用於通用 Analytics (分析) 資源)
var dimensionValue = 'SOME_DIMENSION_VALUE';
ga('set', 'dimension1', dimensionValue);
Android SDK
String dimensionValue = "SOME_DIMENSION_VALUE";
tracker.set(Fields.customDimension(1), dimensionValue);
iOS SDK
NSString *dimensionValue = @"SOME_DIMENSION_VALUE";
[tracker set:[GAIFields customDimensionForIndex:1] value:dimensionValue];

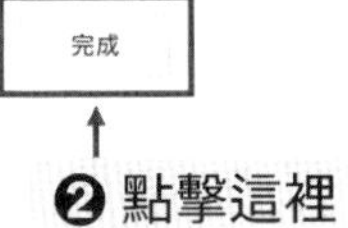

▲ 記錄對應參數值

❾ 依序建立 6 個維度。

+ 新增自訂維度　　搜尋

自訂維度名稱	索引編號 ↓	範圍	上次修改日期
Authors	1	Hit	2022年9月16日
Publication Year	2	Hit	2022年9月16日
Publication Month	3	Hit	2022年9月16日
Categories	4	Hit	2022年9月16日
User Type	5	使用者	2022年9月16日
Tags	6	Hit	2022年9月16日

▲ 建立 6 個維度

10 回到 WordPress 的『Analytics Insights』自訂維度設定介面中，將每個維度與其對應值一一對照、選擇，並點擊『儲存設定』。

▲ 點擊『儲存設定』

11 到 Google Analytics 管理後台中，連結下列網址，將報表範本匯入自訂報表中：

https://analytics.google.com/analytics/web/importing/?authuser=0&utm_source&utm_medium&utm_term&utm_content&utm_campaign#importing//%3F_.objectId%3DyBq0vS3_Rli5R4Fnfe8r9Q%26_.selectedProfile%3D

▲ 網址 QRCode

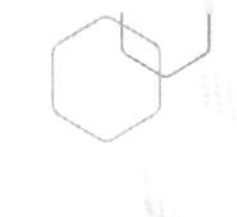

⑫ 選定 GA3 資源底下的『所有網站資料』，再點擊『建立』。

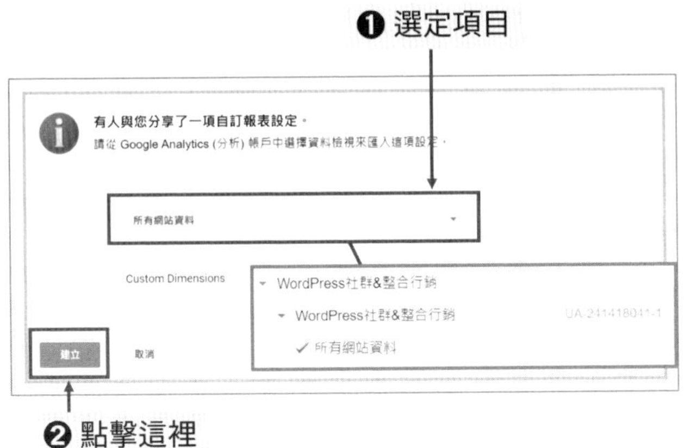

▲ 選擇『所有網站資料』

⑬ 在 Google Analytics 管理後台中，點擊左欄的『自訂』，再點擊『自訂報表』。

▲ 點擊『自訂報表』

⓮ 再點擊所要檢視的自訂報表項目。

▲ 點擊自訂報表項目

⓯ 就可以看到依照不同維度所建立的數據報告。

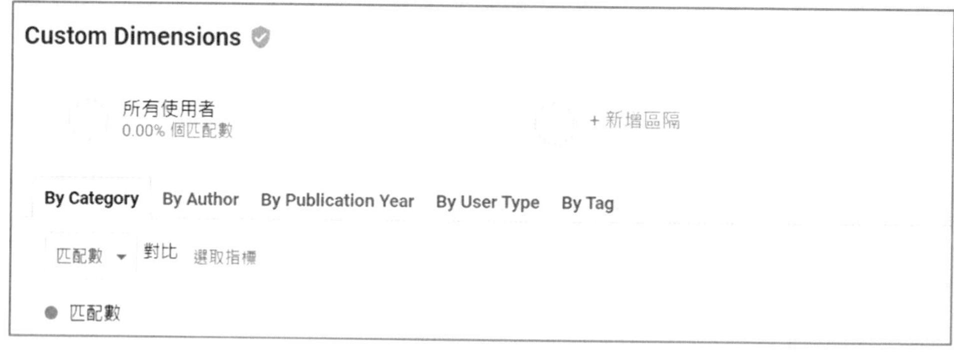

▲ 檢視數據報告

⓰ 回到 WordPress 管理後台中，點擊左欄選單的『Analytics Insights』，再點擊『追蹤碼』。

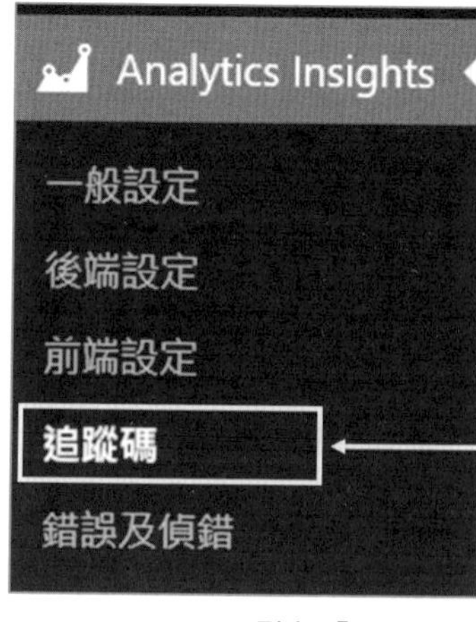

▲ 點擊『追蹤碼』

17 點擊『排除追蹤』標籤，選定不被計入流量統計的用戶，如：Administrator，管理員本身的點擊不被計算在內，藉以排除虛假瀏覽量，分析會更精準。

勾選好之後，再點擊『儲存設定』。

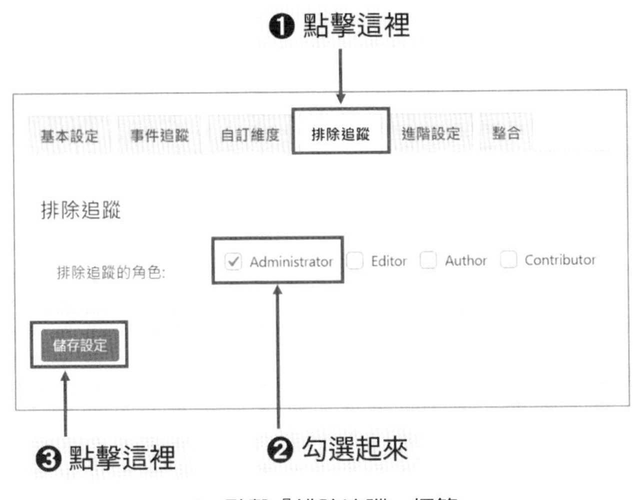

▲ 點擊『排除追蹤』標籤

10-2 對 WordPress 進行進階跟蹤

使用『Analytics Insights』進行 GA3 或 GA4 的進階追蹤時，只要將功能啟用，就會立即運行，不需要再額外添加任何的程式碼。

1 點擊『進階設定』標籤。

如果需要對網站用戶進行分析，或是進行特定的跟蹤要求，可以透過這裡的設定，將所需的功能開啟。

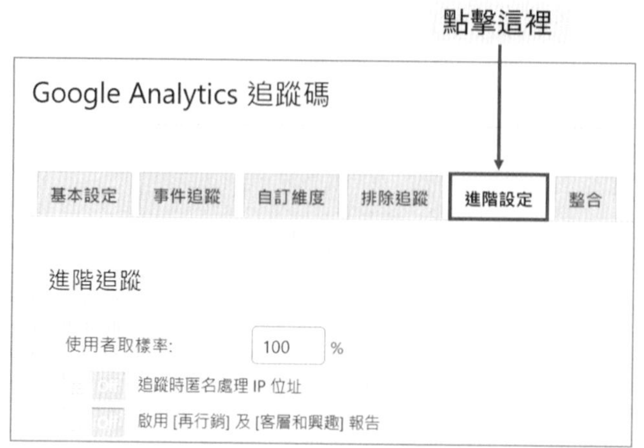

▲ 點擊『進階設定』標籤。

2 在『進階追蹤』區塊中，依照需求將對應的項目啟用。

- 使用者取樣率：指定應跟蹤用戶的百分比。預設值為 100，表示追蹤所有的用戶。但若要保持在 Google Analytics 處理限制範圍內，擁有大流量的大型網站需要降低此數值，例如抽樣 20% 的用戶。
- 追蹤時匿名處理 IP 位址：在需要時，可以選擇匿名 IP。此選項可讓您遵守不同國家或地區所提供的隱私保護法律。
- 啟用 [再行銷] 及 [客層和興趣] 報告：如果想要通過 Google Analytics 顯示再行銷，受眾特徵和興趣報告，請啟用此功能。
- 排除會計算跳出率及網頁停留時間的事件：根據需要，可以選擇是否要將會計算跳出率、以及網頁停留時間的事件都排除掉，不予以包含在內。
- 啟用加強型連結歸屬：可以跟蹤頁面上多個連結的單獨資訊，所有連結都具有相同的目標。啟用該功能，可以跟蹤具有多個目標的頁面元素。
- 使用 hitCallback 以增加事件追蹤精確度：如果您想增加事件跟蹤的準確性，可以啟用該功能。

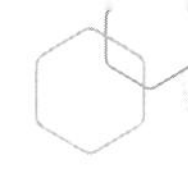

▲ 啟用進階追蹤項目

3 跨網域追蹤：將允許跟蹤多個頂層網域名。
在『其他網域』欄位中，輸入其他網域的網址，若有多個網域，則以逗號分隔開來。這裡不一定要啟用設定，有需求的話再設定即可。

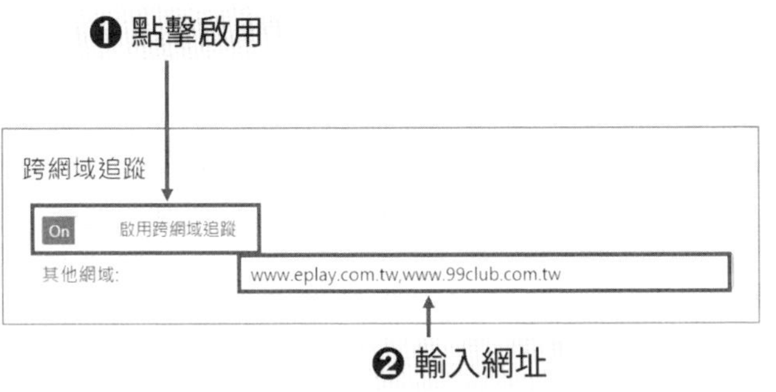

▲ 跨網域追蹤

4. Cookie 自訂程式碼：需要自訂 Cookie 設置，請使用 Cookie 網域、Cookie 名稱和 Cookie 過期選項。Cookie 設置也是有需求的話再設定即可。

   進階追蹤都設置好之後，即可點擊『儲存設定』。

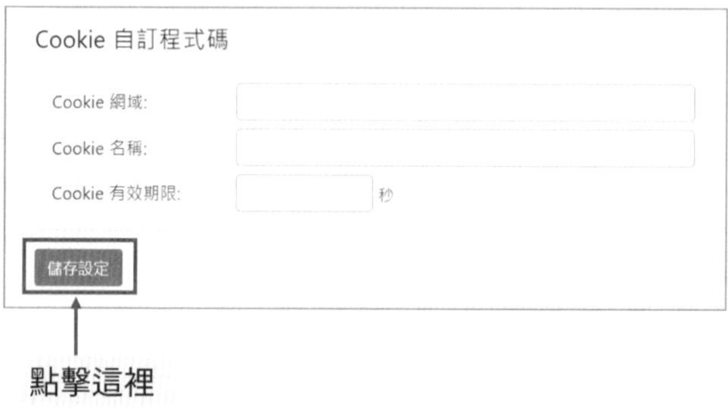

▲ Cookie 自訂程式碼

重點指引

雖然在隱私的爭議下，第三方 Cookie 的追蹤屢屢被要求取消，不過在 Google 的最新文件發佈中，聲明要再一次延遲到 2024 年下半年，才會取消對第三方 Cookie 的支援。因此截至目前為止，仍是可以使用 Cookie 的。

整合 Google AMP 的網頁，提升 SEO 排名

11-1 將行動版網站設定為 AMP 模式

AMP 是 Google 針對行動裝置所提出的的網頁格式，可以讓用戶在瀏覽行動網頁時速度更快，有良好的使用者體驗。

為了提供更好的使用者瀏覽體驗，AMP 頁面的框架，是使用三個核心部分所組成：AMP HTML、AMP JS 和 AMP 緩存。這些核心部分能夠讓頁面的讀取與呈現更加快速。

然而，WordPress 本身的預設值中，並沒有將 AMP 網頁格式包含在內，因此還需要再另行安裝外掛程式來支援。

1. 在 WordPPress 管理後台的左欄選單中，點擊『外掛』，再點擊『安裝外掛』。

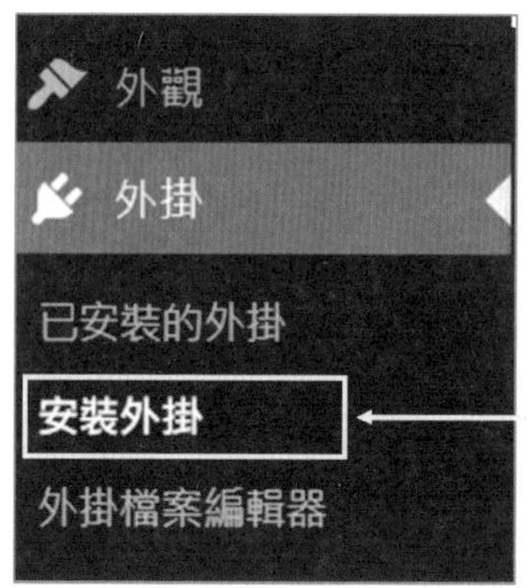

▲ 點擊『安裝外掛』

2. 在外掛搜尋欄中，搜尋關鍵字『AMP』，找到『AMP』外掛後，點擊『立即安裝』，並啟用外掛程式。

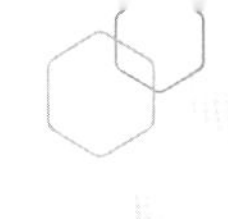

▲ 安裝『AMP』

3 在 WordPress 管理後台的左欄清單中，點擊『AMP』，再點擊『設定』。

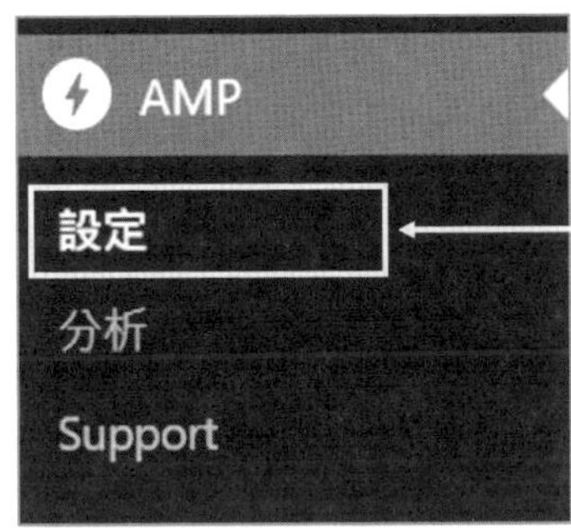

▲ 點擊『設定』

4 針對初學者，一開始不知道該何設定時，AMP 提供了新手模式，可依循其引導一步步設定。

在『設定 AMP』區塊中，點擊『開啟設定精靈』的超連結。

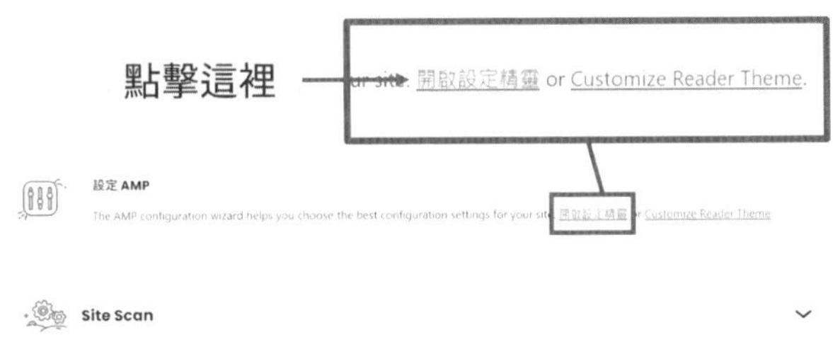

▲ 點擊『開啟設定精靈』

5 進入 AMP 設定精靈頁面，點擊『Next』。

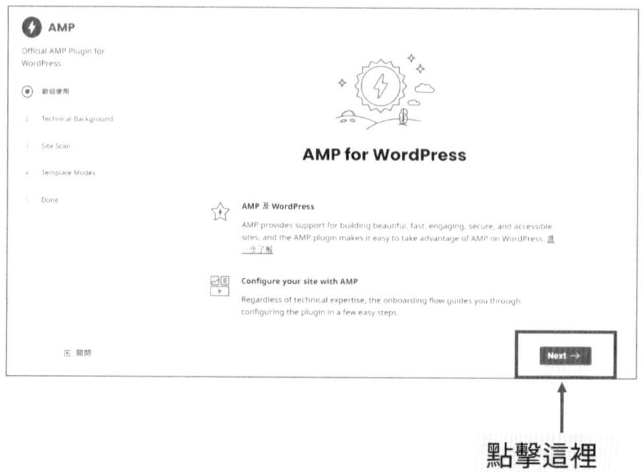

▲ 點擊『Next』

6 AMP 針對是否熟悉程式語言的用戶，提供了兩種模式可供設定，若是不想修改 WordPress 任何的程式碼，可以選擇『Non-technical or wanting a simpler setup』進行設定，再點擊『Next』。

▲ 選擇『Non-technical or wanting a simpler setup』

7 AMP 開始對整個網站進行掃描，評估與 AMP 不兼容的佈景主題與外掛，必須將這些建議項目一一記下，在之後的設定中，會需要使用到這些清單。

接著，再繼續點擊『Next』。

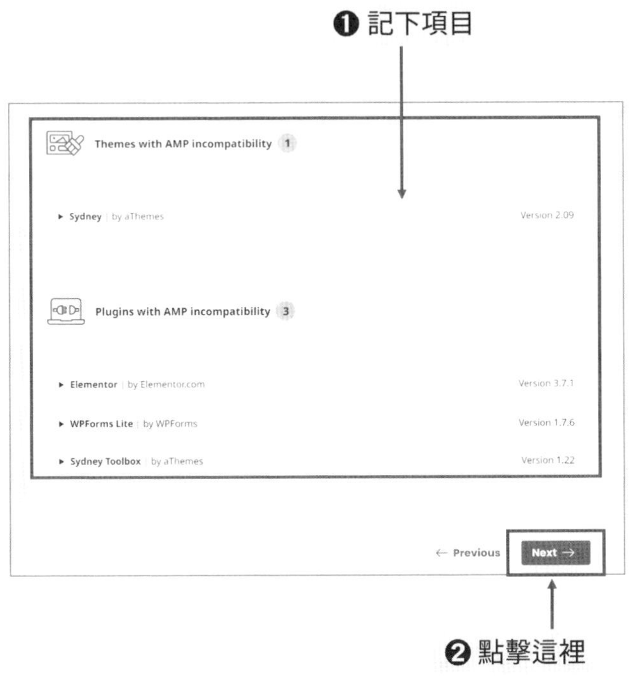

▲ 評估與 AMP 不兼容的佈景與外掛

8 AMP 提供了三種與 WordPress 相容的設定模式，經過站點掃描評估後，會列出最適合使用的模式，根據其建議選擇，並點擊『Next』。

這三種設定模式有什麼不同呢？

- 讀取器模式：網站所使用的佈景主題與 AMP 高度不兼容，必須針對行動裝置再設置另一個與 AMP 兼容的佈景主題，因此會有兩套佈景主題。優點是針對不同的裝置，在不修改程式碼的情況下，分別對應適合的佈景主題。

- 轉換模式：網站使用與 AMP 不兼容的佈景主題，因此可以轉換為 AMP 版本和非 AMP 版本，無論哪一個版本，都是套用同一組佈景主題，但兩個版本之間也會有功能上的差異，優點是無論使用電腦或手機瀏覽，風格都是統一的。
- 標準模式：網站所使用的外掛與佈景主題，都與 AMP 相容，可以完全轉換成 AMP 版本，也毋須要再修改任何的程式碼。

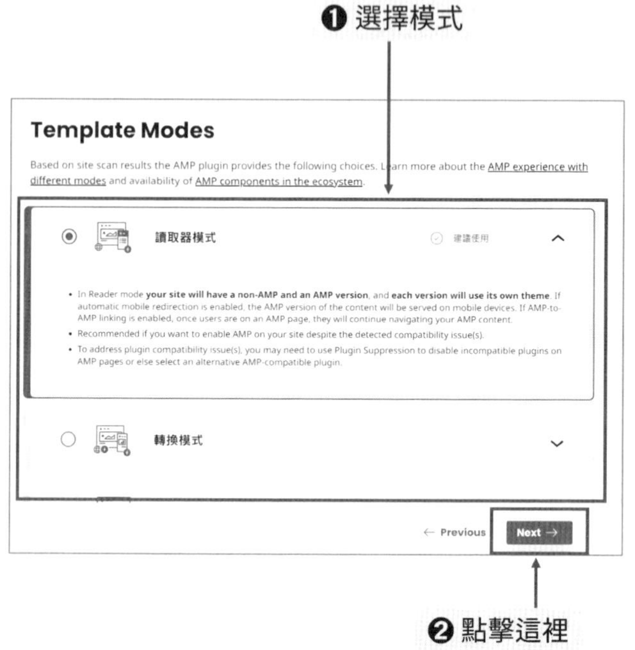

▲ 選擇 AMP 所建議的設定模式

9 針對行動版網站選擇可以兼容 AMP 的佈景主題。AMP 提供了 11 種可免費使用的佈景主題。

選擇好之後，再點擊『Next』。

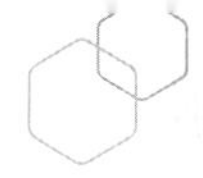

▲ 選擇 AMP 佈景主題

⑩ 設定完成，點擊『關閉』。

▲ 點擊『關閉』

重點指引

若需要再對兼容 AMP 的佈景主題進行細部的設定或修改，可以點擊『自訂』，依照佈景主題的設定模式來進行局部調整。

▲ 自訂 AMP 佈景主題

11 回到 AMP 的設定介面中，經過設定精靈的引導後，瞭解站點與 AMP 不相容佈景主題和外掛，接著，在『進階設定』區塊中，選擇哪些內容頁面要啟用 AMP 格式，如：文章、頁面、登陸頁 ... 等內容類型。

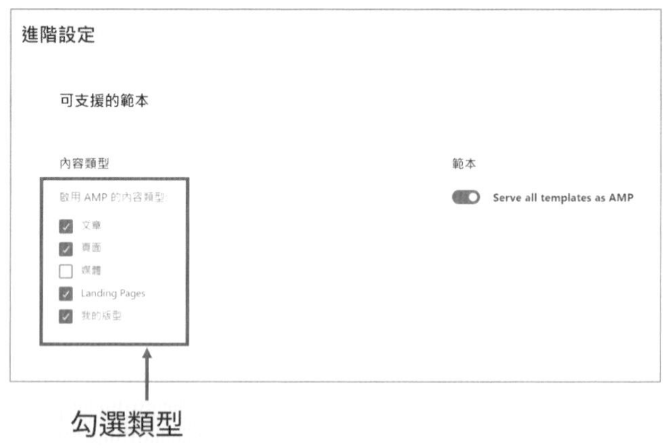

▲ 選擇啟用 AMP 的內容類型

12 在『Plugin Suppression』區塊中，將不兼容的外掛插件都設定為『Suppressed』，也就是在進入 AMP 模式時，AMP 頁面不使用這些外掛，以減少問題的產生。

▲ 設定『Suppressed』

13 在『Paired URL Structure』區塊中，選擇 AMP 所會使用的網址結構，若無特殊需求，可維持預設值。

▲ 選擇網址結構

14 在『其他』區塊中，『將行動版網站訪客重新導向至 AMP 版網站』的項目必須要啟用，將手機或平版用戶都自動導引到 AMP 頁面中。
都設定好之後，點擊『儲存』，將設定儲存起來。

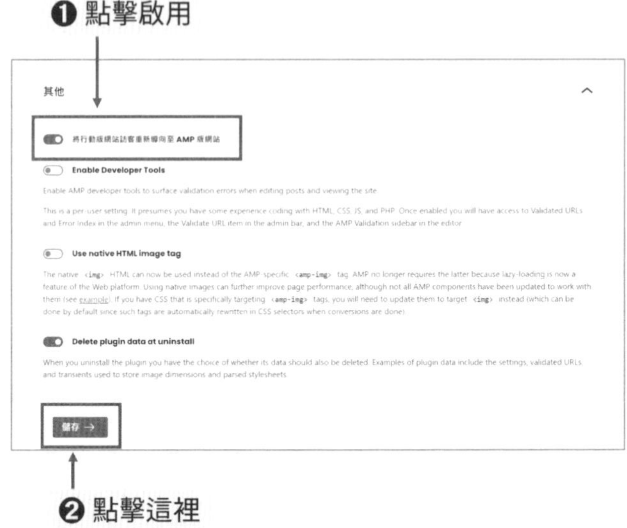

▲ 點擊『儲存』

11-2 啟用 AMP 追蹤

要跟蹤 AMP 頁面上的用戶，可開啟 AMP 的啟用追蹤。

1 點擊 WordPress 管理後台左欄選單的『Analytics Insights』，再點擊『追蹤碼』。

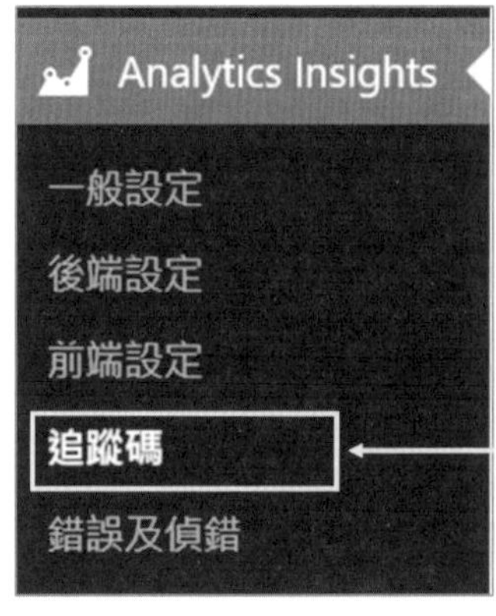

▲ 點擊『追蹤碼』

2 點擊『整合』標籤，在『Accelerated Mobile Pages (AMP)』區塊中，將『為 Accelerated Mobile Pages (AMP) 啟用追蹤』的功能啟用，再點擊『儲存設定』。

▲ 啟用『為 Accelerated Mobile Pages (AMP) 啟用追蹤』

啟用後，針對 AMP，可以進行以下的追蹤：

- 從追蹤的頁面中，刪除 URL 的 amp 後綴。
- 頁面滑動時的深度追蹤。
- 自定義維度追蹤。
- 用戶採樣率控制。
- 表單追蹤。
- 文件下載追蹤。
- 附屬連結追蹤。

- Hashmarks、出站連結、電子郵件追蹤。
- 使用帶註釋的 HTML 元素自定義事件類別、操作和標籤。

串接 Google Optimize，全方位優化網站

使用 Google Optimize 最佳化工具，可以實施 A/B TEST 等實驗，依據實驗報表來調整網站內容，了解如何改進網站、優化網站，為用戶帶來更好的使用者體驗。

1. 首先，至『Google Optimize』官網中，點擊『Start for free』。Google Optimize 網址：https://marketingplatform.google.com/about/optimize/

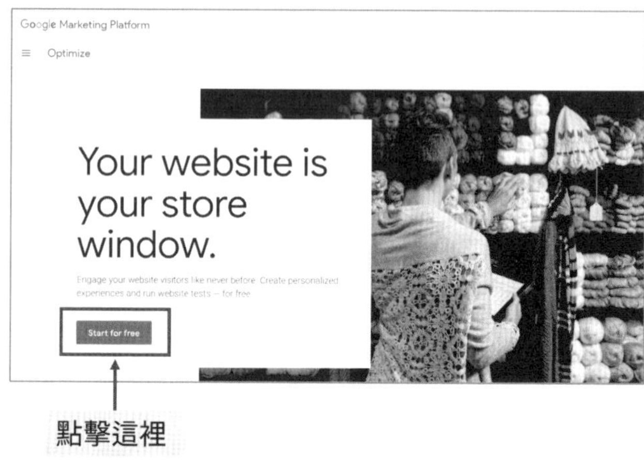

▲ 點擊『Start for free』

▲ 『Google Optimize』網站 QrCode

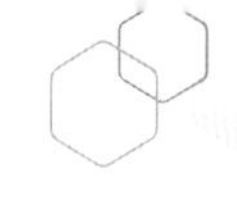

2 進入「最佳化工具」設定頁面中，點擊『踏出第一步』。

▲ 點擊『踏出第一步』

3 填寫訂閱最佳化工具的使用訣竅或產品消息等問卷，勾選所需要的項目，再點擊『下一步』。

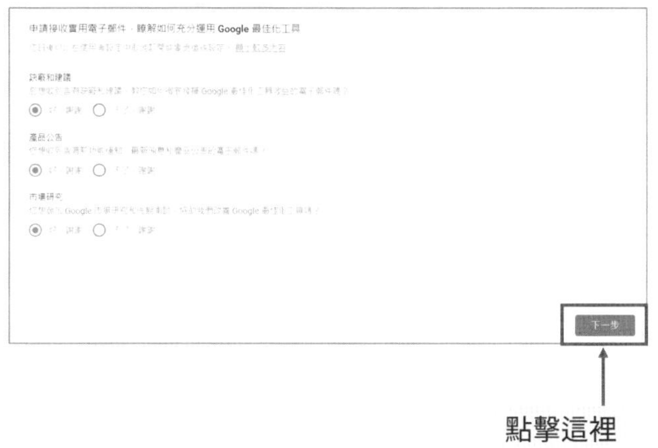

▲ 點擊『下一步』

❹ 勾選所需的設定選項，並接受服務條款協議，建立 Google 最佳化工具帳戶，並點擊『完成』。

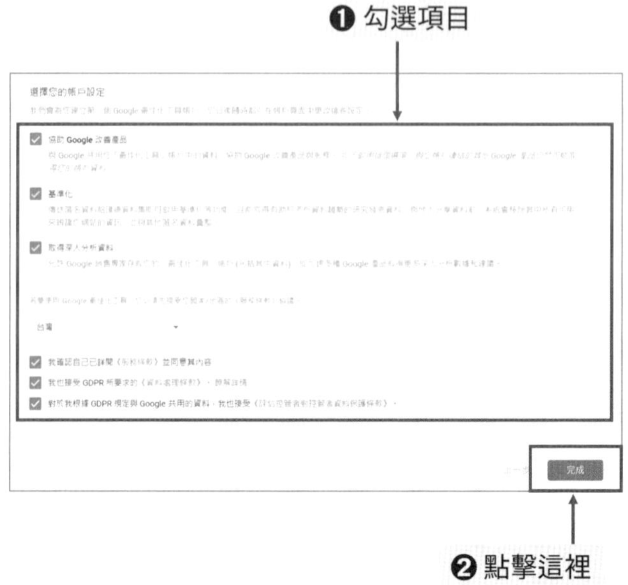

▲ 點擊『完成』

❺ 帳戶建立完成後，點擊右上角的『設定』。

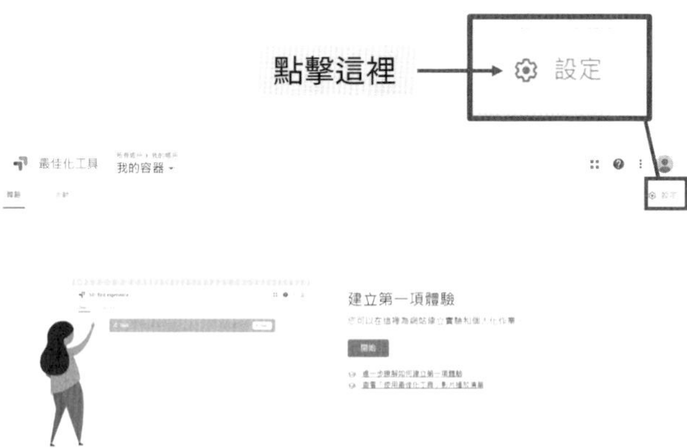

▲ 點擊『設定』

❻ 將容器的『ID』編號複製起來。

要與 WordPress 進行串連時，只需要將這一組 ID 編號貼入『Analytics Insights』外掛中即可，不需要再添加任何的程式碼。

▲ 複製容器 ID

❼ 至 WordPress 管理後台中，點擊左欄選單的『Analytics Insights』，再點擊『追蹤碼』。

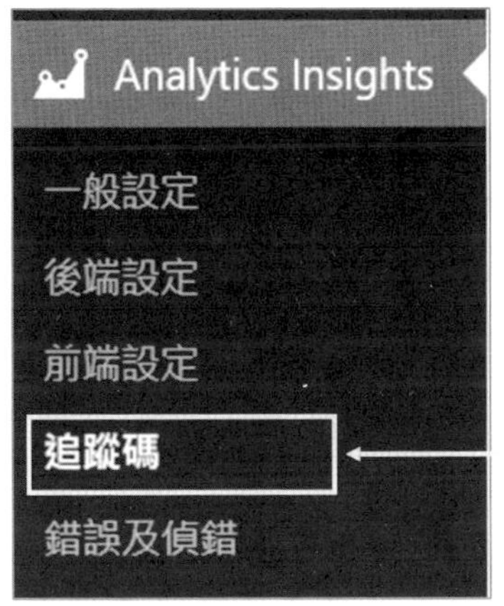

▲ 點擊『追蹤碼』

❽ 點擊『整合』標籤，在『Google 最佳化工具』區塊中，將『啟用 [最佳化工具] 追蹤』、『啟用 [頁面隱藏] 支援』兩個功能開啟，並在『容器 ID』中，貼入先前所複製的 Google 最佳化工具的容器 ID 編碼，再點擊『儲存設定』。

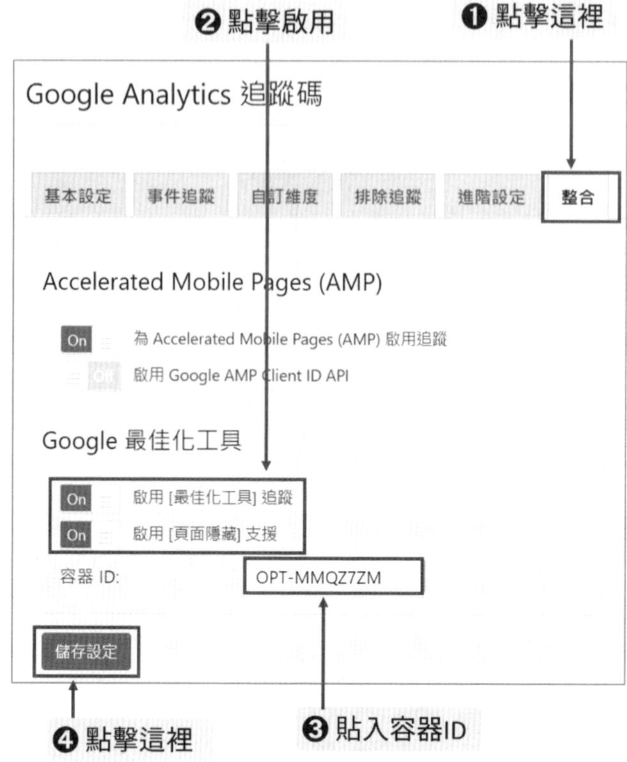

▲ 貼入容器 ID 編碼

9 開始建立 Google 最佳化工具的第一項實驗，點擊『開始』。

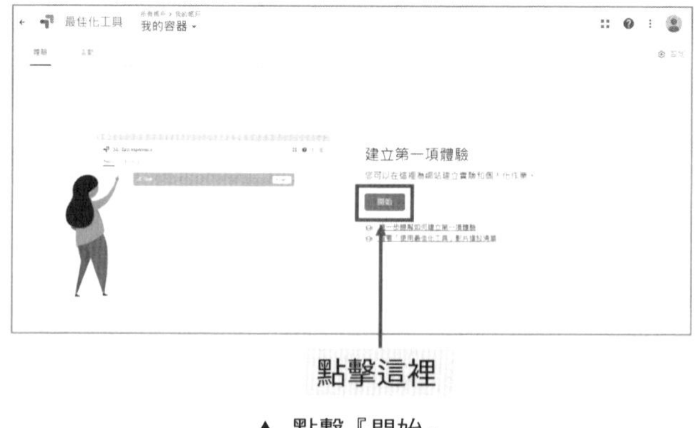

▲ 點擊『開始』

10 為所要建立的實驗命名，名稱需簡單容易辨識。
接著，填寫要進行實驗的頁面網址，而非網站首頁網址。
而後點擊『A/B 版本測試』，再點擊『建立』。

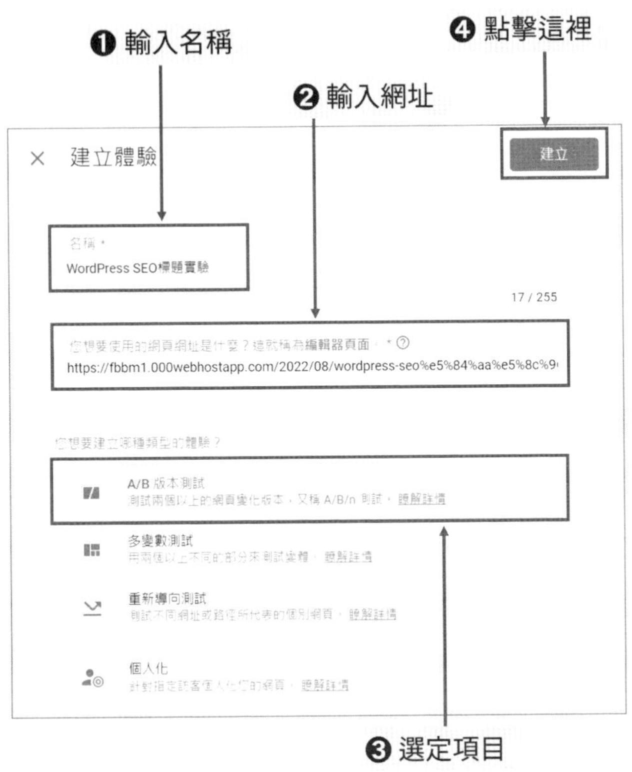

▲ 點擊『建立』

11 點擊『新增變化版本』，變化版本是要針對原本頁面的某一項元素進行調整，一次只變動一項元素，才能在進行 A/B 測試之後，瞭解該元素的優化是否對網站有所影響。
若是頁面中加入太多優化元素，會無法瞭解優化的結果是由哪一項元素的優化與調整而來。

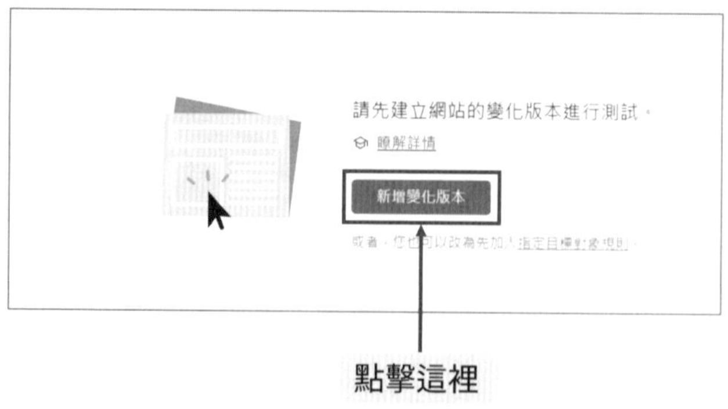

▲ 點擊『新增變化版本』

⓬ 先為變化版本進行命名，名稱與原始版本不要差異太大，並需要有所對照。

而後再點擊『完成』。

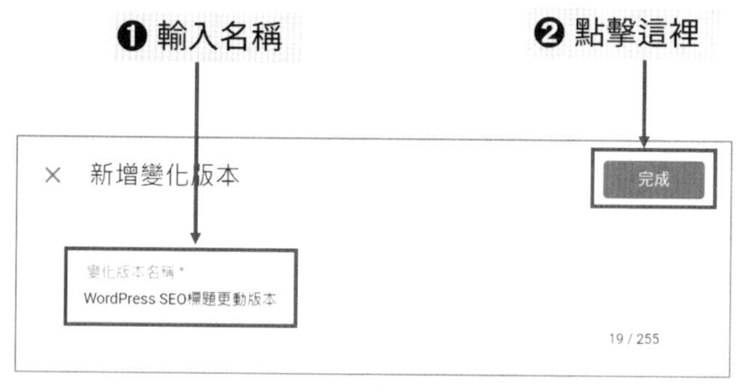

▲ 點擊『完成』

⓭ 在『變化版本』中，會出現『原始網頁』與『變化版本網頁』兩個項目，其中，原始網頁不需要做任何的更動，而變化版本網頁則需要進一步編輯，調整元素，再與原始網頁進行比較、對照。

點擊變化版本的『編輯』。

▲ 點擊『編輯』

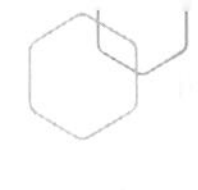

14 在開始編輯之前，需要先安裝 Chrome 瀏覽器的擴充程式，若之前沒有安裝過，則會出現安裝『最佳化工具』Chrome 擴充功能對話視窗，點擊『查看擴充功能』。

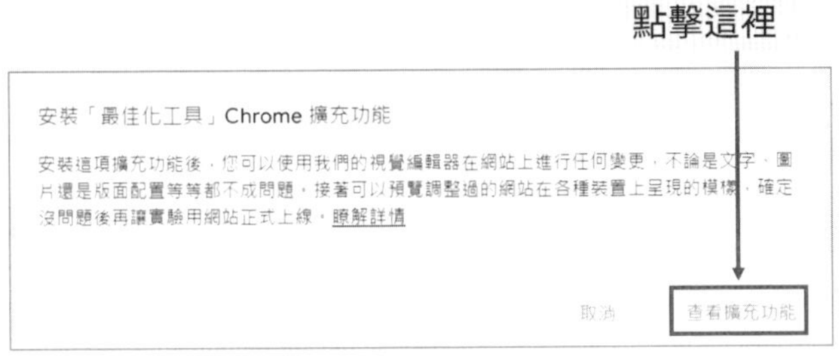

▲ 點擊『查看擴充功能』

15 連結到『Chrome 線上應用程式商店』中，點擊『加到 Chrome』。

▲ 點擊『加到 Chrome』

16 確認所要授與 Google Optimize 擴充程式的權限，若沒有問題，點擊『新增擴充功能』。

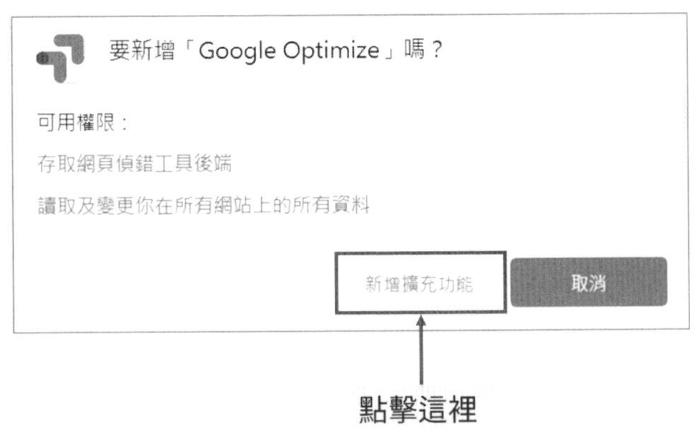

▲ 點擊『新增擴充功能』

17 擴充外掛安裝完成後，再次回到 Google 最佳化工具的管理後台中，重新點擊『編輯』。

▲ 點擊『編輯』

18 在擴充程式的編輯模式下，頁面會出現可進行 A/B 實驗的藍色區塊，因此只要點擊該區塊，例如點擊標題部分，而後再點擊右欄視窗中的『編輯元素』。

▲ 點擊『編輯元素』

19 以不同的標題進行實驗，則點擊『編輯文字』。

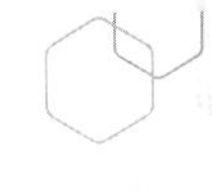

▲ 點擊『編輯文字』

20 在標題區塊輸入另一個不同的標題，再點擊『完成』。

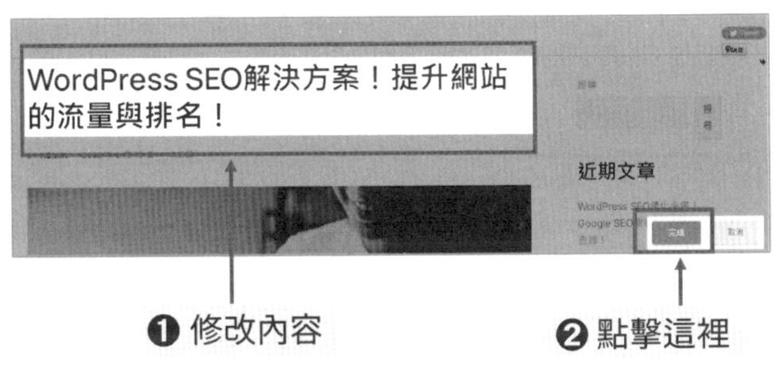

▲ 點擊『完成』

21 再點擊『儲存』。

一次變更一項元素即可，否則會不知道究竟是哪一個元素帶來效益的。

▲ 點擊『儲存』

22 不再修改其他元素，點擊『完成』。

▲ 點擊『完成』

23 接著，回到最佳化工具的設定介面中，找到『評估與目標』區塊，點擊『連結至 Analytics (分析) 』。

▲ 點擊『連結至 Analytics』

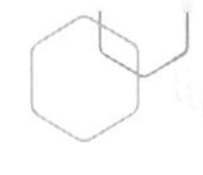

24 選擇所要連結的Google Analytics (分析) 資源，連結後，「最佳化工具」的資料就能在 Google Analytics 中顯示實驗結果的報表。

但由於 GA4 與最佳化工具的串連功能目前仍受限，若希望得到最完整資料與功能，還是建議先串連至 GA3，屆時待與 GA4 串連的功能更為完整後，再改串連至 GA4。

『Google Analytics (分析) 資源』選擇與GA3的資源串連，『資料檢視』顯示為『所有網站資料』，再點擊『連結』。

▲ 連結 Google Analytics 資源

重點指引

以目前來說，連結 GA4 資源的功能屬於 beta 版，最佳化工具仍有部分功能不適用於連結。

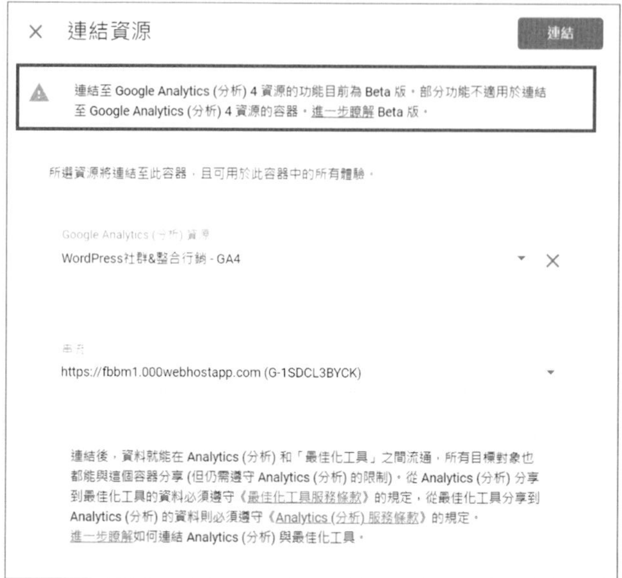

▲ 連結至 GA4 資源的功能仍不完整

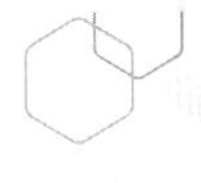

重點指引

日後若想改為串連至 GA4 時，可以至最佳化工具的容器設定頁面（https://optimize.google.com/optimize/home/?authuser=0）中，進行下列設定：

▲ 容器設定頁面 QrCode

1. 點擊容器頁面左上角的『設定』。

▲ 點擊『設定』

2. 在『評估』區塊中，點擊編輯符號。

▲ 點擊編輯符號

3. 選擇 GA4 的資源，檢視所串連的網址是否正確，再點擊『儲存』。

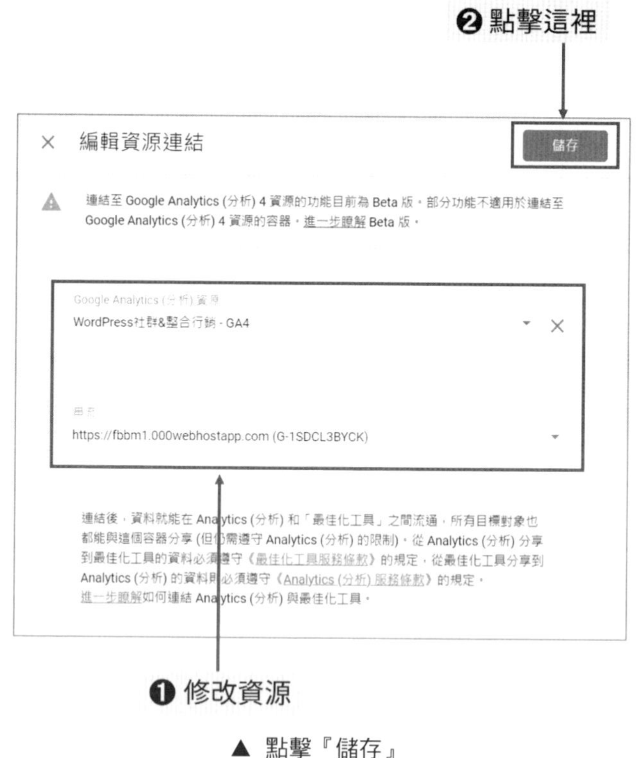

▲ 點擊『儲存』

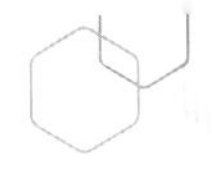

25 在『目標』項目中，點擊『新增實驗目標』，選擇『從清單中選擇』。

▲ 點擊『新增實驗目標』

26 在『選擇一個目標』中，可依自己的實際需求選擇目標，例如想瞭解在不同標題中，哪一個標題的瀏覽量最多，就可以選擇『網頁瀏覽量』。

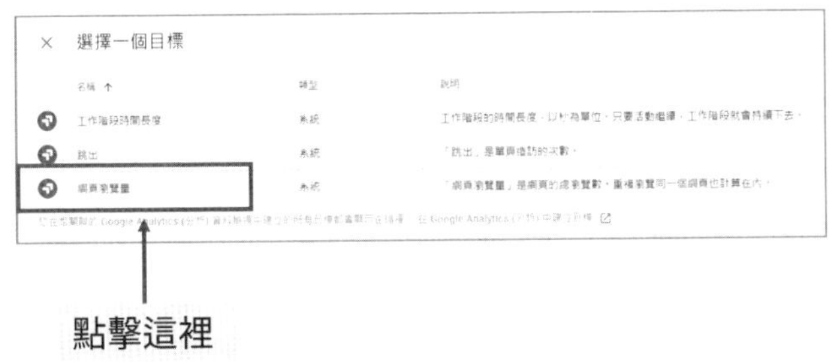

▲ 選擇一個目標

27 點擊『開始』，就可以進行 A/B 測試的實驗了。
一般來說，實驗時間的預設值為 90 天，時間一到之後會自動結束。

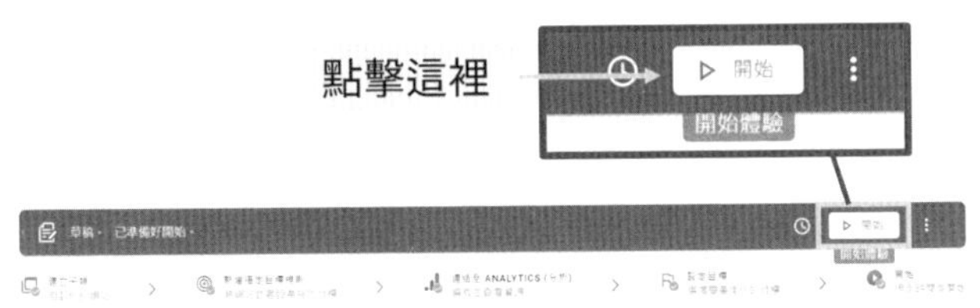

▲ 點擊『開始』

重點指引

若不希望實驗立即開始的話，可以點擊時鐘符號，進行開始時間與結束時間的設定，依排程展開實驗。

▲ 點擊時鐘符號

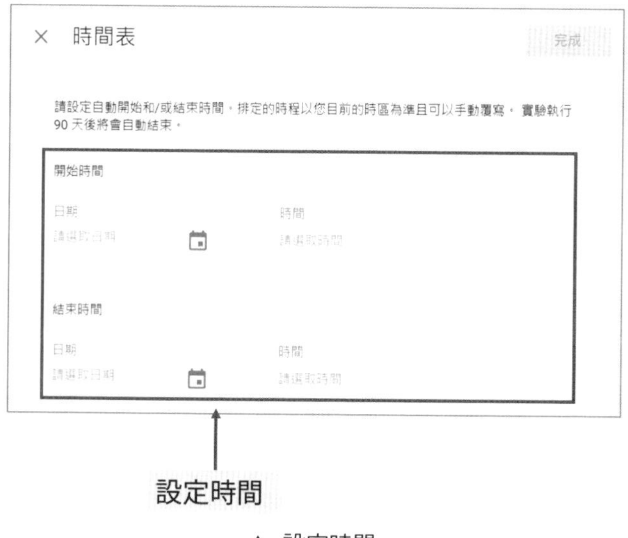

▲ 設定時間

28 在跳出的對話視窗中，再進行一次確認，點擊『開始』。

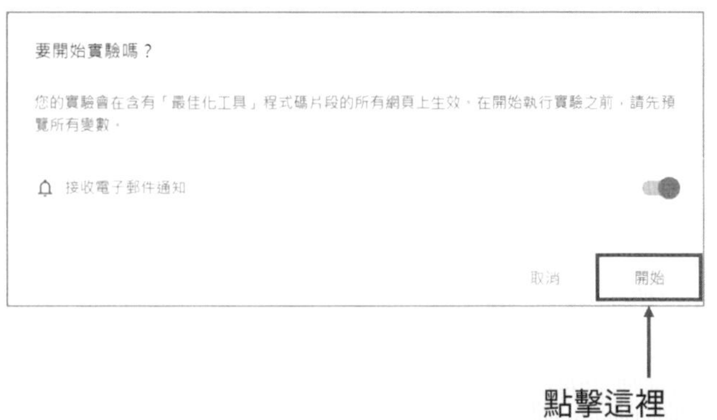

▲ 點擊『開始』

29 點擊『報表』標籤，會顯示實驗所進行的天數、開始日與結束日等資訊。

點擊『在『Analytics（分析）中查看』，就可以看到所設定的實驗項目的相關統計報表了。

▲ 點擊『在『Analytics（分析）中查看』

30 回到進行實驗頁面，若要看到兩種版本變化，要多刪除幾次瀏覽器的 Cookie，再重新整理頁面即可。

▲ 查看實驗版本的變化

Adsense 廣告收益外掛，自由控制廣告出現版位

1. 至 Google AdSense 首頁（https://www.google.com.tw/intl/zh-TW_tw/adsense/start/）申請帳號，點擊『開始使用』。

點擊『開始使用』

2. 點擊所要使用的 Google 帳戶。

選擇 Google 帳戶

3. 填寫網站網址，並設定收款的國家 / 地區 / 地域，勾選同意接受條款與細則，再點擊『開始使用 AdSense』。

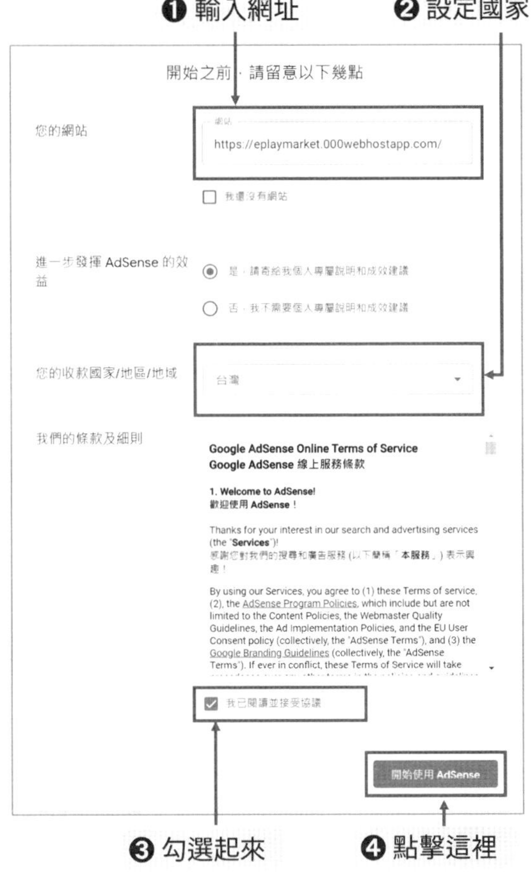

點擊『開始使用 AdSense』

4 找到『將您的網站連結到 AdSense』區塊，點擊『開始使用』。

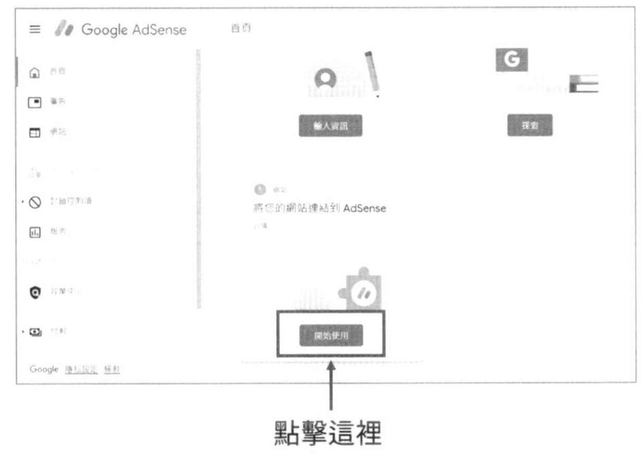

▲ 點擊『開始使用』

5 取得 AdSense 程式碼，點擊『要求審查』。

這裡並不需要將此段程式碼加入至 WordPress 原始碼中，只要安裝外掛，將 AdSense 與 WordPress 串接，在 WordPress 外掛中，自然會有相應的 AdSense 程式碼。

▲ 點擊『要求審查』

重點指引

在管理後台中，尚有兩個區塊：『請提供您的資訊』、『查看廣告在網站上的呈現模樣』需要分別設定。

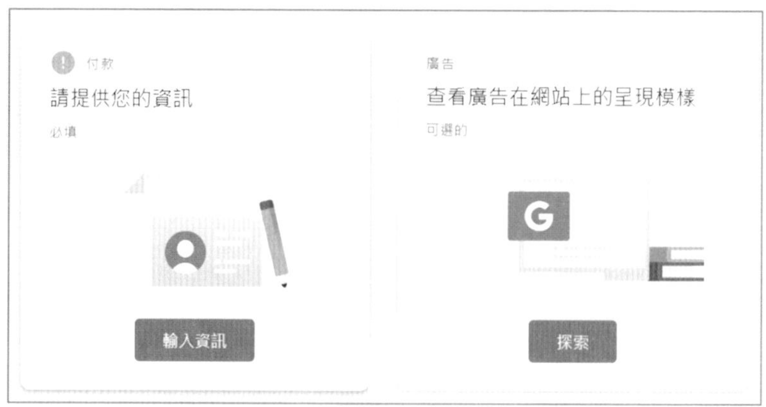

▲ 所需設定的資料

1. 在付款『請提供您的資訊』中，點擊『輸入資訊』，先設定付款資料。

   付款資料必須要填寫真實資料，否則會影響日後的收益，以及 Google 是否能正確將 AdSense 款項支票寄送至真實地址中。

▲ 點擊『輸入資訊』

2. 填寫真實資料，若資料填寫不確實，也會無法通過 Google 的審核。

   填寫完畢後，點擊『提交』。

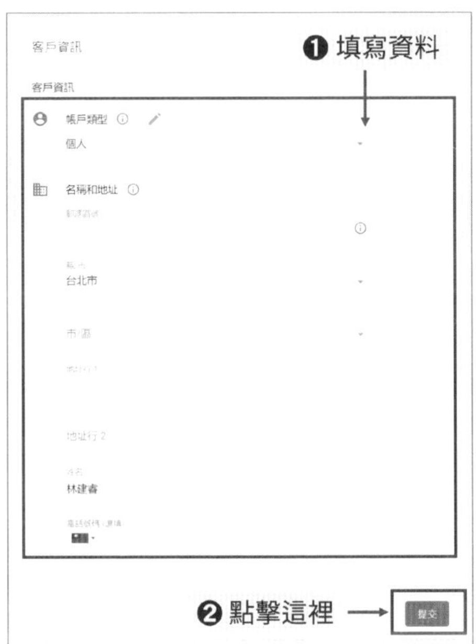

▲ 點擊『提交

3. 另外，還有『查看廣告在網站上的呈現模樣』需要設定，點擊『探索』。

▲ 點擊『探索』

4. 將『自動廣告』功能開啟，Google AdSense 會分析網頁，根據版面配置來顯示廣告。

▲ 開啟『自動廣告』

5. 點擊『廣告格式』，將設定介面展開，並依據自己的需求來關閉或開啟廣告顯示的位置，通常需要考量用戶體驗與廣告展示位置，兩者要取得平衡，而非無限制地插入廣告，造成用戶反感。

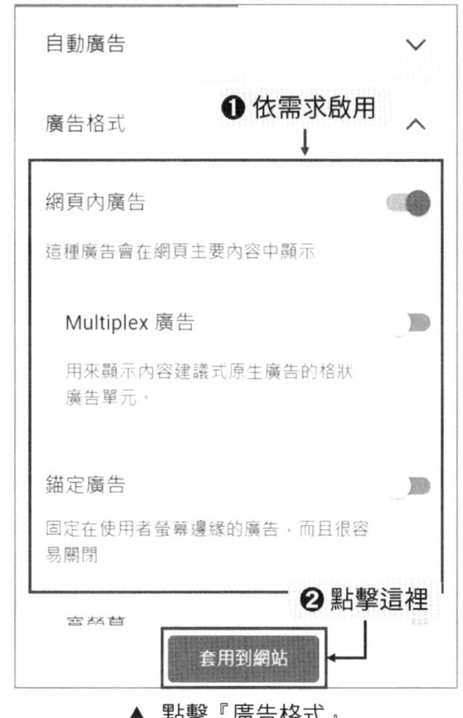

▲ 點擊『廣告格式』

6. 點擊『廣告載入量』，調整廣告在網站上顯示的數量與頻率，若希望增加收益，則調高上限數量。若是希望帶來良好的用戶體驗，則把下限數值降低。

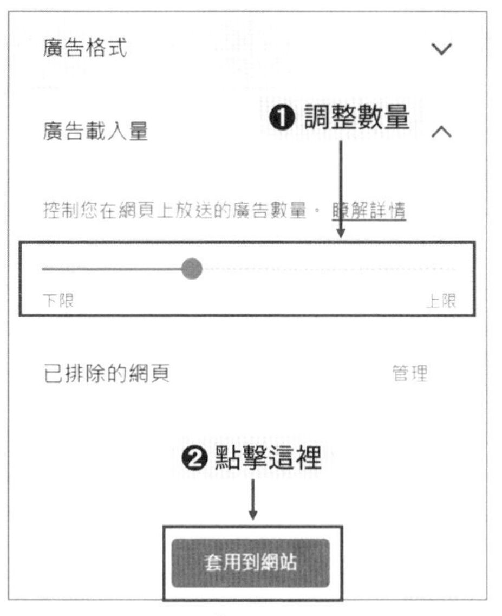

▲ 點擊『廣告載入量』

7. 若是希望廣告不要在特定的頁面中顯示，可以點擊『已排除的網頁』項目中的『管理』。

▲ 點擊『管理』

8. 點擊『新增排除條件』，所設定的排除條件會取代廣告設定中的條件。

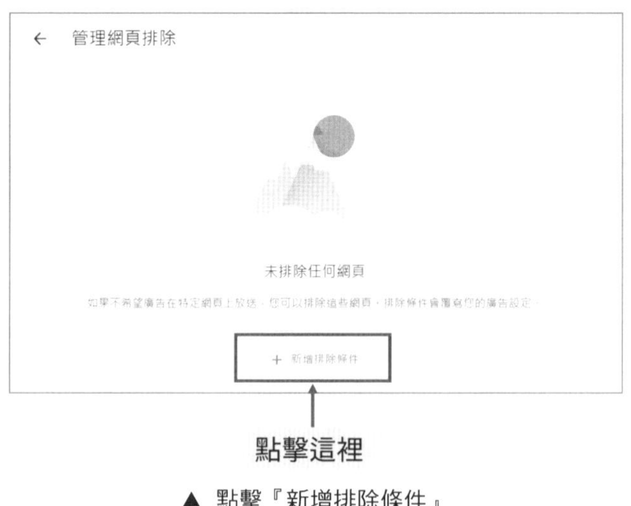

▲ 點擊『新增排除條件』

9. 輸入不想顯示廣告的頁面網址，例如不希望在購物車中顯示其他廣告，則可在主網域後面，再加入購物車位置。

   設定好之後，點擊『新增』。

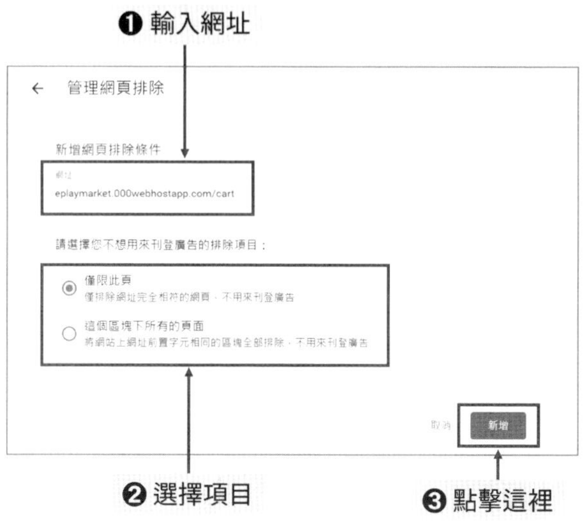

▲ 點擊『新增』

10. 接著，點擊『隱私權訊息』標籤，將『GDPR 同意授權訊息』開啟。

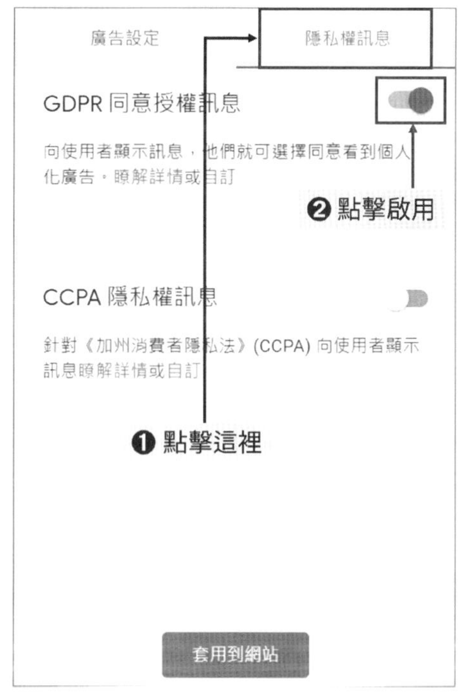

▲ 啟用 GDPR

11. 輸入網站的『隱私權政策』網址，點擊『確認』。

▲ 點擊『確認』

12. 允許使用者勾選同意選項的項目，如：同意或管理選項，是表示允許使用者在「同意」和「管理選項」中擇一勾選。

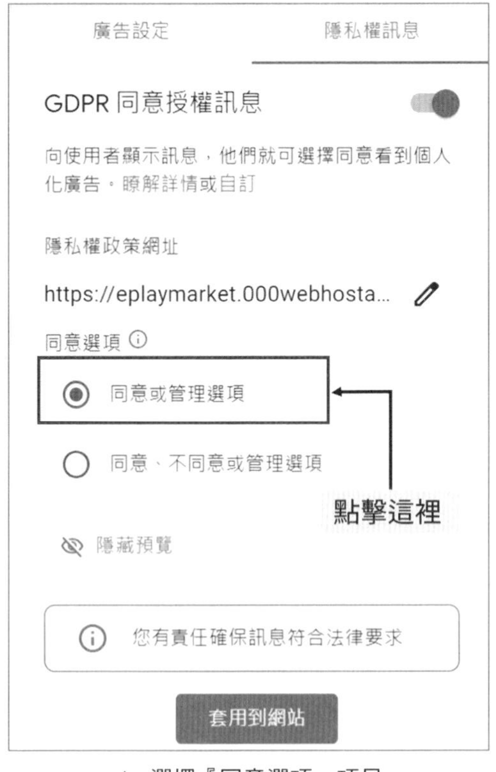

▲ 選擇『同意選項』項目

13. 將『CCPA 隱私權訊息』啟用。

都設定好之後，再點擊『套用到網站』。

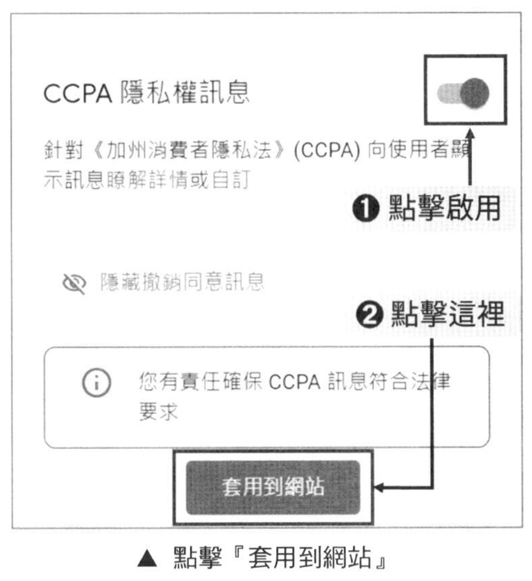

▲ 點擊『套用到網站』

6 到 WordPress 管理後台中，點擊左欄選單的『外掛』，再點擊『安裝外掛』。

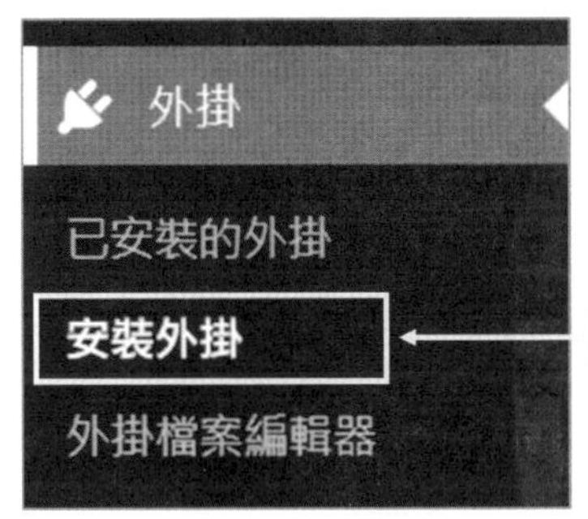

▲ 點擊『安裝外掛』

7 在搜尋欄中，輸入『Advanced Ads』，找到『Advanced Ads – Ad Manager & AdSense』外掛後，點擊『立即安裝』，並啟用外掛。

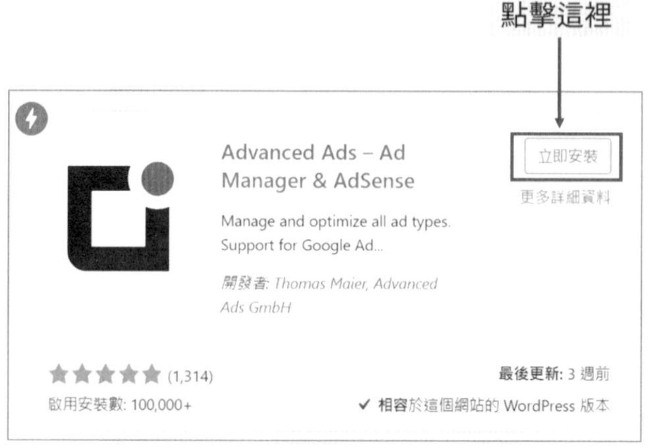

▲ 點擊『立即安裝』

8 點擊左欄選單的『Advanced Ads』，再點擊『設定』。

▲ 點擊『設定』

9 點擊『AdSense』標籤，再點擊『連線至 AdSense』。

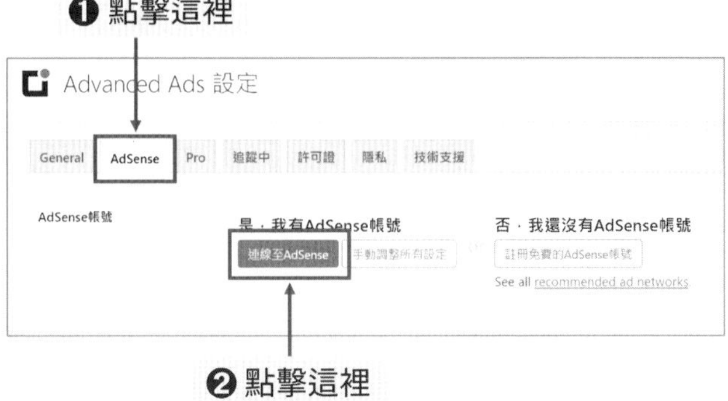

▲ 點擊『連線至 AdSense』

10 選定 AdSense 所使用的帳號，進行授權。

▲ 選定帳號

⓫ 點擊『繼續』，同意授權給外掛程式。

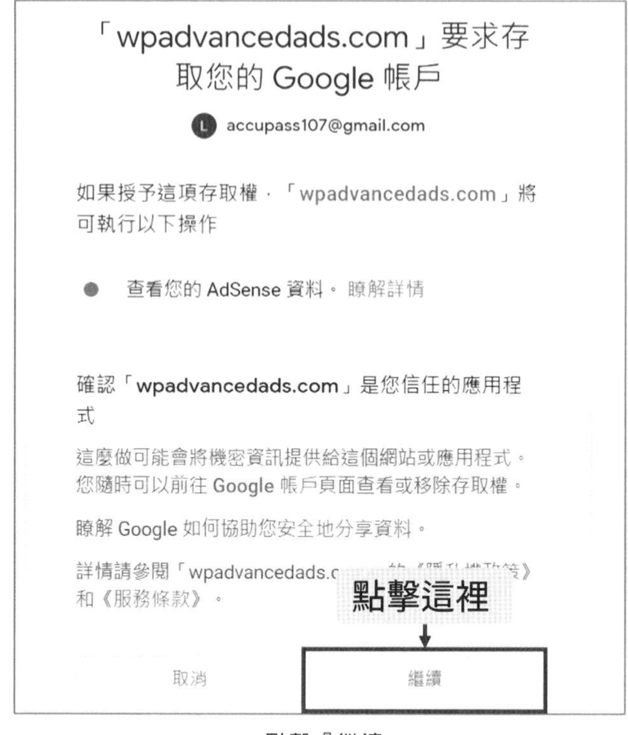

「wpadvancedads.com」要求存
取您的 Google 帳戶
accupass107@gmail.com
如果授予這項存取權，「wpadvancedads.com」將
可執行以下操作
查看您的 AdSense 資料。 瞭解詳情
確認「wpadvancedads.com」是您信任的應用程
式
這麼做可能會將機密資訊提供給這個網站或應用程式。
您隨時可以前往 Google 帳戶頁面查看或移除存取權。
瞭解 Google 如何協助您安全地分享資料。
和《服務條款》。
點擊這裡
取消
繼續

▲ 點擊『繼續』

⓬ 回到『AdSense』標籤底下的設定頁面，並進行以下的設定：

插入標頭程式碼以啟用自動廣告並驗證網站

AdSense帳號

Warning from your AdSense account

由於烏克蘭境內發生戰爭，針對涉及消費、否認或縱容此戰爭的內容，我們將暫停相關營利功能 取消

請務必將您的網站連結至 AdSense，網站獲准後，才能放送廣告。 取消

pub-1510884094600424　撤銷API權限

帳號持有者姓名: 林建睿

AdSense出問題了嗎?查看使用手冊或到這裡詢問。

See all recommended ad networks.

自動廣告(Auto ads)

☑ Insert the AdSense header code to enable Auto ads and verify your website.

在特定頁面上顯示自動廣告

Why are ads appearing in random positions?

修改自動廣告的設定

☑ Enable AMP Auto ads ← 啟用 AMP 自動廣告

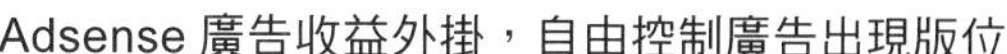

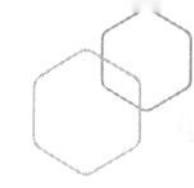

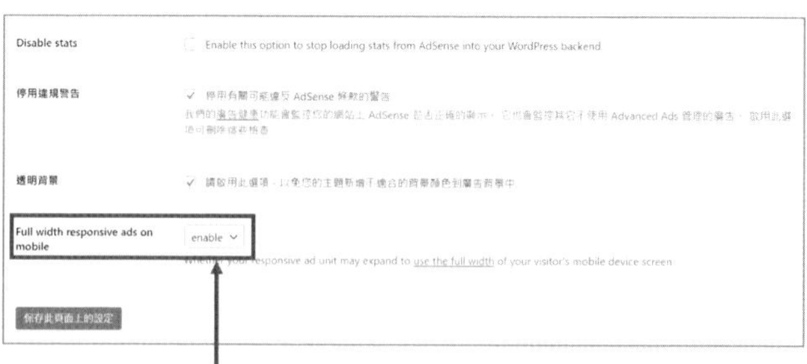

啟用行動設備上的自適應廣告

▲ 『AdSense』設定

13 完成設定後，再點擊『保存此頁面上的設定』。

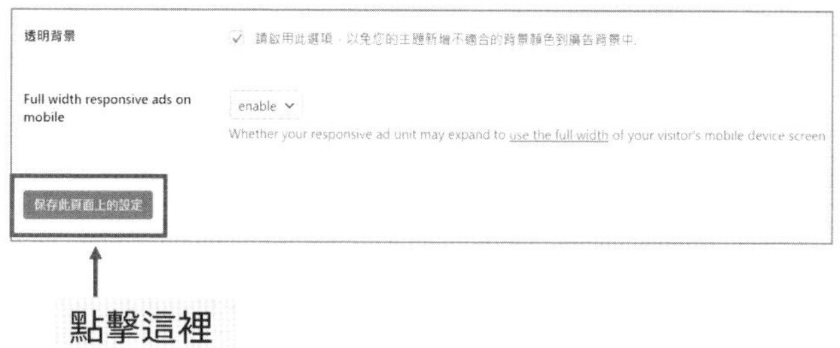

▲ 點擊『保存此頁面上的設定』

14 至 Google AdSense 管理後台中，點擊左欄選單的『廣告』，再點擊『按廣告單元』標籤，選定要新建哪一個廣告單元，如：『文章內廣告』。

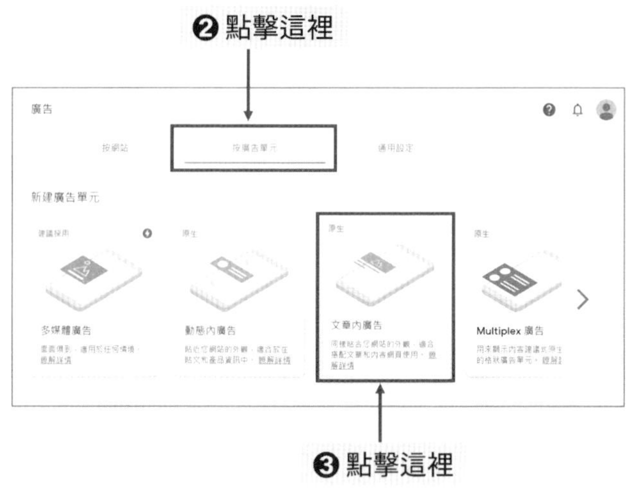

▲ 點擊『文章內廣告』

15 為廣告單元命名，名稱以好辨識為主，其他項目則維持預設值，不需要任何的更動，再點擊『儲存並取得程式碼』。

▲ 點擊『儲存並取得程式碼』

16 將所取得的程式碼複製起來備用，再點擊『我完成了』。

▲ 點擊『我完成了』

17 回到 WordPress 管理後台中，點擊左欄選單的『Advanced Ads』，再點擊『廣告』。

▲ 點擊『廣告』

18 新增第一個廣告，輸入標題，並在廣告類型中，選擇『AdSense 廣告』。

▲ 選擇『AdSense 廣告』

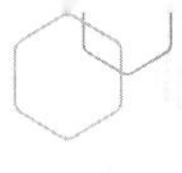

19 『Advanced Ads』外掛會自動讀取 AdSense 廣告單元，並顯示出清單列表。

若無錯誤產生，則點擊『下一步』。

▲ 點擊『下一步』

重點指引

若沒有自動載入廣告單元的話，可以點擊『Insert new AdSense code』超連結。

▲ 點擊『Insert new AdSense code』

將廣告單元的程式碼貼入文字框中，再點擊『下一步』，做後續的設定。

❶ 貼入程式碼

有問題或者錯誤嗎? 節省您的時間並獲得官方個人協助(支援)。 提出您的問題!

廣告參數

複製 AdSense 帳號中的廣告代碼，將其複製貼上到下面的區域，然後點擊 獲取詳細信息。

```
    crossorigin="anonymous"></script>
<ins class="adsbygoogle"
    style="display:block; text-align:center;"
    data-ad-layout="in-article"
    data-ad-format="fluid"
    data-ad-client="ca-pub-1510884094600424"
    data-ad-slot="1663660483"></ins>
<script>
    (adsbygoogle = window.adsbygoogle || []).push({});
</script>
```

獲取詳細訊息　取消

從已連結的帳號取得廣告程式碼　或者　Set up AdSense code manually

Clearfix　如果回應式廣告涵蓋在您網站上，請啟用此框

上一步　下一步

❷ 點擊這裡

▲ 貼入程式碼

20 在『顯示條件』區塊中，點擊『在某些頁面隱藏這個廣告』，設定該廣告單元只會在哪些頁面中顯現。

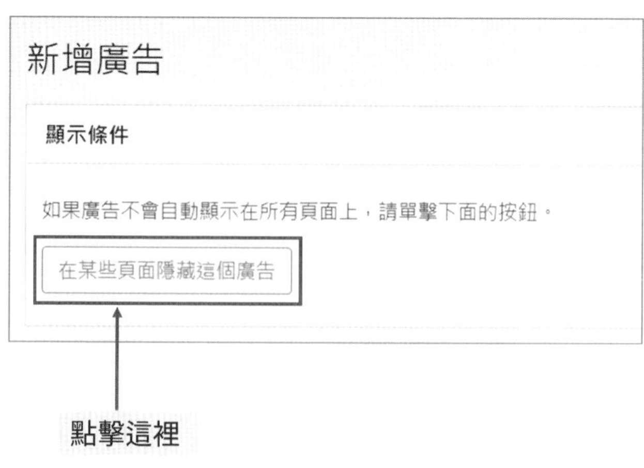

▲ 點擊『在某些頁面隱藏這個廣告』

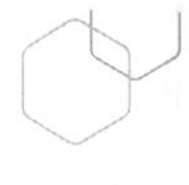

21 在『新條件』中，選定一個條件項目，如：『一般條件』。

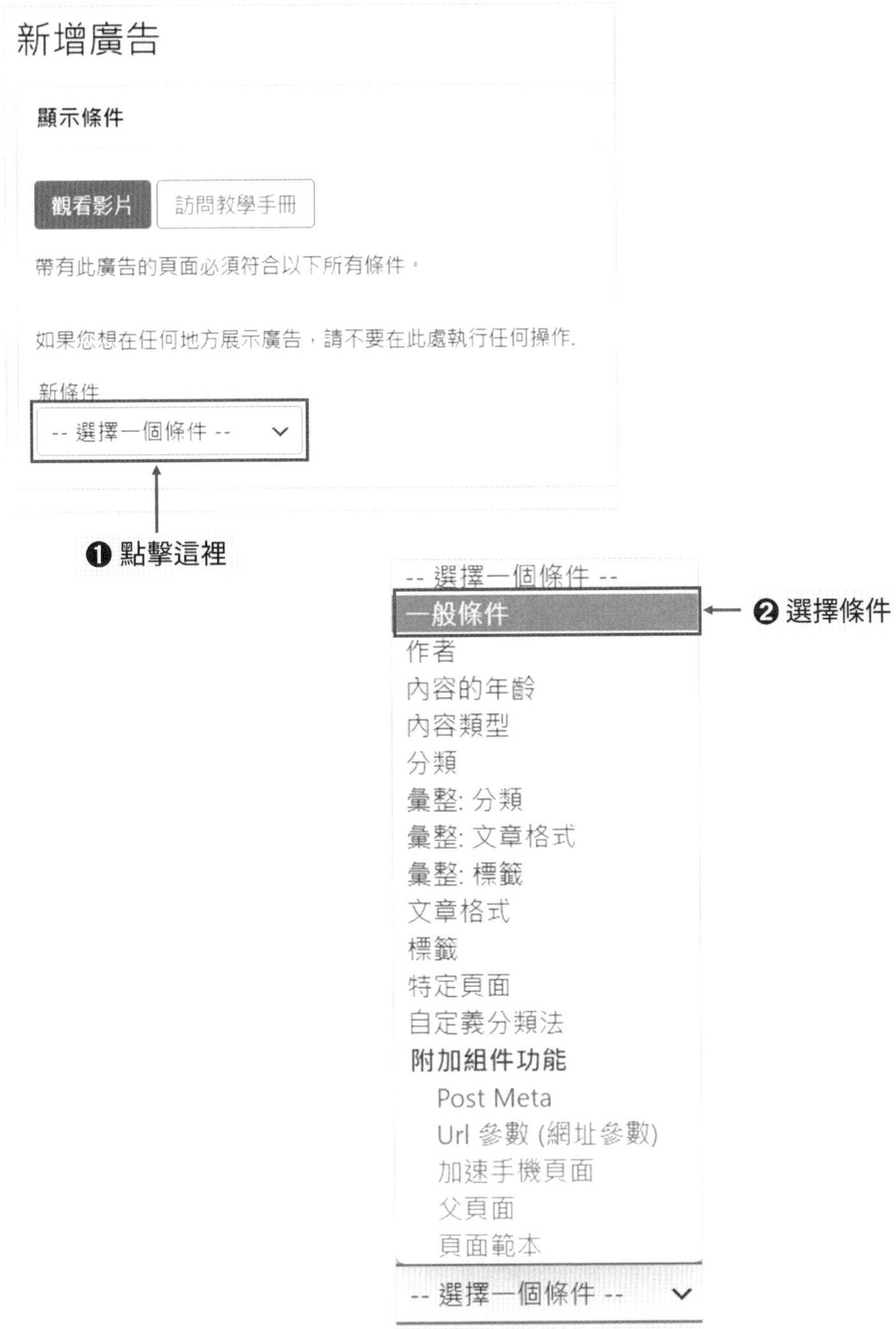

新增廣告

顯示條件

觀看影片 訪問教學手冊

帶有此廣告的頁面必須符合以下所有條件。

如果您想在任何地方展示廣告，請不要在此處執行任何操作.

新條件

-- 選擇一個條件 --

❶ 點擊這裡

-- 選擇一個條件 --
一般條件 ← ❷ 選擇條件
作者
內容的年齡
內容類型
分類
彙整: 分類
彙整: 文章格式
彙整: 標籤
文章格式
標籤
特定頁面
自定義分類法
附加組件功能
Post Meta
Url 參數 (網址參數)
加速手機頁面
父頁面
頁面範本

-- 選擇一個條件 --

▲ 點擊『一般條件』

22 設定想要顯示廣告的頁面，如：「頁面 / 文章」。
想要顯示廣告的頁面，在選定後會維持勾選狀態。而不想顯示廣告的頁面，則是未選定狀態，像是「主頁面 / 首頁」。

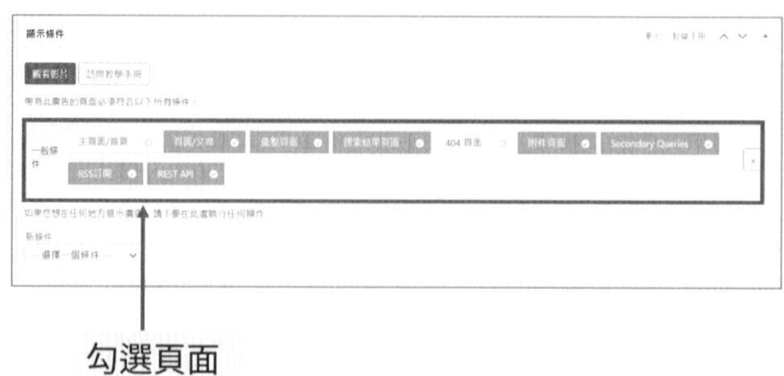

▲ 勾選不想顯示廣告的頁面

23 點擊『儲存』，將設定值儲存起來。

▲ 點擊『儲存』

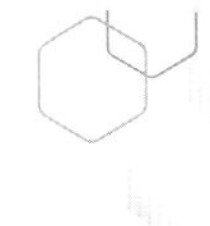

24 選定廣告要在頁面的哪個位置中顯示，像是要將廣告插入文章的內文，則選擇第二個展示位置。

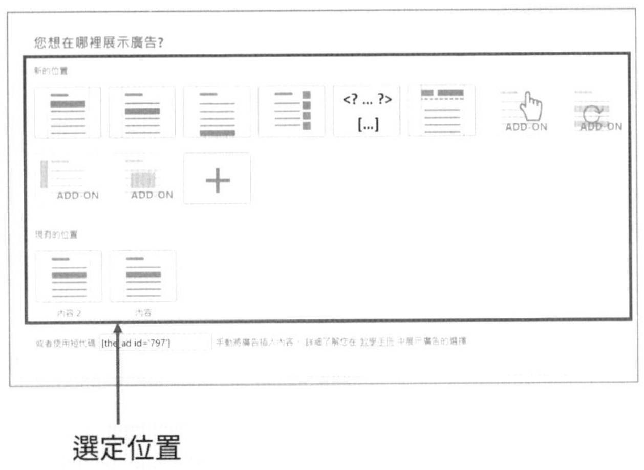

▲ 選定展示位置

25 在彈出的視窗中，輸入廣告於內文的第幾個段落之後顯示。

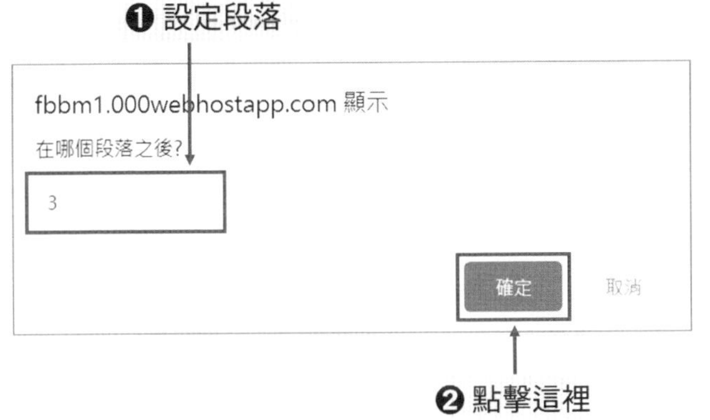

▲ 輸入段落序數

26 找到『佈局 / 輸出』區塊，設定廣告位置為偏左、偏右或置中，以及廣告與內文邊界距離。

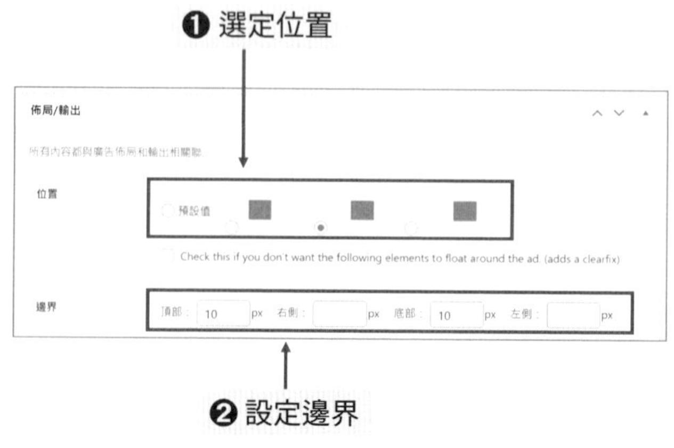

▲ 設定佈局 / 輸出

27 在『發佈』區塊中，點擊『更新』。

▲ 點擊『更新』

28 開啟網站中的任何一篇文章，都可以看到廣告已在文章段落中顯示出來。

1.過分誇大

FB廣告標題的設計創作，應該符合市場實際。這同廣告的宣傳性質並不矛盾。
例如，某摩托車品牌的廣告標題為：《真男人，就該有一輛摩托車》，恰如其分，充滿感召力而並不浮誇誇張。
反之，如果改為《沒有自己的摩托車？做男人太失敗》，就顯得過分自大，並忽視現實，容易讓潛在受眾群體為之反感。

▲ 文章顯示廣告樣式

在網站上同步顯示 Google Calendar，跟上所有節慶行銷

1. 在 WordPress 管理後台，點擊左欄選單的『外掛』，再點擊『安裝外掛』。

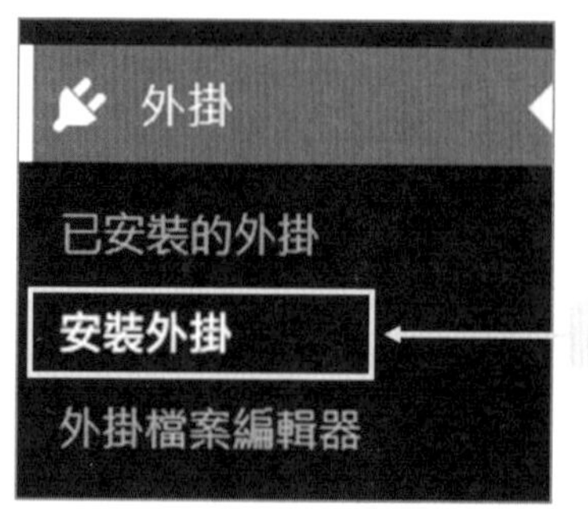

▲ 點擊『安裝外掛』

2. 在關鍵字搜尋欄輸入『Private Google Calendars』，找到外掛後立即安裝，再將外掛程式啟用。

▲ 安裝『Private Google Calendars』

3. 接著，再至『Google Cloud 控制台』（https://console.cloud.google.com/）中，點擊左欄導覽選單中的『IAM 與管理』，再點擊『建立專案』。

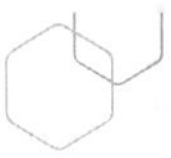

❶ 點擊這裡

Google Cloud 選取專案

Cloud 總覽
近期
查看所有產品
已固定
API 和服務
帳單
IAM 與管理
Marketplace
Compute Engine
Kubernetes Engine
Cloud Storage
BigQuery

身分識別與機構
政策疑難排解工具 最新
Policy Analyzer
機構政策
服務帳戶
Workload Identity 聯盟
標籤
標記
設定
隱私權與安全性
Identity-Aware Proxy
角色
稽核記錄
管理資源
建立專案
資產儲存庫
重要聯絡人
群組
配額

❷ 點擊這裡

▲ 點擊『建立專案』

▲ Google Cloud 控制台 QrCode

4 在『專案名稱』中，為專案命名。並同時獲得一組『專案 ID』，專案 ID 在建立之後，就無法再變更了。
而後，點擊『建立』。

▲ 點擊『建立』

5 再次點擊左欄選單中的『API 和服務』，點擊『程式庫』。

▲ 點擊『程式庫』

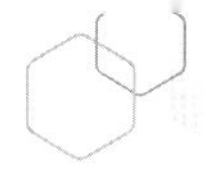

6 在搜尋欄中，輸入『Google Calendar API』，開始搜尋。

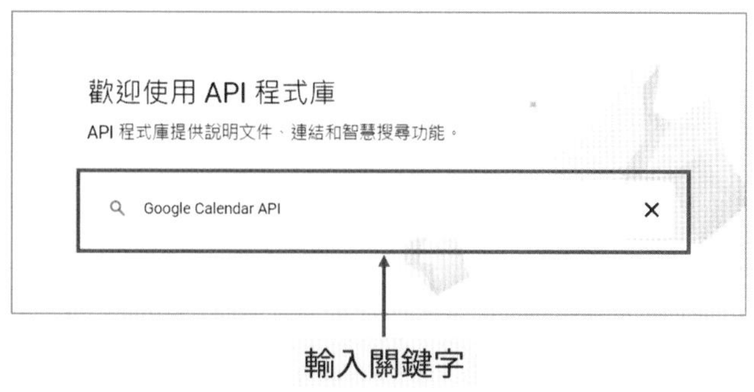

輸入『Google Calendar API』

7 出現 2 個搜尋結果，選擇『Google Calendar API』這個程式庫。

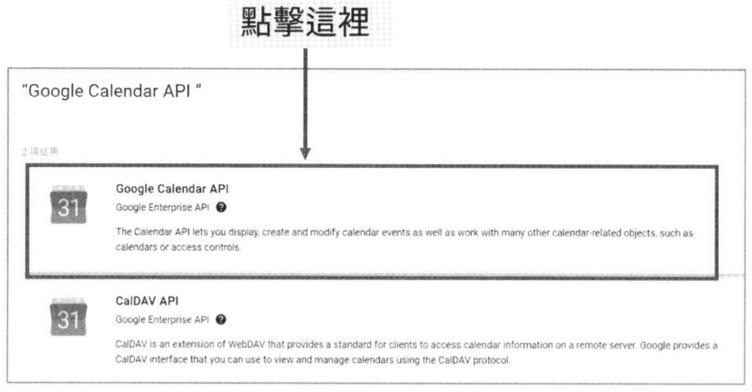

▲ 選擇『Google Calendar API』

8 點擊『啟用』。這個日曆 API 可以讓你顯示、創建和修改日曆事件，或進行讀取與控制。

▲ 點擊『啟用』

9 啟用 API 服務之後，需建立憑證才能使用 Google Calendar API，點擊左欄選單的『憑證』。

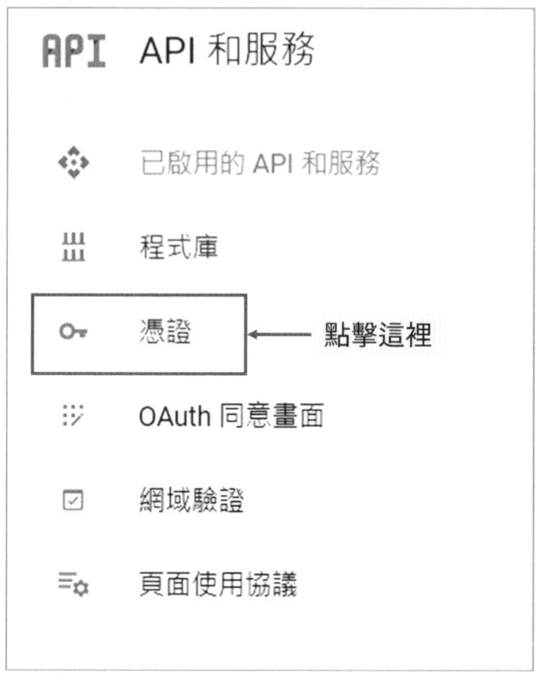

▲ 點擊『憑證』

10 點擊『建立憑證』，再點擊『API 金鑰』。

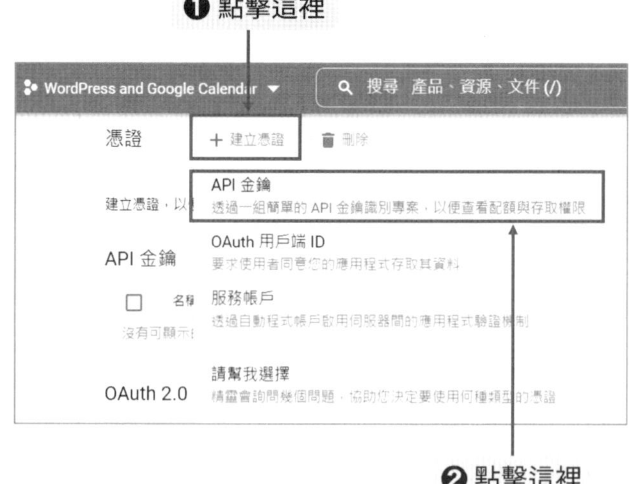

▲ 點擊『API 金鑰』

11 Google Cloud 會產生一組金鑰，將金鑰序號複製起來。

▲ 複製 API 金鑰序號

12 回到 WordPress 管理後台中，點擊左欄選單的『設定』，再點擊『Private Google Calendars』。

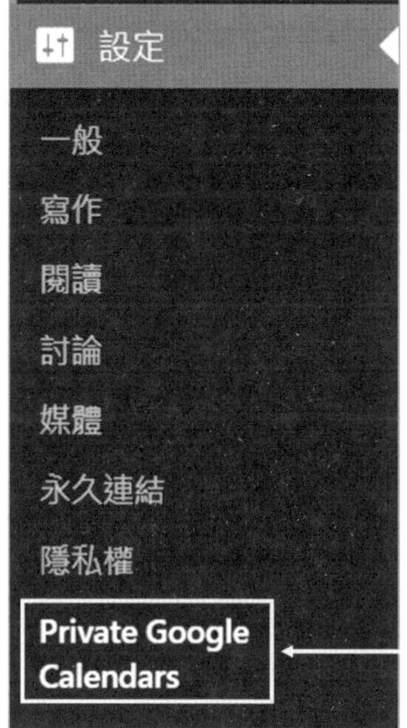

▲ 點擊『Private Google Calendars』

13 在『Cache time in minutes』中，將數值設置為 0，代表不使用緩存，WordPress 的日曆頁面與 Google 日曆的資料同步更新。

另外，在『FullCalendar version』中，選擇版本 5，為最新版本。

▲ 『Cache time in minutes』設置為 0

14 在『FullCalendar theme』與『Event popup theme』項目中，選擇樣版樣式，只有『Dark』和『Light』兩種。

而後，在『API key』欄位中，將之前在 Google Cloud 所複製的金鑰序號貼入。

▲ 貼入金鑰序號

⓯ 最後，點擊『Save settings』，將設定值儲存起來。

Public calendars　Calendar ID

Setup your public calendars here to display a title and ba

Private calendar settings

Note: Create a new project in de Google developer console and make sure yo the authorized redirect URI!

Upload client secret　選擇檔案 未選擇任何檔案

Save settings

點擊這裡

▲ 點擊『Save settings』

⓰ 在 Google 首頁中，點擊 Google 應用程式快捷選單，再點擊『日曆』。

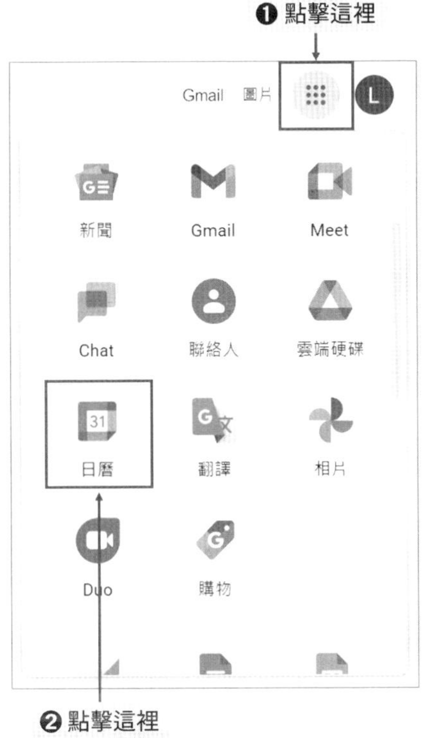

▲ 點擊『日曆』

17 將滑鼠游標移到左欄選單的使用者名稱旁，出現選單符號後，再點擊『設定和共用』。

▲ 出現選單符號

▲ 點擊『設定和共用』

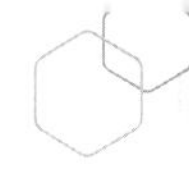

18 找到『活動的存取權限』區塊，將『公開這個日曆』勾選起來，將日曆的權限設定為公開。

▲ 勾選『公開這個日曆』

19 在『整合日曆』區塊，將『日曆 ID』記下，複製起來。通常都是以 Gmail 郵件作為日曆 ID。

▲ 記下『日曆 ID』

20 回到 WordPress 管理後台，點擊左欄選單的『頁面』，再點擊『新增頁面』。

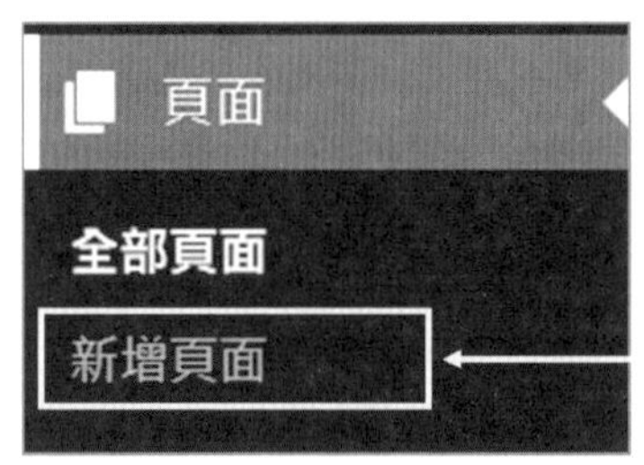

▲ 點擊『新增頁面』

21 在內容編輯區中輸入短代碼：
[pgc calendarids="Google 日曆 ID"]
如：[pgc calendarids="accupass107@gmail.com"]

▲ 輸入短代碼

22 若是要加入 2 個以上的 Google 日曆，每個 ID 之間，使用逗號區隔開來。
[pgc calendarids="Google 日曆 ID 1, Google 日曆 ID 2"]
如：[pgc calendarids="accupass107@gmail.com,sos99club99@gmail.com"]

▲ 以逗號區隔 Google 日曆 ID

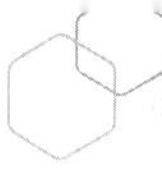

重點指引

另外，也可以透過短代碼的編寫，來改變日曆顯示的樣式：

例如：

1. 活動事件以黑底白字顯現，則需加入以下的短代碼：

   [pgc event_color="black" event_text_color="white" header-center="title" header-right="today prev,next" header-left="dayGridMonth,timeGridWeek,listWeek"]

   [/] 短代碼

   [pgc calendarids="accupass107@gmail.com" event_color="black" event_text_color="white" header-center="title" header-right="today prev,next" header-left="dayGridMonth,timeGridWeek,listWeek"]

   ▲ 短代碼範例

2. 隱藏所有過去的事件，並顯示接下來 10 天的事件，則使用以下的短代碼：

   [pgc hidepassed="0" hidefuture="10"]

   [/] 短代碼

   [pgc calendarids="accupass107@gmail.com" hidepassed="0" hidefuture="10"]

   ▲ 短代碼範例

3. 隱藏 Google 日曆的 ID，使用以下的短代碼：

   [pgc filter="false"]

   [/] 短代碼

   [pgc calendarids="accupass107@gmail.com" filter="false"]

   ▲ 短代碼範例

4. 活動事件以彈出方式顯現，使用以下的短代碼：

   [pgc eventpopup="true" eventlink="true" eventdescription="true" eventattachments="true" eventattendees="true" eventlocation="true" eventcreator="true" eventcalendarname="true"]

[/] 短代碼

[pgc calendarids="accupass107@gmail.com" eventpopup="true" eventlink="true" eventdescription="true" eventattachments="true" eventattendees="true" eventlocation="true" eventcreator="true" eventcalendarname="true"]

▲ 短代碼範例

主題四

與 SEO 整合，提升排名與業績

第十五章　搜尋引擎最佳化，增加網站曝光率

第十六章　進階 SEO 設定，讓網站訂單接不完

第十七章　善用 Google 關鍵字，創造高搜尋效益

第十八章　加入網站地圖，讓網站排名穩定爬升

第十九章　利用焦點頁面，為網站創造高轉換率

搜尋引擎最佳化，增加網站曝光率

1. 點擊 WordPress 管理後台左欄選單的『設定』，再點擊『一般』。

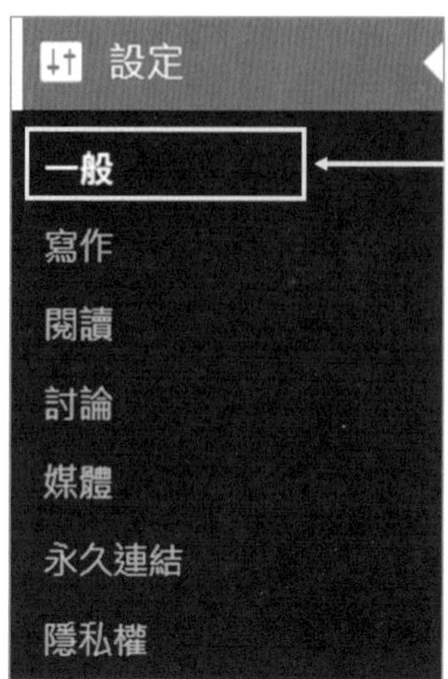

▲ 點擊『一般』

2. 將『網站標題』與『網站說明』都填寫好，將關鍵字融合在語句當中，作為網站標題與網站定位說明文字。

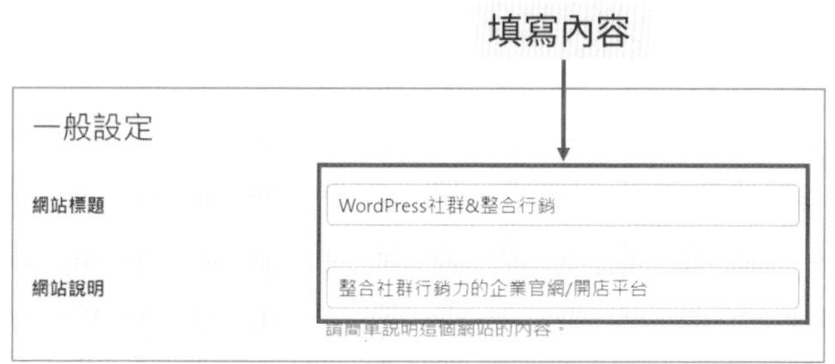

▲ 填寫『網站標題』與『網站說明』

重點指引

SEO 最基本優化就是將網站的標題 (Title) 與描述 (Description) 填寫好，Title 和 Description 都是網頁原始碼 HTML 裡的元素，也是專門寫給搜尋引擎演算法看的元素，在搜尋引擎裡顯示出來的結果為網頁標題與搜尋結果描述說明，目前這兩個元素，尤其是 Title 對 SEO 排名仍有重大的影響。

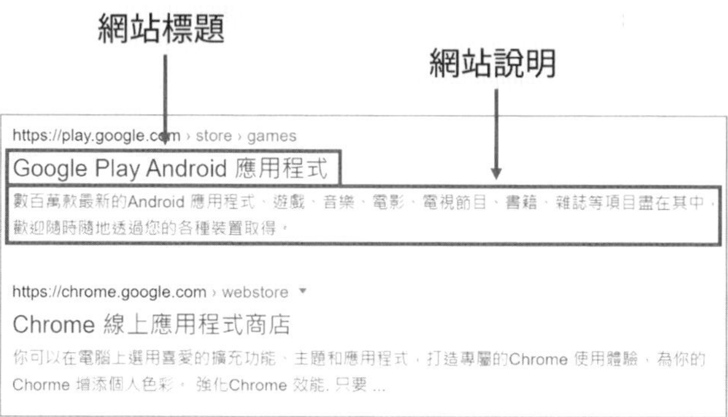

▲ 『網站標題』與『網站說明』在搜尋引擎的顯示位置

『網站標題』與『網站說明』在網頁程式碼的語法為：

<title> 網站標題 </title>

<meta name="description" content=" 網站說明 "/>

3 將標題與說明都設定好之後，點擊『儲存設定』，把設定值儲存起來。

▲ 點擊『儲存設定』

4 接著，再繼續點擊 WordPress 管理後台左欄選單的『設定』，並點擊『閱讀』。

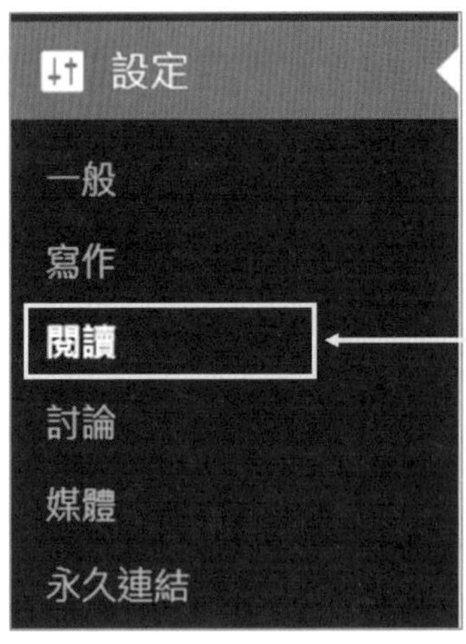

▲ 點擊『閱讀』

5 檢視『阻擋搜尋引擎索引這個網站』的選項是否有取消勾選，以免被搜尋引擎排除在外。
確認取消勾選後，點擊『儲存設定』。

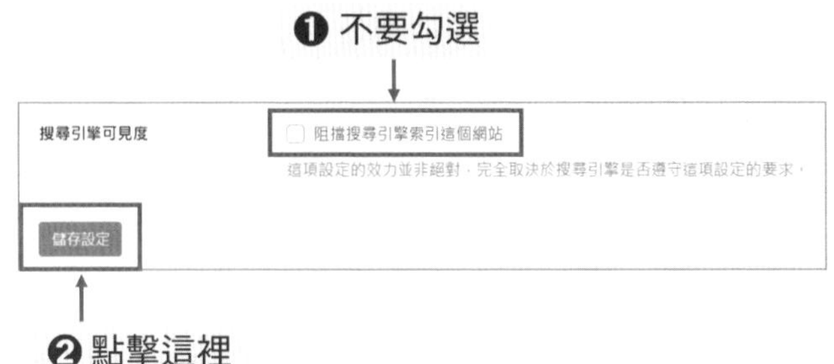

▲ 『阻擋搜尋引擎索引這個網站』不勾選

6 點擊 WordPress 管理後台左欄選單的『設定』，再點擊『永久連結』。

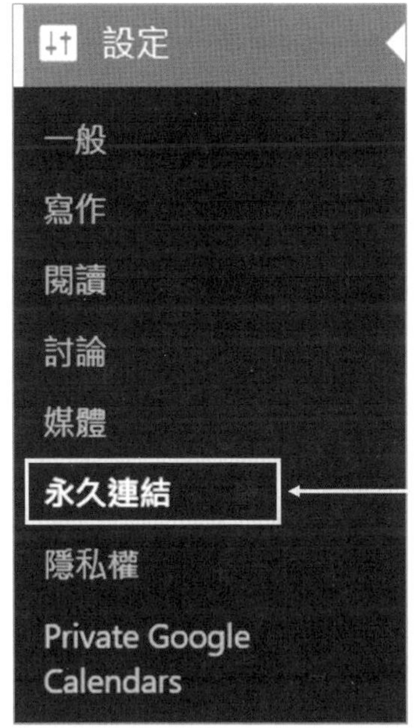

▲ 點擊『永久連結』

7 在網址連結的設定中，若是選擇『預設』作為固定網址方式，對搜尋引擎來說，是沒有意義的，無助於 SEO。

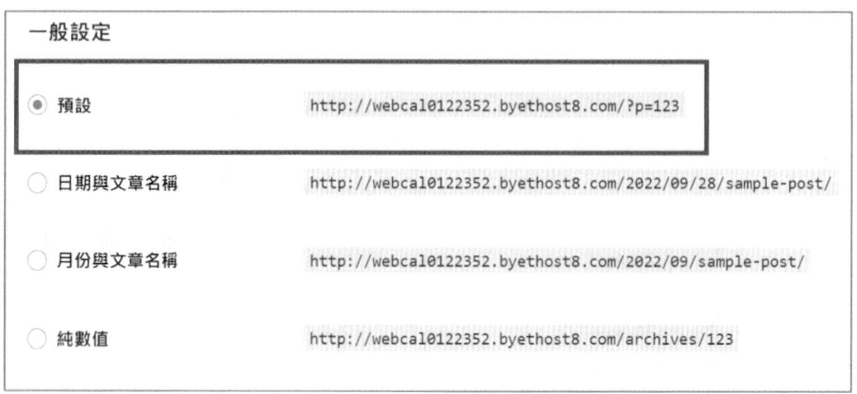

▲ 『預設』方式無助於 SEO

8 將網址的設定改為『自訂結構』，一般常見的做法是以『分類』（%category%）作為網址的第一層，『文章名稱』（%postname%）作為第二層。

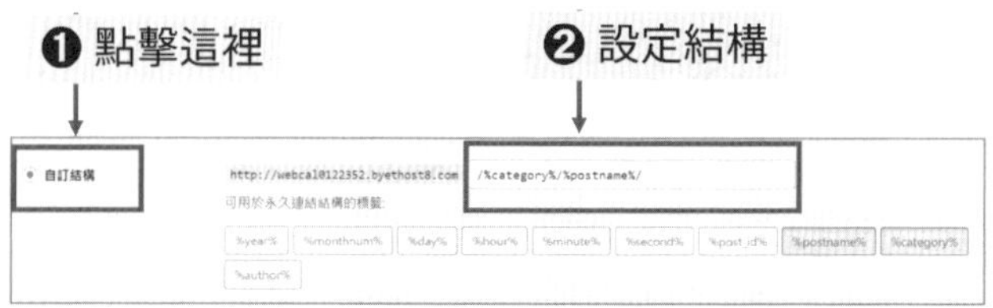

▲ 網址設定為『自訂結構』

重點指引

網址構成的方式最好採用：

- 可閱讀的字詞，而非數字或 ID。
- 有邏輯的方式來架構。
- 設定固定網址時，不要使用中文，因為在 WordPress 中，網址會變成一堆冗長的亂碼。

9 對搜尋引擎來說，結構明顯的網址，有助於收錄。因此在發佈文章時，必須要注意：

（1）點擊『文章』，再點擊『分類』。

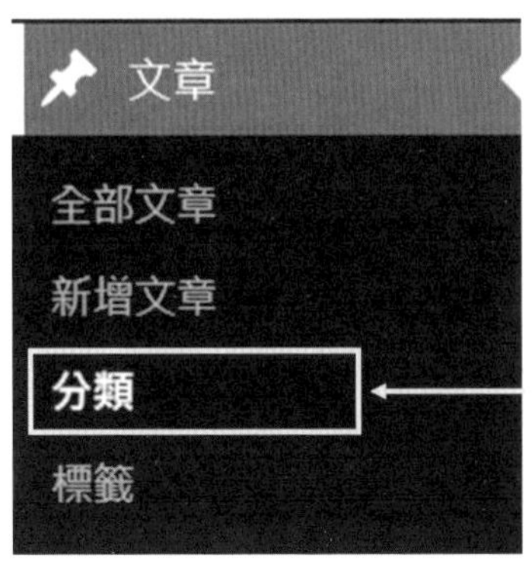

點擊這裡

▲ 點擊『分類』

（2）在『代稱』的欄位中，必須使用可辨識、有意義、簡短的英文字詞，因為這一欄位所使用的名稱，會成為網址中的分類名稱。
例如在網站中顯示的中文分類名稱是：搜尋引擎優化，那麼代稱就可以使用：SEO。

分類

新增分類

名稱

搜尋引擎優化

在這個欄位中輸入的內容，就是這個項目在網站上的顯示名稱。

代稱

seo

代稱的**英文原文為 Slug**，是用於網址中的易記名稱，通常由小寫英文字母、數字及連字號 - 組成。

輸入代稱

▲ 代稱

（3）點擊『文章』，再點擊『全部文章』。

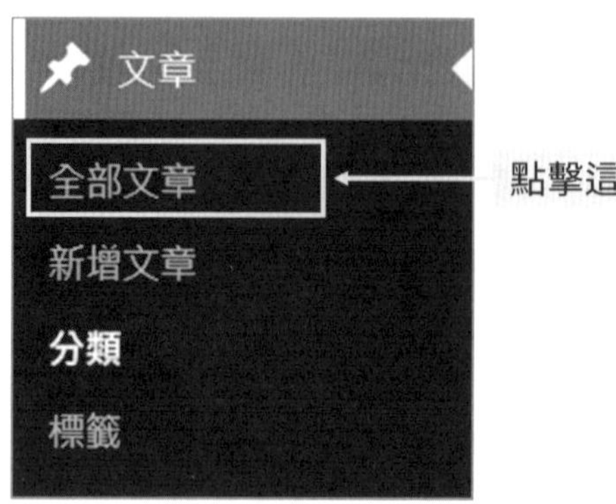

▲ 點擊『全部文章』

（4）選定所要編輯的文章，點擊『編輯』。

文章 新增文章

全部 (9) | 已發佈 (9) | 回收桶 (3)

批次操作 套用 全部日期

內容標題

WordPress SEO優化必備！Google SEO搜尋引擎演算法檢查器！

編輯 | 快速編輯 | 移至回收桶 | 檢視

SEO圖片優化解決方案，離線也能用的圖片壓縮神器！

點擊這裡

▲ 點擊『編輯』

（5）點擊『文章』標籤，在『永久連結』區塊下，將『網址代稱』設定為有意義的英文字詞，作為『文章名稱』，並顯示在網址的最後部分。

▲ 編輯『網址代稱』

進階 SEO 設定，讓網站訂單接不完

1. 點擊 WordPress 管理後台左欄選單的『外掛』，再點擊『安裝外掛』。

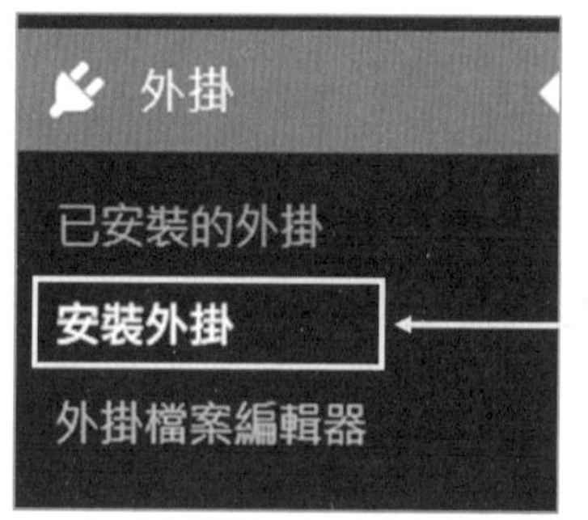

▲ 點擊『安裝外掛』

2. 在關鍵字搜尋欄中輸入『Squirrly SEO』，找到『SEO Plugin by Squirrly SEO』外掛後，點擊『立即安裝』，並啟用外掛。

▲ 安裝『SEO Plugin by Squirrly SEO』

3 點擊左欄選單的『Squirrly SEO』，再點擊『First Step』。

▲ 點擊『First Step』

4 輸入 Email Address，勾選使用條款和隱私政策，點擊『Sign Up』，註冊 Squirrly Cloud 的帳號。

▲ 點擊『Sign Up』

5 進入『One Page Setup』設置頁，點擊『Let's do this>』。

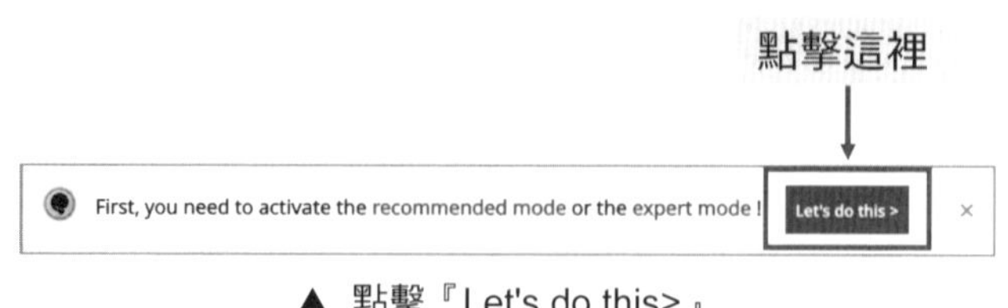

▲ 點擊『Let's do this>』

6 有三種設置模式可供選擇：

- No SEO Configuration：無 SEO 配置，先不做任何的配置，回到 WordPress 管理後台。
- SEO Recommended Mode：推薦模式，沒有任何 SEO 基礎的新手用戶，也可以跟著指引設定。
- SEO Expert Mode：專家模式，適合有 SEO 基礎的用戶來設定。

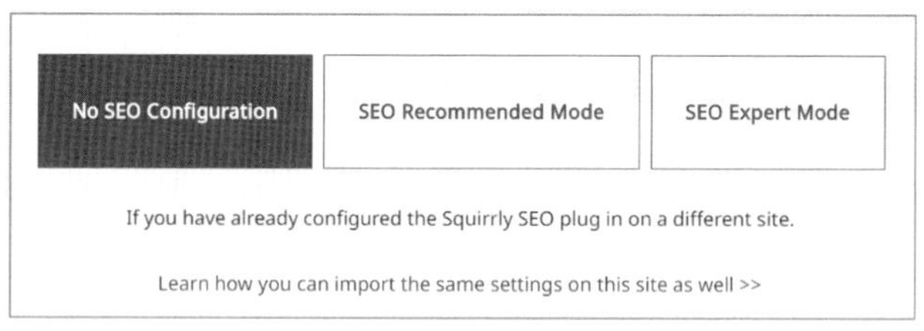

▲ 三種 SEO 設置模式

7 這裡以『SEO Expert Mode』專家模式為例，使用 Squirrly SEO 最完整的功能，進行設置上的說明。

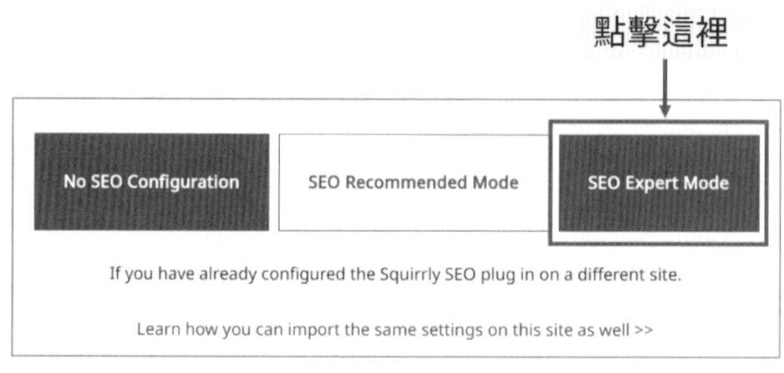

▲ 點擊『SEO Expert Mode』

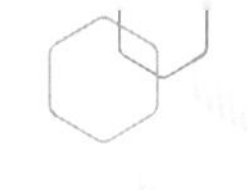

8 先進行 Squirrly SEO 的基礎功能設定：

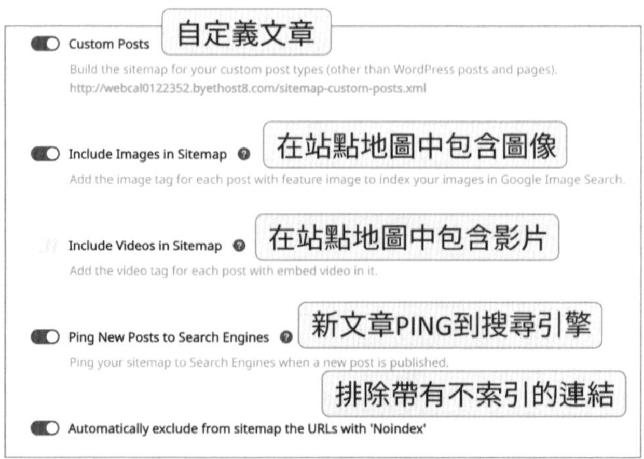

Custom Posts
自定義文章
Build the sitemap for your custom post types (other than WordPress posts and pages).
http://webcal0122352.byethost8.com/sitemap-custom-posts.xml
Include Images in Sitemap
在站點地圖中包含圖像
Add the image tag for each post with feature image to index your images in Google Image Search.
Include Videos in Sitemap
在站點地圖中包含影片
Add the video tag for each post with embed video in it.
Ping New Posts to Search Engines
新文章PING到搜尋引擎
Ping your sitemap to Search Engines when a new post is published.
排除帶有不索引的連結
Automatically exclude from sitemap the URLs with 'Noindex'

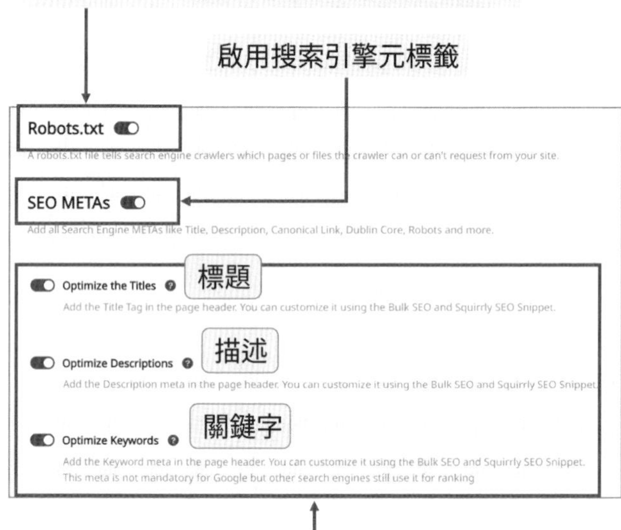

啟用robots.txt檔案告知搜索引擎抓取工具
啟用搜索引擎元標籤
Robots.txt
A robots.txt file tells search engine crawlers which pages or files the crawler can or can't request from your site.
SEO METAs
Add all Search Engine METAs like Title, Description, Canonical Link, Dublin Core, Robots and more.
Optimize the Titles
標題
Add the Title Tag in the page header. You can customize it using the Bulk SEO and Squirrly SEO Snippet.
Optimize Descriptions
描述
Add the Description meta in the page header. You can customize it using the Bulk SEO and Squirrly SEO Snippet.
Optimize Keywords
關鍵字
Add the Keyword meta in the page header. You can customize it using the Bulk SEO and Squirrly SEO Snippet.
This meta is not mandatory for Google but other search engines still use it for ranking
選擇所要優化的元標籤

Add Canonical Meta Link
添加規範鏈接
Add canonical link meta in the page header. You can customize the canonical link on each page.
Also add prev & next links METAs in the page header when navigate between blog pages.
Add Dublin Core Meta
添加Dublin Core元標籤
Add the Dublin Core meta in the page header.
添加Meta Robots，告知搜索引擎哪些需要檢索
Add Robots Meta
Add the Index/Noindex and Follow/Nofollow options in Squirrly SEO Snippet.
Add googlebot and bingbot METAs for better performance.

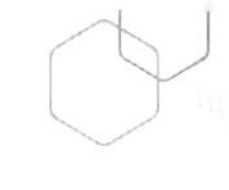

▲ Squirrly SEO 功能設定

9. 進入 Focus Page 焦點頁面設定區，這裡暫時先不做任何的設定，待日後進行行銷活動時才設定，直接點擊『Save & Continue>>』。

▲ Squirrly SEO 功能設定

10. 進行社群媒體串連設置，輸入粉絲頁、IG、Youtube…等社群帳號的網址。

Enter your personalized content here:

Congrats! You activated all the features you needed to.

Now all you have to do is add the custom content that is unique to your business.

Social Media (only add the ones you already have)

Twitter Profile URL:

https://twitter.com/XXXXX

Required for Twitter Card Validator

Facebook Profile or Page URL:

https://facebook.com/XXXXX

https://www.facebook.com/profile.php?id=1000712

❶ 輸入粉絲頁網址

▲ 輸入社群網址

⑪ 輸入 JSON-LD 結構化數據資料，以便當有人在搜尋品牌或公司名時，可以有更完整的資料顯示在 Google 搜尋結果中。

填寫欄位包含以下資料：

- 公司名稱。
- 品牌 LOGO。
- 對公司 / 品牌的簡短描述。
- 公司地址。
- 公司所在的城市和國家。
- 郵遞區號。
- 潛在客戶可以聯繫到的電話號碼。
- 聯繫人類型。

Rich Snippets: JSON-LD Schema

JSON-LD Type: : Select between a Personal or a Business website type.	Organization
Your Organization Name: e.g. COMPANY LTD	Google
Logo URL:	https://fbbm1.000webhostapp.com/wp- **Select Image**
Short Description: A short description about the company. 20-50 words.	子公司．業務範圍涵蓋網際網路廣告．網際網路搜尋．雲端運算等領域．開發並提供大量基於網際網路的產品與服務．其主要利潤來自Ads等廣告服務。
Address: e.g. 38 avenue de l'Opera	1600 Amphitheatre Pkwy, Mountain View, CA

City: e.g. Paris	State of California
Country: e.g. US	United States
Postal Code: e.g. F-75002	94043
Contact Phone: e.g. +1-541-754-3010	+1 650-253-0000
Contact Type:	Customer Service

▲ 輸入 JSON-LD 資料

重點指引

JSON-LD 是 JSON 格式的結構化資料，可以讓 Google 針對不同型式的網站，讀取更多元的豐富片段和精選片段資料，並以獨特的搜尋結果來呈現。

通常使用 JSON-LD 都需要額外再撰寫程式碼，但在 Squirrly SEO 外掛當中，只要根據欄位填寫資料就可以了。

當 Google 讀取到資料時，通常會出現在搜尋結果的『知識圖譜』區塊內容中。

▲ JSON-LD 資料會出現在『知識圖譜』中

12 設置 GEO Location 地理位置資料，也就是設定公司 / 品牌的緯度和經度位置，這可以讓 Google 確切瞭解公司的地點，並顯示地圖來展現公司或品牌的實際位置所在，對於有實體店面的商家來說，可以讓潛在客戶更容易搜尋到您。

若不曉得公司位置的經度與緯度，可以點擊『Get GEO Coordonates based on address』超連結。

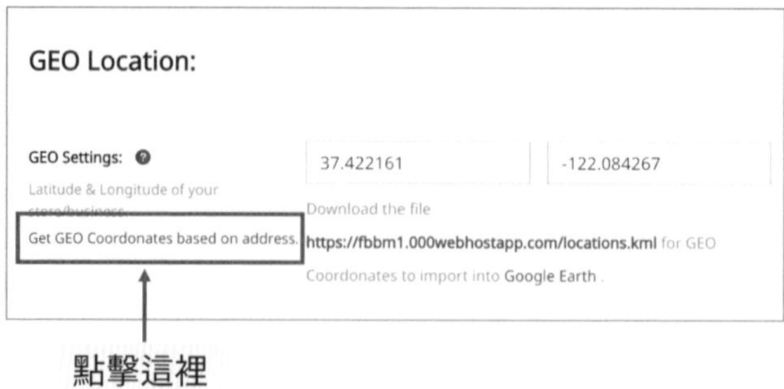

▲ 點擊『Get GEO Coordonates based on address』

⑬ 輸入公司或品牌的地址，中英文地址皆可，再點擊『Find』，就可以查詢到經度與緯度的位置了。

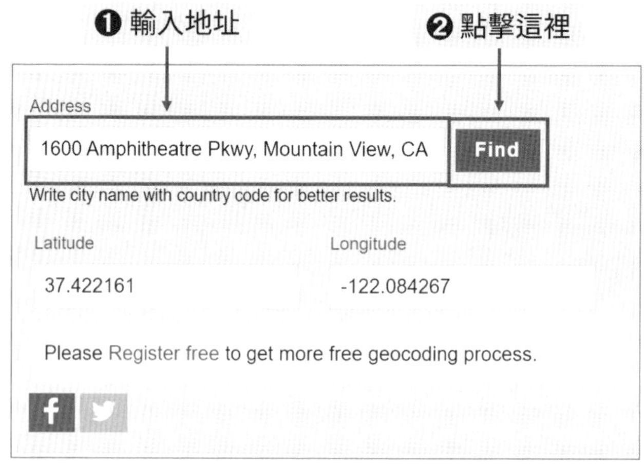

▲ 輸入地址，點擊『Find』

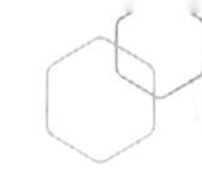

⑭ 填寫營業時間資料，從星期一至星期日，分別填寫實際營業時間。

▲ 填寫營業時間資料

⑮ 填寫餐廳資訊

若您的公司或品牌是屬於餐飲業，還可以填寫在地餐廳資訊，提供以下的訊息：

- 餐廳的消費價格範圍
- 提供的菜餚類型
- 菜單網址
- 是否接受預訂

只有餐廳、披薩店、酒店、咖啡店 ... 等餐飲服務，才需要填寫資料，若不屬於餐飲業範圍的公司或品牌，則可以不用填寫。

填寫之後，當人們在 Google 搜尋餐廳名稱時，這些資訊都會出現在 Google 的搜尋結果中。

填寫完畢後，點擊『Save Settings』。

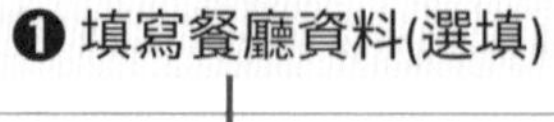

▲ 填寫餐廳資訊

16 輸入關於網站的基本描述， 填寫完之後，點擊『Save & Continue>>』。

▲ 填寫網站基本描述

17 點擊『SEO Expert：Start Here』，連結到『SEO Configuration』設定頁面，繼續進行其他的 SEO 進階設定。

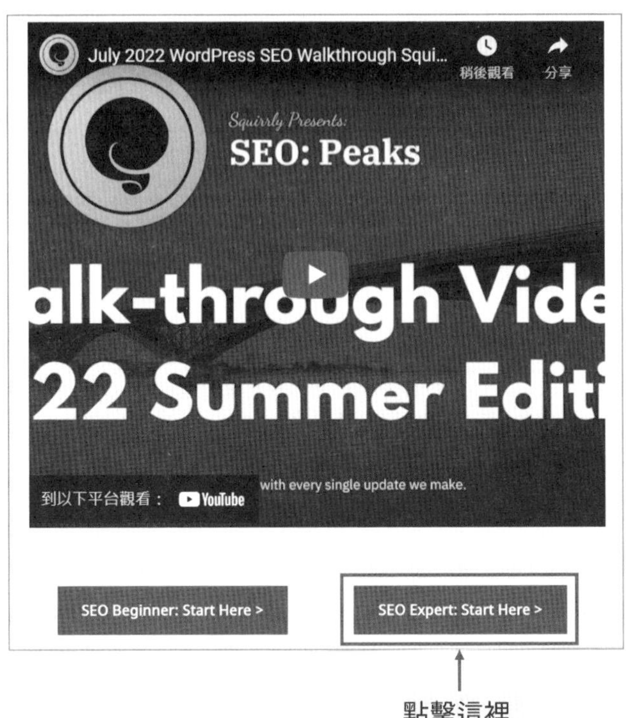

▲ 點擊『SEO Expert：Start Here >』

重點指引

若是點擊『SEO Beginner：Start Here >』，則頁面會跳轉至文章編輯頁，該選項是針對 SEO 初學者所設置的。

善用 Google 關鍵字，創造高搜尋效益

17-1 Google 關鍵字使用建議

❶ 在 WordPress 管理後台中，點擊左欄選單的『Squirrly SEO』，再點擊『Keyword Research』。

▲ 點擊『Keyword Research』

❷ 在 Keyword Research 中的欄位，輸入想要搜尋的關鍵字，國家 / 地區的下拉選單中，則選擇『Taiwan』，再點擊『Next』。

依據不同的國家 / 地區，可以對應到當地的搜索引擎，有助於找到在地化的關鍵字，專注於所在地的受眾。

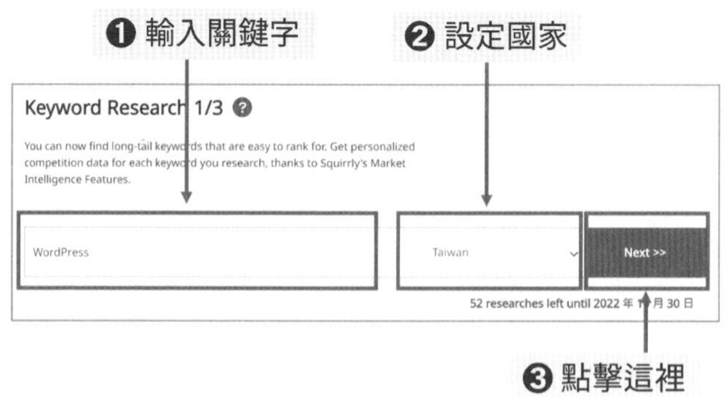

▲ 點擊『Next』

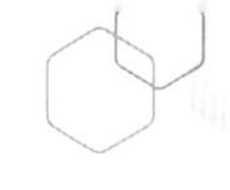

❸ 依據關鍵字熱門程度的不同，大約會顯示 10 ～ 20 個相關結果，免費版的外掛可以勾選 3 個，再針對所選擇的關鍵字做進一步的數據分析。勾選完畢後，點擊『Do research>>』。

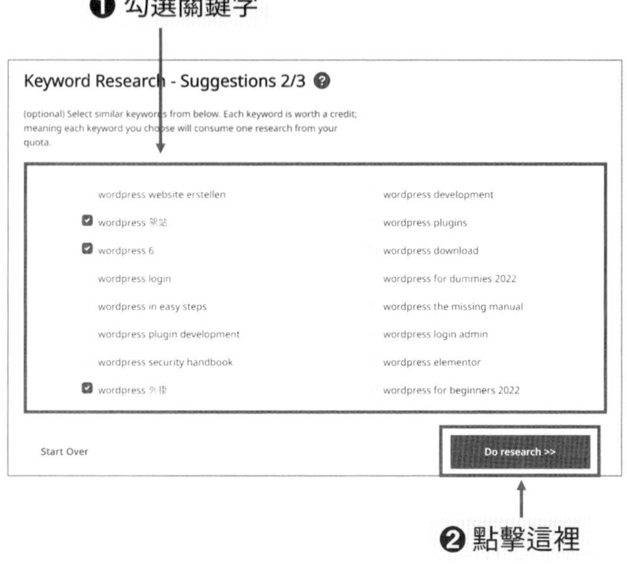

▲ 點擊『Do research>>』

❹ 每個選定的關鍵字，都會透過演算法找到相關的其他建議關鍵字，並顯示其過去 90 天的競爭程度、社群討論度、搜尋量等數據，讓你評估可使用哪個關鍵字作為文章的主要優化關鍵字。

關鍵字列表是根據每個關鍵字的排名潛力來排序的，有非常高的排名機會、高度排名機會、不錯的排名機會、適度的排名機會、低排名機會、非常低的排名機會 6 個等級的區別，但要注意的是，即使有非常高的排名機會，但若是搜尋量低的話，就不適合將它納入 SEO 的關鍵字策略中。

Keyword Research - Results 3/3

We found some relevant keywords for you. Click on the corresponding three dots to save the ones you like to Briefcase or start using them right away to optimize content.

Keyword	Co	Competition	Search	Discussion
wordpress 架站教學	tw	very high ranking chance	10-100	very few
wordpress 架站 教學	tw	very high ranking chance	0-10	very few
wordpress 架站 2022	tw	very high ranking chance	0-10	very few
wordpress 架站 缺點	tw	very high ranking chance	0-10	very few
wordpress 教學 架站	tw	very high ranking chance	0-10	very few
wordpress 架站 報價	tw	very high ranking chance	0-10	very few
wordpress 架站 費用	tw	very high ranking chance	0-10	very few
wordpress 架站	tw	high ranking chance	10-100	very few
wordpress 架站 google	tw	high ranking chance	0-10	very few
wordpress 架站 免費	tw	high ranking chance	0-10	very few
wordpress 架站 ubuntu	tw	high ranking chance	0-10	very few
wordpress 外掛	tw	decent ranking chance	0-10	very few
wordpress 6 webp	tw	modest ranking chance	10-100	very few
wordpress for dummies	tw	modest ranking chance	100-500	very few
wordpress security handbook	tw	modest ranking chance	100-500	very few
wordpress 6 upgrade	tw	modest ranking chance	100-500	very few
wordpress 6 upgrade	tw	modest ranking chance	100-500	very few
wordpress 6 requirements	tw	modest ranking chance	100-500	very few
wordpress 6 install	tw	low ranking chance	100-500	very few
wordpress in easy steps	tw	low ranking chance	100-500	few
wordpress plugin development	tw	low ranking chance	100-500	few
wordpress 6 requirement	tw	low ranking chance	100-500	very few
WordPress	tw	very low ranking chance	2,460,000	few
wordpress 6	tw	very low ranking chance	27,000	some

▲ 獲得每個關鍵字的最新數據

5 決定好關鍵字之後，點擊關鍵字旁邊的選單符號，再點擊『Add to briefcase』，將關鍵字儲存起來。

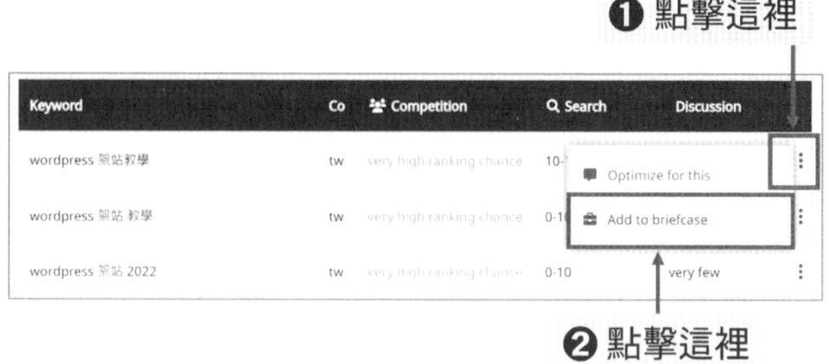

▲ 點擊『Add to briefcase』

6 所儲存的關鍵字，都會集中在『Briefcase』當中，點擊 Squirrly SEO 設定介面左欄選單的『Briefcase』，或是在 WordPress 管理後台中，點擊左欄選單的『Squirrly SEO』，再點擊『Briefcase』，都可以找到所有儲存下來的關鍵字群。

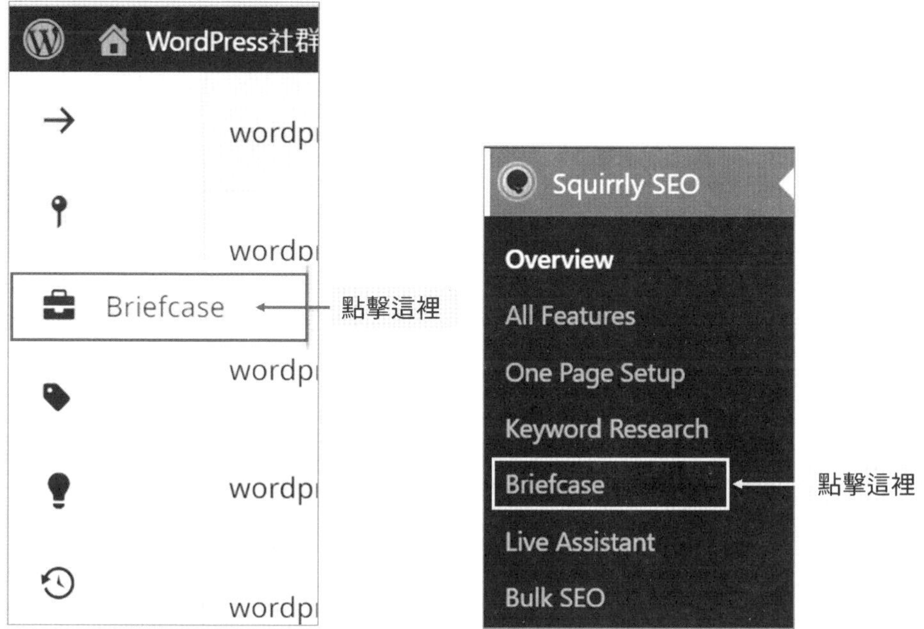

▲ 點擊『Briefcase』

7 當 Briefcase 儲存很多關鍵字時，還可以為關鍵字設定標籤來分組。點擊關鍵字旁的『…』更多選單符號，再點擊『Assign Label』。

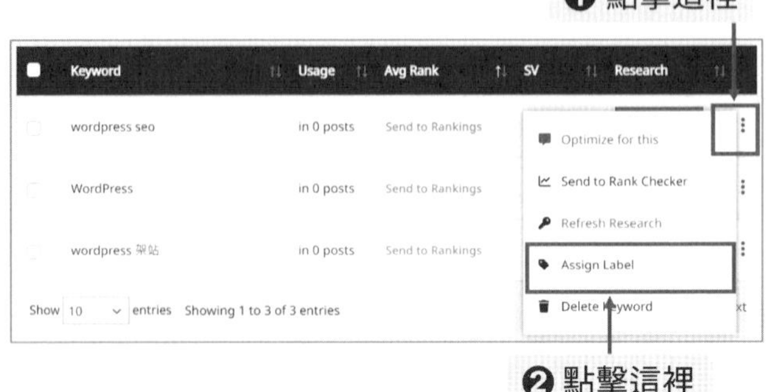

▲ 點擊『Assign Label』

8 一開始，在還沒有建立任何標籤的情況下，會沒有任何的標籤可供選擇，必須建立新標籤，因此，點擊『Add new Label』。

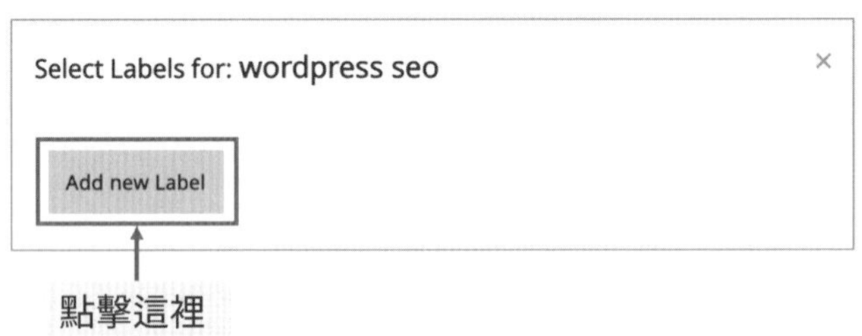

▲ 點擊『Add new Label』

9 頁面轉換到『Briefcase Labels』設定介面中，點擊『Add label to organize the keywords in Briefcase』。

▲ 點擊『Add label to organize the keywords in Briefcase』

10 在『Labels Name』欄位中，輸入關鍵字標籤名稱。標籤名稱盡量簡短且可辨識。

而後，在『Labels Color』底下，點擊『選取色彩』，為該標籤選定一個專屬的標籤顏色。

再點擊『Add Label』，標籤新增完成。

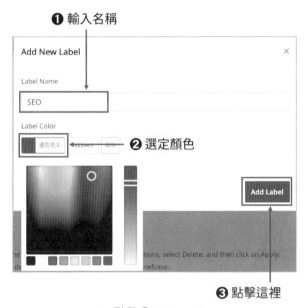

❶ 輸入名稱

Add New Label

Label Name

SEO

Label Color

❷ 選定顏色

Add Label

❸ 點擊這裡

▲ 點擊『Add Label』

11 點擊左欄選單的『Labels』，所有的標籤清單都會在此處顯示。

另外，點擊『Add New Label』，也可以再新增其他的標籤。

❶ 點擊這裡

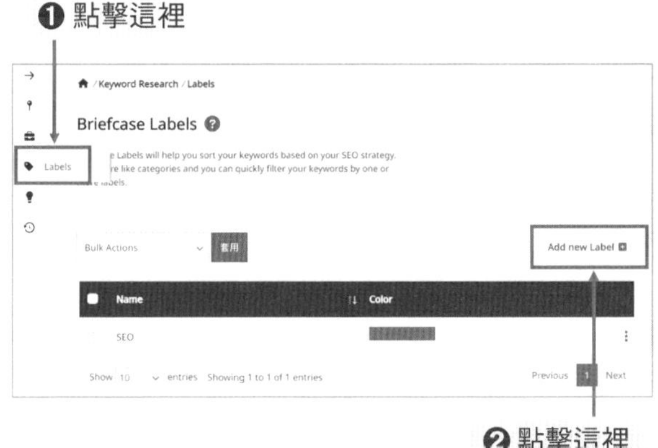

❷ 點擊這裡

▲ 點擊『Add New Label』

⑫ 接著，點擊左欄選單『Briefcase』，回到 Briefcase 的設定介面中。

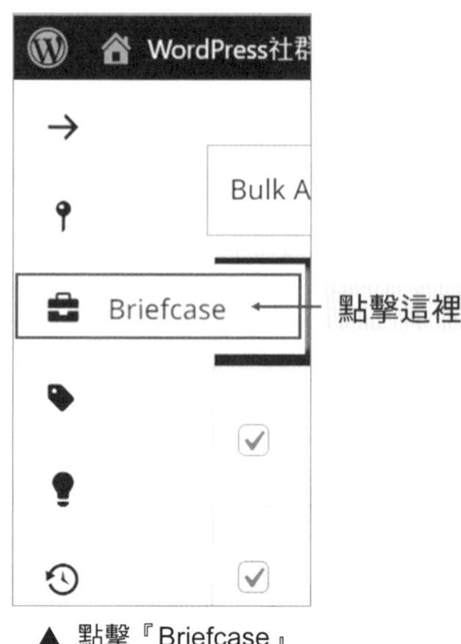

▲ 點擊『Briefcase』

⑬ 將所要彙整到同一標籤中的關鍵字勾選起來，在下拉選單中選擇『Assign Label』，再點擊『套用』。

▲ 點擊『套用』

14 點擊關鍵字色塊，再點擊『Save Labels』，所有已勾選的關鍵字，就會一起被歸屬在同一標籤中了。

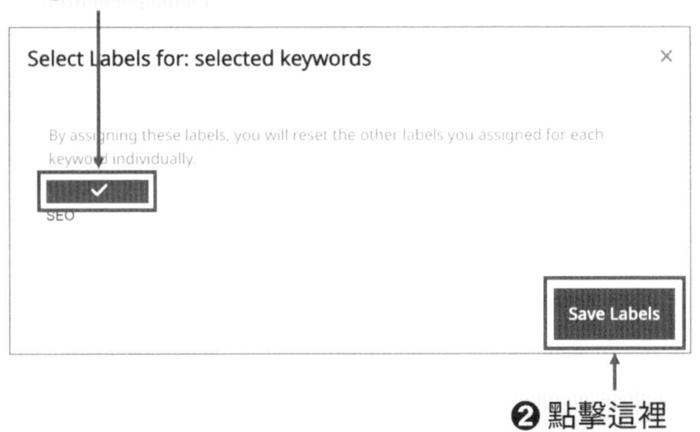

▲ 點擊『Save Labels』

15 由於關鍵字的數據會頻繁更新與變動，因此必須時時予以檢查與調整。選定重點關鍵字後，點擊關鍵字旁的『...』更多選單的符號，再點擊『Send to Rank Checker』，將關鍵字列入排名檢查器中。

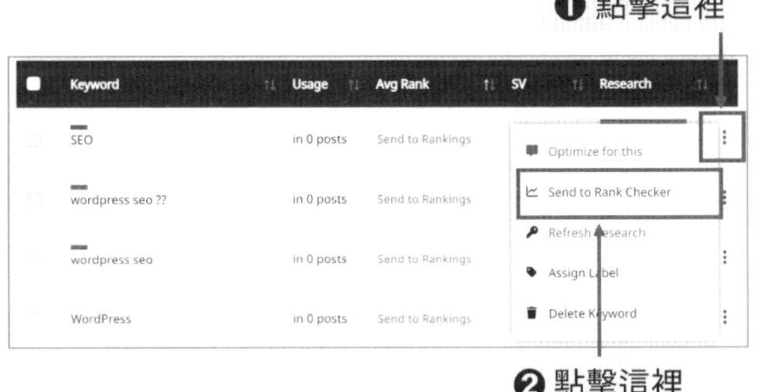

▲ 點擊『Send to Rank Checker』

16 Squirrly SEO 還會根據最新研究，每週檢查新的關鍵字，並針對網站列出所建議的關鍵字。

點擊左欄選單的『Suggested』。

▲ 點擊『Suggested』

17 在安裝 Squirrly SEO 後的一開始，會沒有資料顯示出來，約莫等待一個星期後，同時關鍵字的數量也儲存到一定數量時，才會列出建議關鍵字。

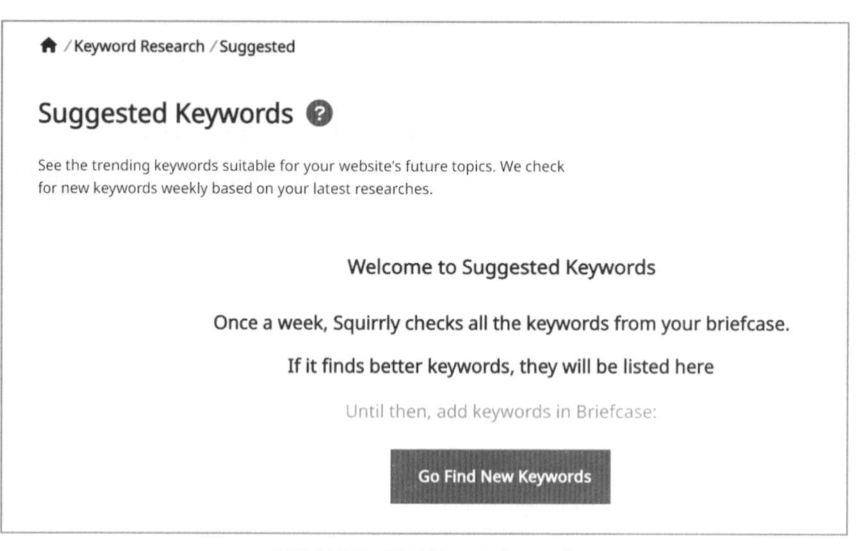

▲ 安裝外掛初期並沒有任何資料顯示

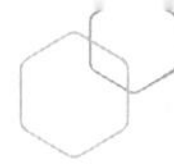

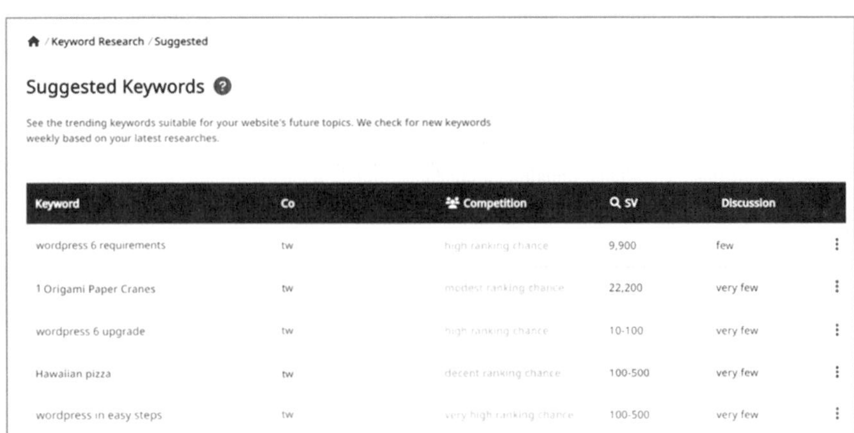

▲ Squirrly SEO 所建議的關鍵字

17-2 善用 SEO 助手輕鬆優化

1. 在 WordPress 管理後台中，點擊左欄選單的『Squirrly SEO』，再點擊『Live Assistant』。

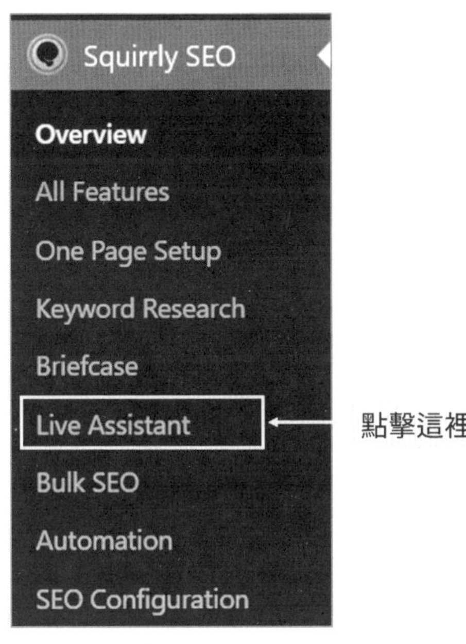

▲ 點擊『Live Assistant』

2 進到 Live Assistant 設定區，點擊左欄選單的『Settings』。

▲ 點擊『Settings』

3 若有使用 Elementor、Oxygen、Divi、Thrive Architect、Bricks、WPBakery 或 Zion 等外掛來編輯文章或頁面的話，則將『Activate Live Assistant in Frontend』功能開啟，可以在使用這些編輯器時，也能使用 SEO 助手。其餘項目則維持預設值不變，並點擊『Save Settings』。

❶ 點擊啟用

Squirrly Tooltips
Show Squirrly Tooltips when posting a new article (e.g. 'Enter a keyword').
Show Copyright Free Images
Search Copyright Free Images in Squirrly Live Assistant.
Activate Live Assistant in Frontend
customize the posts and pages with Builders.
Supports Elementor Builder plugin.
Supports Oxygen Builder plugin.
Supports Divi Builder plugin.
Supports Thrive Architect plugin.
Supports Bricks Website Builder .
Supports WPBakery Page Builder plugin.
Supports Zion Builder plugin.
Live Assistant Type Auto
Save Settings

❷ 點擊這裡

▲ 點擊『Save Settings』

4 接著，點擊左欄選單的『Optimize Posts』。
再繼續點擊『Add New』，可以選擇要新增哪一種內容類型來創建或發佈，並使用 SEO 助手（Squirrly Live Assistant）來輔助內容的優化。

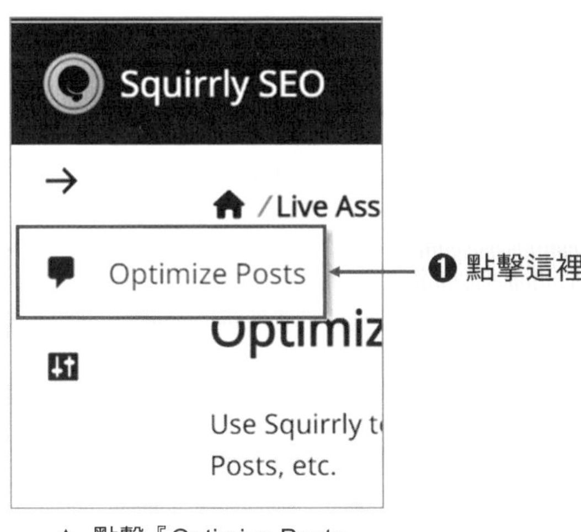

▲ 點擊『Optimize Posts』

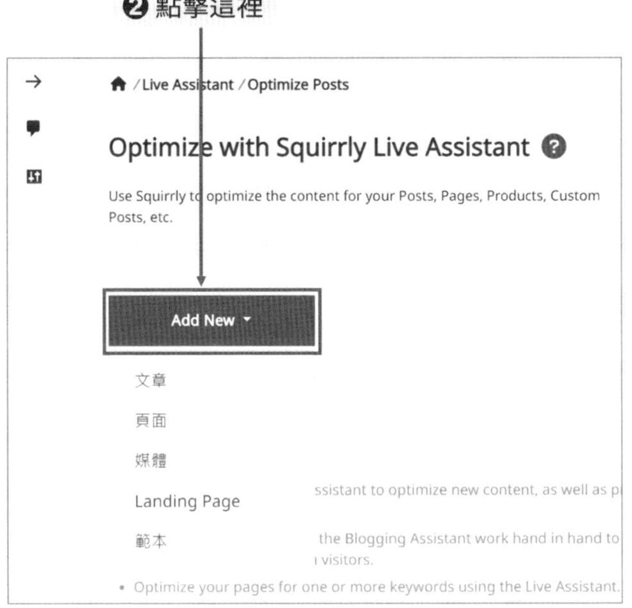

▲ 點擊『Add New』

5. 這裡以新增文章為例，可以看到文章編輯頁面多了 SEO 助手工具，點擊 Live Assistant 右方的最大化符號，就可以將 SEO 助手展開。

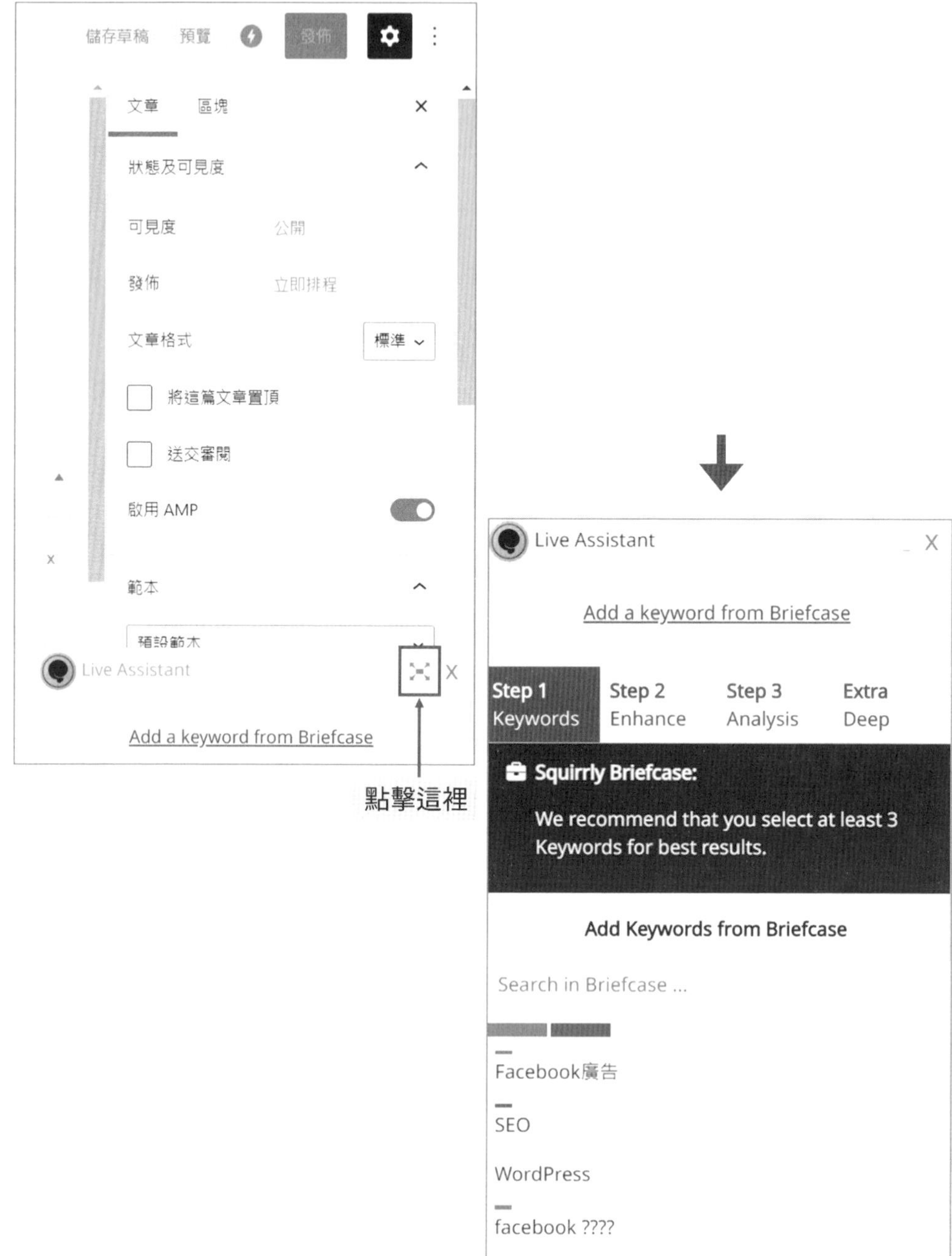

▲ 點擊最大化符號

步驟一：

6 在『Add Keywords from Briefcase』區塊下，可顯示所儲存在『Briefcase』的關鍵字，若有選定的關鍵字，可將滑鼠移至關鍵字旁，出現『Use Keyword』後，再點擊它。

每則新增的文章，至少要選擇 3 組關鍵字，才能獲得最佳效果 。

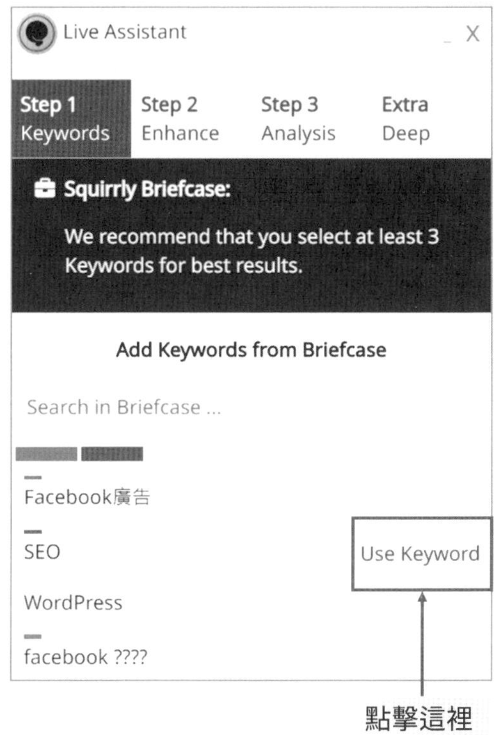

▲ 點擊『Use Keyword』

7 若儲存在『Briefcase』裡的關鍵字太多，不容易尋找的話，也可以在『Search in Briefcase』欄位中輸入關鍵字詞，來搜尋已儲存在 Briefcase 裡的關鍵字 。

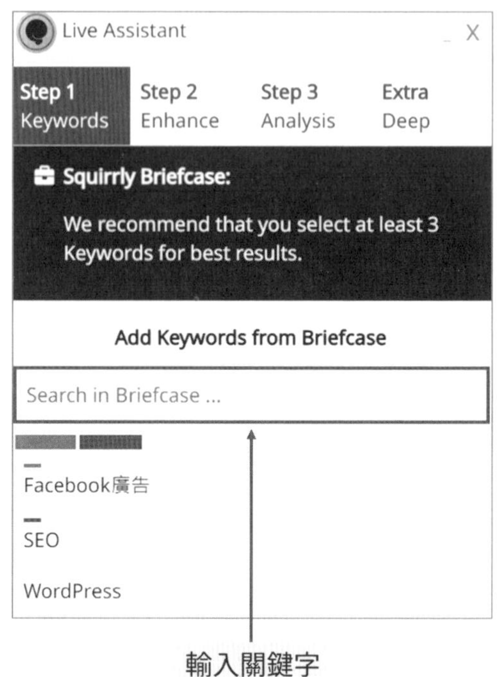

▲ 在『Search in Briefcase』輸入關鍵字詞

8 選定 3 個相關的關鍵字後，點擊『Continue>』。

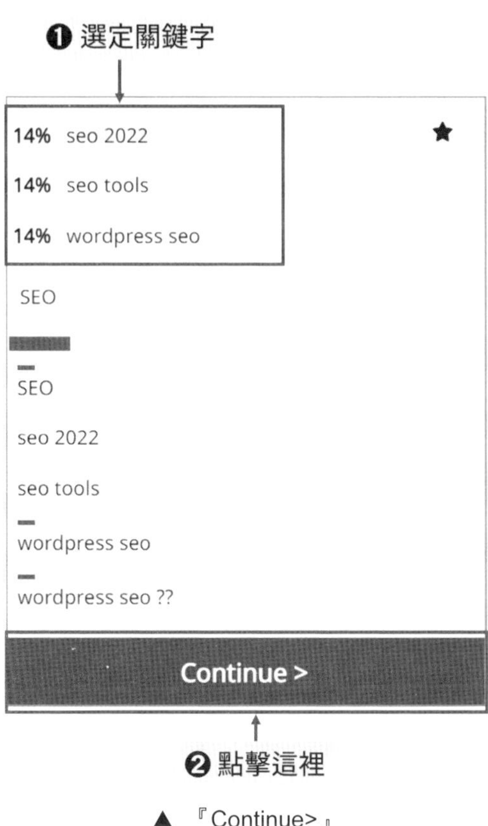

▲『Continue>』

步驟二：

9 SEO 助手（Squirrly Live Assistant）提供了 CC0 圖檔、Twitter、維基百科、部落格、網站的文章等 5 個種類的多媒體內容，並依照所使用的關鍵字展現與之相關的內容，可供插入、引用與參考，增強內容。
若需要更多的內容來參考，可點擊內容末端的倒三角形符號。
另外，在 CC0 圖檔的類別中，『Show only Copyright Free images』若勾選起來（預設值為勾選狀態），可以僅顯示具有版權，且可免費使用的圖片。
接著，再繼續點擊『Continue>』。

▲ CC0 圖片或相關內容可供引用

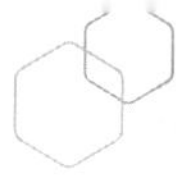

步驟三：

10 SEO 助手（Squirrly Live Assistant）會根據文章內容，跟著關鍵字顯示 SEO 優化的指示，若文章能根據指示來修改與優化，符合的地方就會顯示出現綠色色塊，而還沒有完成的地方，則會維持白色，不做任何變化。

每當修改完一部分內容時，可點擊『Update』，來更新最新的優化狀態。

當全部的項目都顯示成綠色後，代表文章已經完全優化完畢，可再點擊『Continue>』。

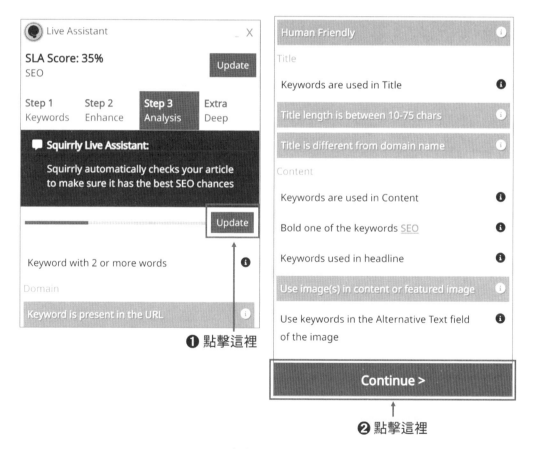

▲ SEO 助手顯示需要優化的地方

⑪ 是否要將該文章設定為焦點頁面，若該篇內容為重要推廣文章，那麼可以點擊『Set Focus Pages >』，另外再進行焦點頁面的設置。
＊關於焦點頁面的設置，會在之後的章節中獨立說明，在此就暫時不做額外的設置。

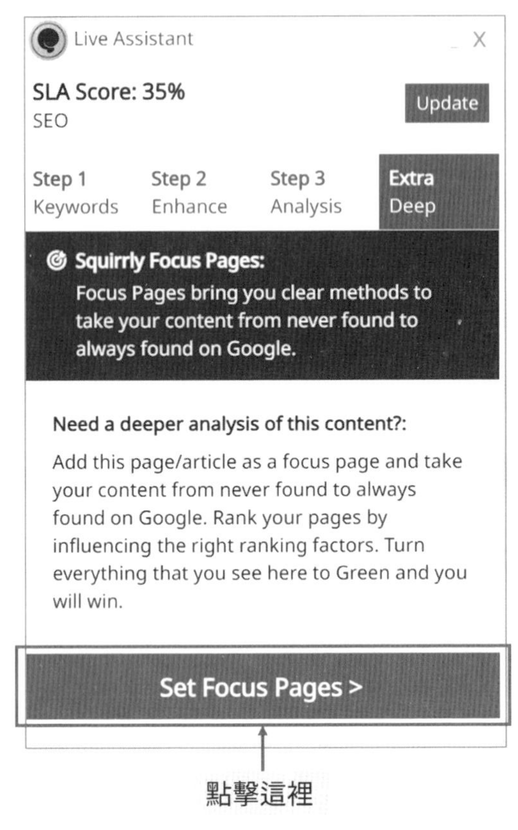

▲ 額外的設置 - 焦點頁面

⑫ 接著，編輯完文章後，在編輯器下方會出現『SEO Snippet』的區塊，先點擊『Refresh』，就可以預覽 META 標籤。若發現所顯示的 META 標籤內容需要再進行優化，可以點擊『Edit Snippet』，就可針對 META 標籤做進一步的調整。

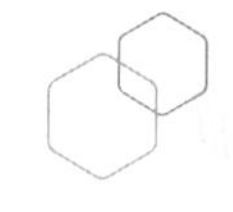

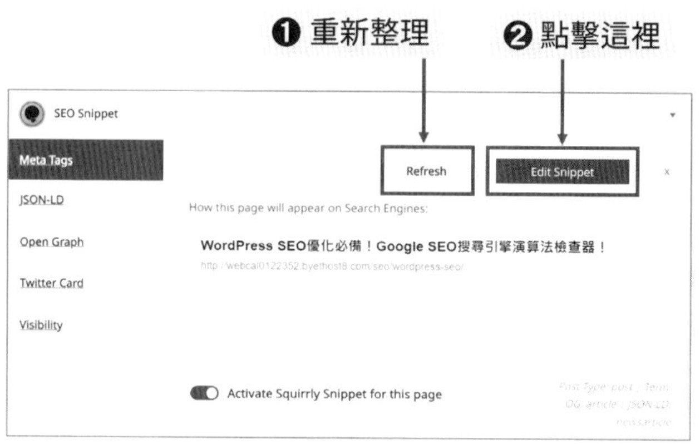

▲ 點擊『Edit Snippet』

⓭ 例如要增加 Meta Keywords，點擊『+Add keyword』，就可以多增加幾個相關關鍵字。

而點擊『Title』或『Meta Description』旁的符號，則可以選出所要使用的語法，自動抓取符合的內容，而不需要一一手動輸入。

編輯好之後，再點擊『儲存』。

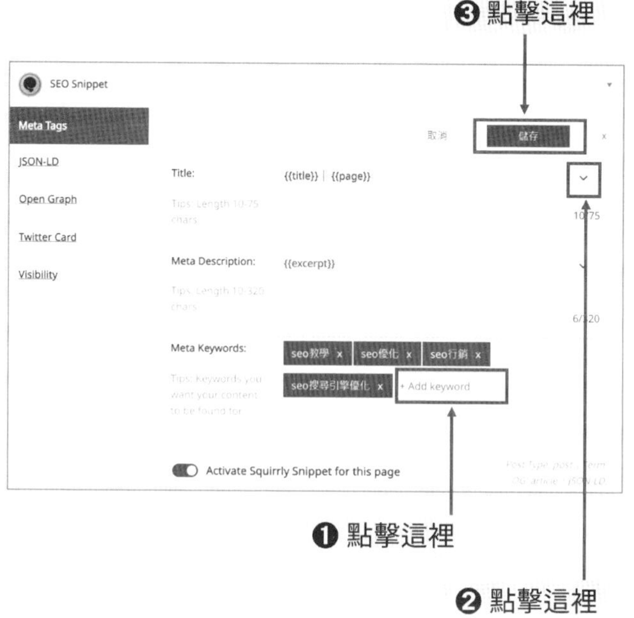

▲ 點擊『儲存』

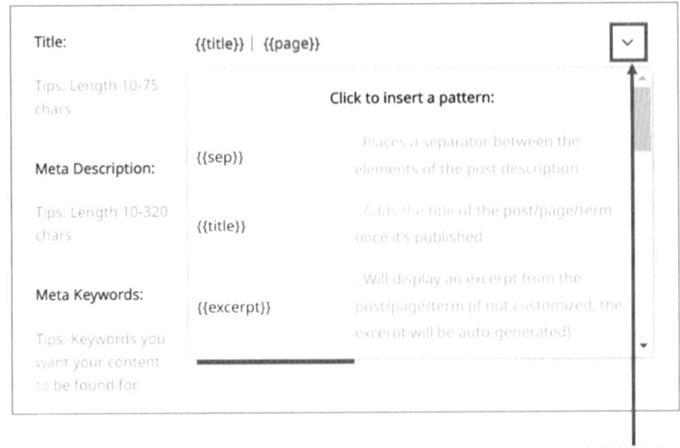

▲ 點擊符號

⓮ 點擊『 Open Graph 』，可以預覽文章出現在 Facebook 貼文的情況，包括貼文標題、內容摘要和縮圖，若是想要修改，可以點擊『Edit Open Graph』。

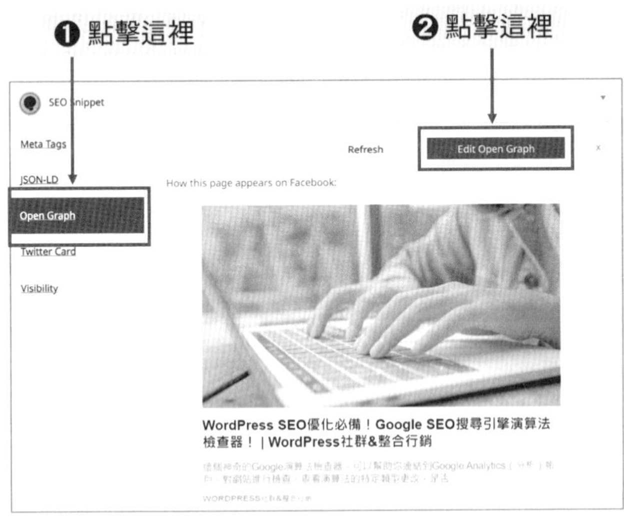

▲ 點擊『Edit Open Graph』

15 例如出現的縮圖不符合 Facebook 上的尺寸格式，則可點擊『Upload』，另外再上傳圖片。
而貼文標題（Title）、內容摘要（Description）也都可以再修改成符合 Facebook 的貼文樣式，或是使用語法來抓取文章內容。
編輯完畢之後，再點擊『儲存』。

❷ 點擊這裡

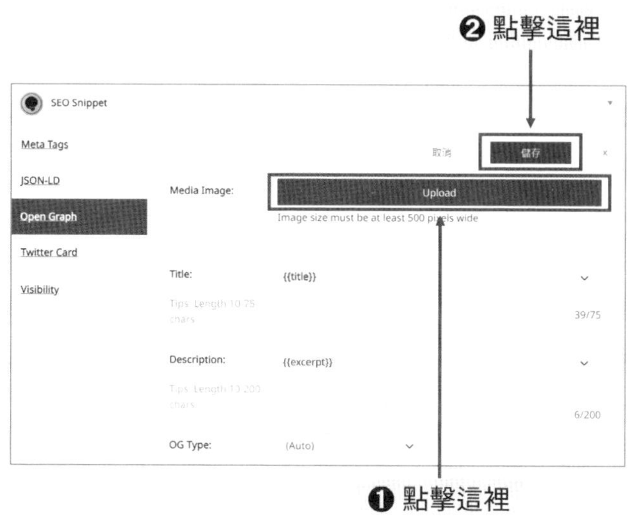

❶ 點擊這裡

▲ 點擊『儲存』

16 現在，文章內容已經 100% 優化完畢了，透過 SEO 助手（Squirrly Live Assistant）的指示與引導，可以為每篇發佈於文章或頁面的內容，進行完美的 SEO 優化。

18

加入網站地圖，讓網站排名穩定爬升

1. 在 WordPress 管理後台中，點擊左欄選單的『Squirrly SEO』，再點擊『SEO Configuration』。

▲ 點擊『SEO Configuration』

2. 預設連結會進入到『Tweaks And Sitemap』設定介面中，若希望將網站地圖提交到 Google 的話，則要將網站地圖的連結複製起來。

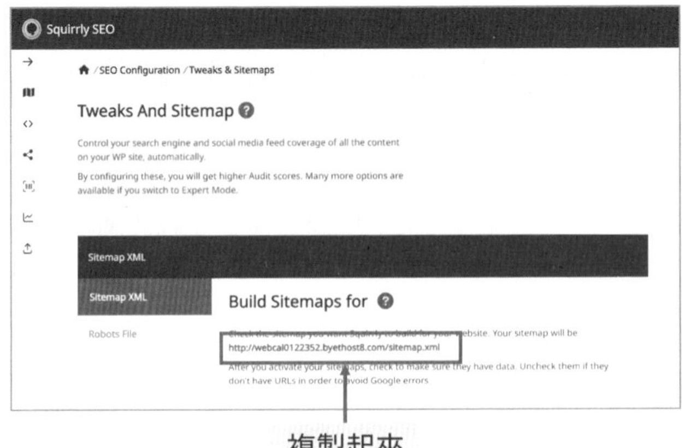

▲ 複製網站地圖的連結

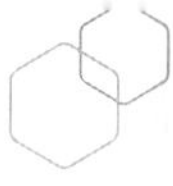

3 點擊啟用要建立站點地圖的項目，因為先前在一開始設定 SEO 時，已經有設定過了，基本上維持預設即可，但若有調整，要點擊『Save Settings』，儲存設定值 。

▲ 站點地圖基礎設定

4 點擊選單中的『Robots File』，在這裡只要填寫好 Google 目前可以自動抓取哪些路徑，以及不要索引的檔案和路徑。

可以自行添加不希望爬蟲索引的路徑。但基本上，保持預設值即可。

▲ 點擊『Robots File』

5 以 Google 帳號登入，至『Google Search Console』（https://search.google.com/search-console/welcome?hl=zh-TW）中，先進行服務的申請。

在『網址前置字元』區塊，輸入網站的網址，再點擊『繼續』。

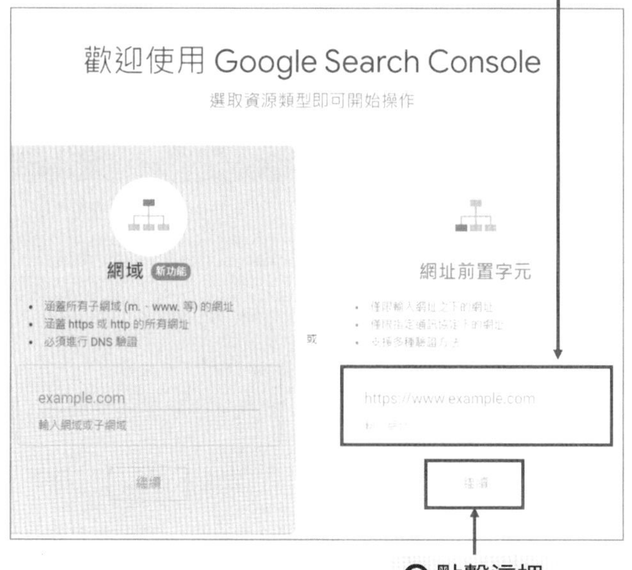

▲ 輸入網站網址

▲ 『Google Search Console』QrCode

重點指引

Google Search Console 是 Google 提供的免費 SEO 服務，是網站經營 SEO 必備的工具，可以得知網站的整體情況，包括 SEO 成效、網站地圖索引、爬蟲狀況、反向連結數據、行動裝置體驗是否良好 ... 等，所以要提交網站地圖的連結，一定要至 Google Search Console，讓網站順利被 Google 搜尋引擎收錄、索引。

6 將驗證檔案下載下來，上傳到網站的根目錄中，再點擊『驗證』。

▲ 點擊『驗證』

7 通過驗證，點擊『前往資源』。
驗證之後，檔案仍要保留，不要刪除。

▲ 點擊『前往資源』

8 在 Google Search Console 管理後台中，點擊左欄選單中的『Sitemap』。

▲ 點擊『Sitemap』

9 在『新增 Sitemap』區塊，將網址中的『sitemap.xml』字串輸入至欄位中，點擊『提交』，提交給 Google 索引。

▲ 點擊『提交』

10 另外，若 Google 收錄到網站不想被收錄的內容，則可以點擊左欄選單的『移除網址』。

▲ 點擊『移除網址』

11 在『移除網址』設定介面中，點擊『新要求』

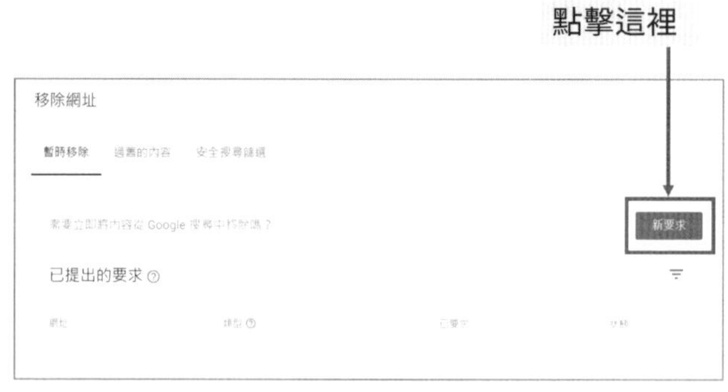

▲ 點擊『新要求』

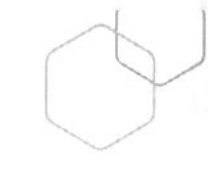

⑫ 輸入所要移除網址的超連結，再點擊『下一頁』。

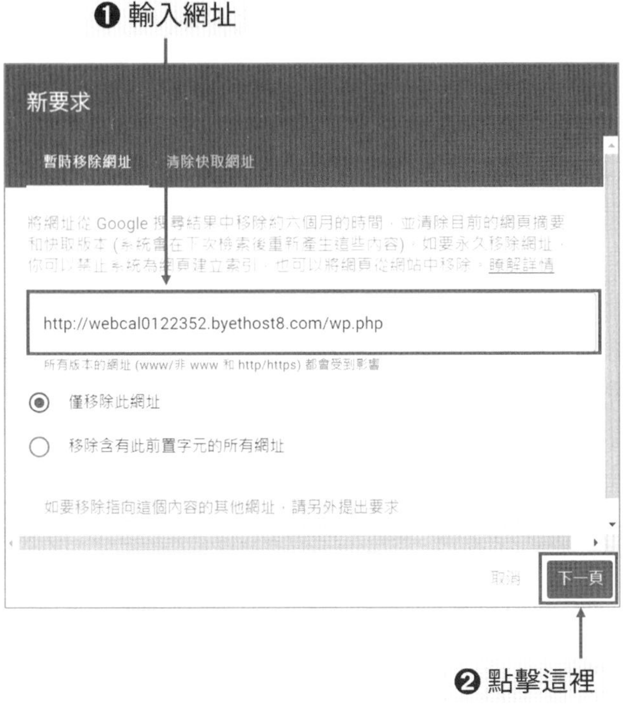

▲ 點擊『下一頁』

⑬ Google 進行再確認，詢問是否要移除網址，若正確無誤的話，點擊『提交要求』。

▲ 點擊『提交要求』

利用焦點頁面，為網站創造高轉換率

所謂的焦點頁面，就是網站上最重要的頁面，它可以是登陸頁，也可以是網站在 Google 上進入第一頁排名的重點頁面，而不僅僅侷限於首頁。總而言之，只要是能夠達成特定目標，帶來轉換率的，如銷售產品、獲得用戶的電子郵件、或是將網站訪問者轉化為潛在客戶，都可以作為焦點頁面。

1. 在 WordPress 管理後台中，點擊左欄選單的『Squirrly SEO』，再點擊『Focus Pages』。

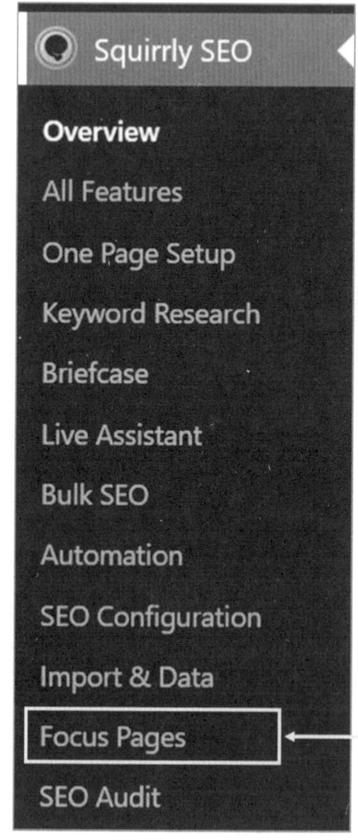

▲ 點擊『Focus Pages』

2 進入 Focus Pages 設定介面中，點擊左欄選單中的『+』符號，也就是『Add New Page』，新增焦點頁面。

▲ 點擊『Add New Page』

3 網站所有可用於焦點頁面的文章、頁面、產品 ... 等內容，都會顯示於清單中，選定要作為焦點頁面的內容後，點擊『Set Focus Page』，將該內容設置為焦點頁面。

▲ 點擊『Set Focus Page』

重點指引

焦點頁面必須是文章、頁面、產品、登陸頁面，而不能以分類、標籤作為焦點頁面。

4 若是網站內容過多的話，也可以依照內容類型、內容狀態、或根據標題的關鍵字來搜尋。

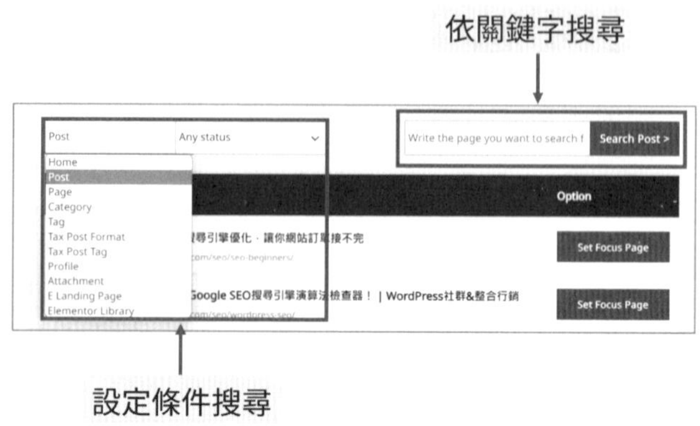

▲ 依標題或關鍵字搜尋

5 設置好焦點頁面後，點擊『See Tasks』，進行頁面的審核與分析。

▲ 點擊『See Tasks』

6 提交審核後，外掛程式會根據搜尋引擎優化、內容優化、站外搜索引擎優化、社交媒體、反向鏈接 ... 等幾項要素來予以分析，必須等待約 5 分鐘，才會顯示結果。

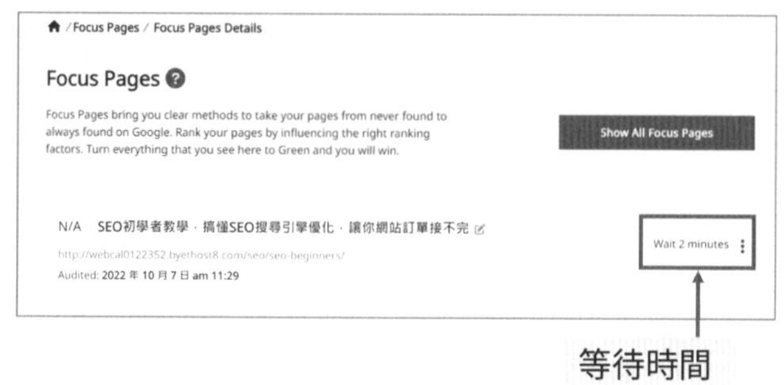

▲ 分析焦點頁面中

7. 完成審核後，若每一次進行頁面的內容、關鍵字、SEO... 等修改時，都要再點擊『Request New Audit』來重新提交審核。

▲ 點擊『Request New Audit』

8. 在所選定的焦點頁面中，點擊更多選項的符號（三個圓點），再點擊『Inspect URL』，可以看到針對該焦點頁面的網址進行檢查。

▲ 點擊『Inspect URL』

9. 在這一份檢查報告中，可以瞭解到該頁面的加載速度、META 數據、內部鏈接 ... 等資料。

Squirrly Inspect URL

URL: http://webcal0122352.byethost8.com/seo/seo-beginners/

Show Source Code

Data Found

Url Stats

Loading Time: 2.78 sec

Gzip Found: Yes

▲ 焦點頁面檢查報告

10 接著，再繼續點擊左欄選單中的『Focus Pages』。

▲ 點擊『Focus Pages』

11 可以獲得所設置的焦點頁面的關鍵進度和成就訊息，包括過去 90 天的頁面瀏覽量、排名提升、頁面參與度、權限 ... 等訊息。

若要再進一步瀏覽頁面的關鍵字排名和頁面流量等數據報告，則點擊『Details』。

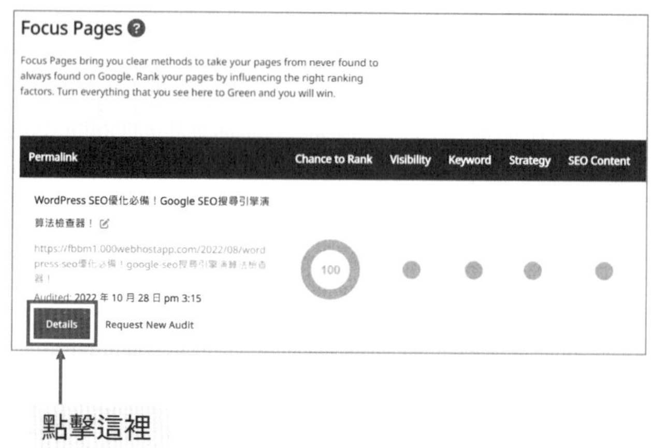

▲ 點擊『Details』

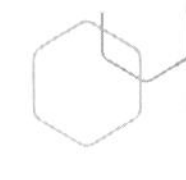

重點指引

在列表中，會根據影響 Google 排名的元素，給予紅、黃、綠燈號的提示。

紅色燈號：紅色代表有問題產生，該頁面並未完成該項 SEO 優化的任務，如：沒有設定關鍵字。點擊紅色燈號，依照所導引的工具和策略來修改，就可以解決 SEO 優化的問題。

黃色燈號：黃色代表僅完成部分的 SEO 優化任務，一樣必須按照導引來修改、解決。

綠色燈號：代表該項 SEO 任務已經優化成功。

12 在數據報告中，會以可視化圖表方式來顯示最近 90 天的排名演變、頁面瀏覽量、社群分享 ... 等各項資料。

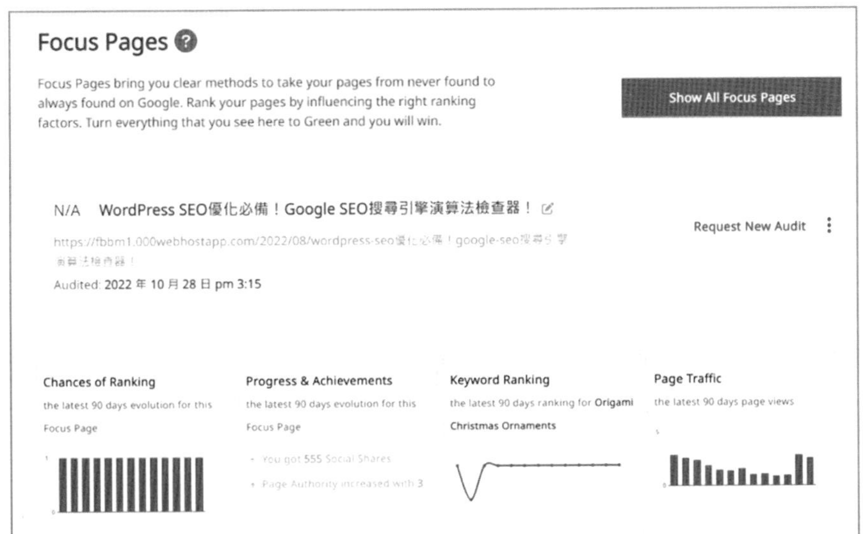

▲ 焦點頁面的詳細報告

A 附錄

WordPress 整合行銷實務 企業班

 課程緣起

● 這堂課學的不僅僅是架設網站

建置網站，不只是架設完就結束了，更要發揮後續的行銷工作，讓網站「被看見」、「被使用」，才能發揮網路行銷的效益。

目前坊間的 WordPress 課程，大多是以建置、管理為主軸，對於後續的行銷、推廣、維護、數據分析、SEO 等領域鮮少著墨。

● 在這堂課中，你可以學到的更多

讓 WordPress 與 Facebook 融為一體，將 WordPress 和 Facebook 相互搭配運用，發揮彼此的優點。

讓 WordPress 與 Google 網站管理員、Google Analytics、AdSense 完善整合，幫你的官網分析流量來源、瀏覽頁次等數據資料。

讓 WordPress 整合 SEO 擴展您的網站，支援搜尋引擎最佳化，快速把內容推送到 Google，提升網站能見度。

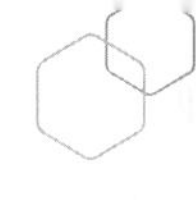

課程大綱

架設與基本設定

01 伺服器環境設定

02 安裝WordPress

03 基本操作和初期設定

與Facebook整合

01 整合Facebook帳號登入網站

02 為文章加入Facebook按讚、分享以及回覆功能

03 文章同步發佈至Facebook粉絲頁，讓舊文章定時發佈

04 抽獎活動自動化為粉絲專頁帶來精準粉絲

05 加入Meta廣告像素

與Google整合

01 整合GoogleAnalytics，串連GoogleAnalytics分析結果

02 GoogleAnalytics進階設定，分析熱門文章、作者...資訊

03 整合Google最新技術，讓行動裝置使用者秒開網站

04 啟用Google Optimize ，實施A/B TEST

05 把Google文件內容直接上傳到WordPress網站

06 在網站上同步顯示Google Calendar

與SEO整合

01 設定搜尋引擎最佳化

02 進階使用者必備的SEO設定選項

03 加入網站地圖，提升搜尋引擎最佳化成效

04 Google關鍵字使用建議

* 課程執行單位保留調整課程內容與師資權利

課程時數

- 共 14 小時

適合對象

網路行銷運營人員

想轉型的傳統企業經營者

個人品牌經營者

自行創業者

課程目標

01 從頭開始創建獨具風格的官網。

02 利用社群、廣告投放和 SEO 技巧來吸引更多網站流量。

03 根據數據分析信息，不斷優化與改善網站。

課程特色

- 14 小時，完全上機實操課程。
- 0 技術經驗，可從基礎到進階，系統學習。
- 4 大行銷領域，與 WordPress 整合與串接。

上課地點

- **實體課程地點：**

資展國際股份有限公司

A 棟：台北市復興南路一段 390 號 2、3 樓

B 棟 ：台北市信義路三段 153 號 10 樓

※ 上課地點與教室之確認，以上課通知函為主

本課程可依照企業需求選擇企業內訓。

課程優惠

- 購買本書之讀者，可享獨家早鳥優惠價，優惠代碼：「wp265155」。
- 團報優惠：二人團報可打 95 折、四人團報可打 9 折優惠。
- 團報優惠與獨家早鳥優惠可一併使用。

課程報名Qrcode

課程諮詢

資展國際股份有限公司（原資策會）

(02)6631-6568 陳先生、E-mail：kc@ispan.com.tw

WordPress 整合行銷實務

校園班

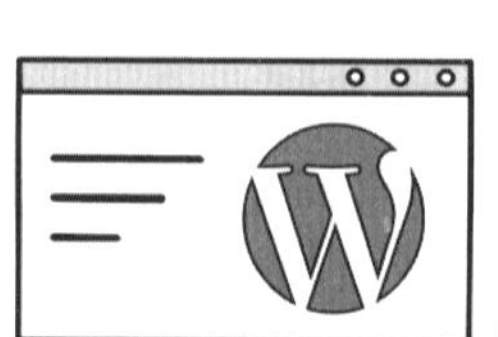

課程目標 Learning Objectives

建立學生對網站架設與行銷的基礎概念，從頭開始創建獨具風格的網站，並結合行銷、推廣、維護、數據分析、SEO 等，讓網站「被看見」、「被使用」，發揮網路行銷的效益。

學生將可以學習到：

1. 讓 WordPress 與 Facebook 融為一體，將 WordPress 和 Facebook 相互搭配運用，發揮彼此的優缺點。
2. 讓 WordPress 與 Google 網站管理員、Google Analytics、AdSense 完善整合，幫你的官網分析流量來源、瀏覽頁次等數據資料。
3. 讓 WordPress 整合 SEO 擴展您的網站，支援搜尋引擎最佳化，快速把內容推送到 Google，提升網站能見度。

課程大綱 Course Syllabus

週次	課程單元大綱
1	新手入門不用怕，基本操作和初期設定
2	快速設定高水準網站與優質版型
3	整合 Facebook，粉絲成會員
4	加入按讚、分享，互動提升網站黏著度

5	內容同步發佈至 Facebook 粉專，增加自然觸及率
6	加入即時通訊，可讓訪客透過 Facebook Messenger 直接聯絡
7	加入 Meta 廣告像素，內容再行銷
8	整合 Google Analytics，分析數據提升網站流量
9	Google Analytics 再進階設定，獲取更多精準流量
10	整合 Google AMP 的網頁，提升 SEO 排名
11	串接 Google Optimize，全方位優化網站
12	Adsense 廣告收益外掛，自由控制廣告出現版位
13	在網站上同步顯示 Google Calendar，跟上所有節慶行銷
14	搜尋引擎最佳化，增加網站曝光率
15	進階 SEO 設定，讓網站訂單接不完
16	善用 Google 關鍵字，創造高搜尋效益
17	加入網站地圖，讓網站排名穩定爬升
18	利用焦點頁面，為網站創造高轉換率

課程對應能力指標程度

編號	核心能力	符合程度
1	具專業知識能力	5
2	具問題分析與解決能力	5
3	具協調與行銷能力	5
4	具實務處理與應變能力	5
5	具職場就業力	5

教科書或參考用書

教科書類

林建睿 (2023)，流量爆衝！ WP x FB x Google x SEO 最強架站與數位行銷整合攻略，深智數位出版。

閱讀類

林建睿 (2021)，Facebook 流量爆炸終極心法，深智數位出版。

林建睿 (2022)，廣告代理商不會告訴你的祕密：Facebook 企業管理平台，深智數位出版。

教學方法　Teaching Method

教學方法 Teaching Method	百分比 Percentage
講述	40 %
實作	50 %
報告與討論	10 %
總和 (Total)	100 %

課程諮詢：資展國際股份有限公司（原資策會）(02)6631-6568 陳先生、E-mail：kc@ispan.com.tw

教材諮詢：(02)27327925 深智數位出版